シリーズ 現代の天文学［第2版］ 第10巻

太陽

桜井 隆・小島正宜・小杉健郎・柴田一成［編］

日本評論社

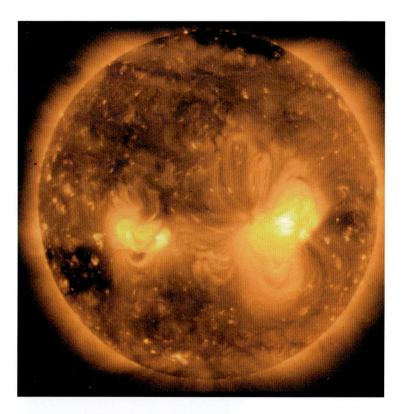

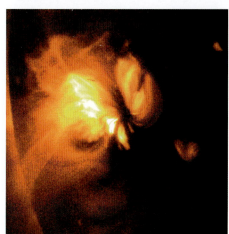

口絵1 「ひので」軟X線望遠鏡XRTで観測された太陽コロナ (p.89)
口絵2 「ひので」軟X線望遠鏡XRTで観測された黒点上空のコロナループ拡大像 (p.89)

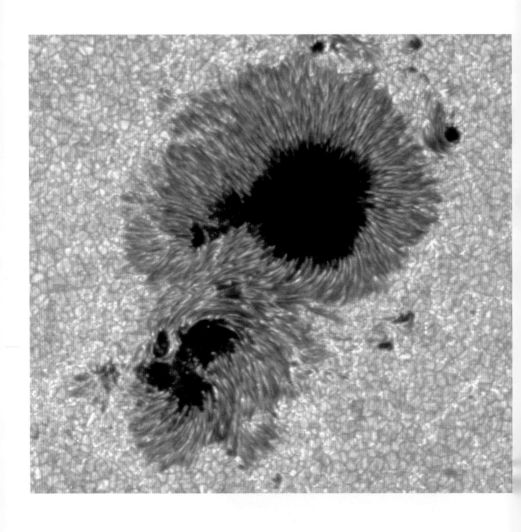

口絵3 「ひので」可視光望遠鏡で観測された太陽黒点(波長はGバンド430 nm) (p.60, p.174)

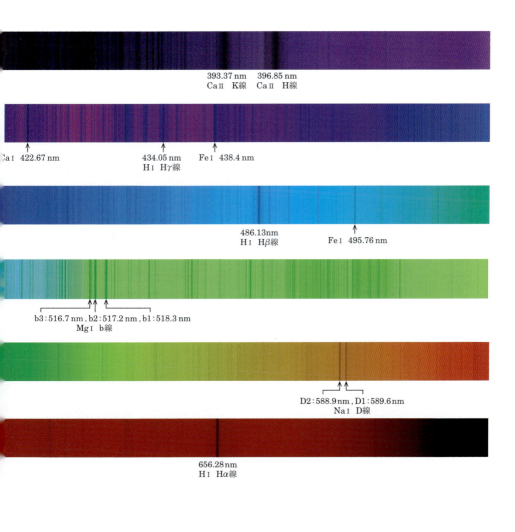

口絵4 太陽の可視光スペクトル(p.113)

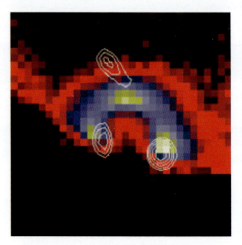

口絵5（上） （左）カスプ形状をした太陽フレア：「ようこう」軟X線望遠鏡，1992年2月21日（p.199，p.226，p.250，Tsuneta et al. 1992, PASJ, 43, L63）．（右）ループ形状をした太陽フレア（1992年1月13日）．カラーは「ようこう」軟X線望遠鏡，ループの足元と頂上の等高線は「ようこう」硬X線望遠鏡による（p.227，228，Masuda et al. 1994, Nature, 371, 495）．

口絵6（下） 磁気リコネクションの数値シミュレーション結果（左は温度，右は密度）．「ようこう」の観測したフレアをよく再現する（p.250，Yokoyama & Shibata 1998, ApJL, 494, 113）．

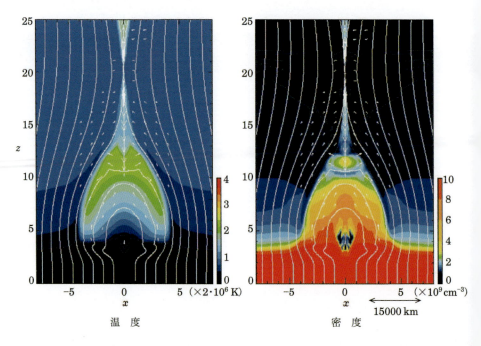

温度　　　　　　　　　　　　密度

口絵7（右） 日震学が明らかにした，太陽内部の自転角速度分布．等高線は自転角速度が一定の曲線を表し，色は場所ごとの自転角速度を表している（色と自転周波数との対応は右側の色スケールを参照）．破線で描かれた円弧は，対流層の底の位置を示す（p.45, p.217, Schou et al. 1998. ApJ, 505, 390 をもとに作成）

口絵8（下） SOHO衛星搭載コロナグラフ（LASCO）により観測されたコロナ質量放出（CME）（p.264）

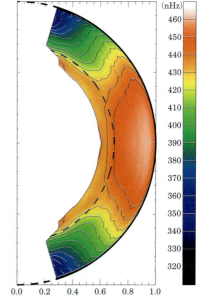

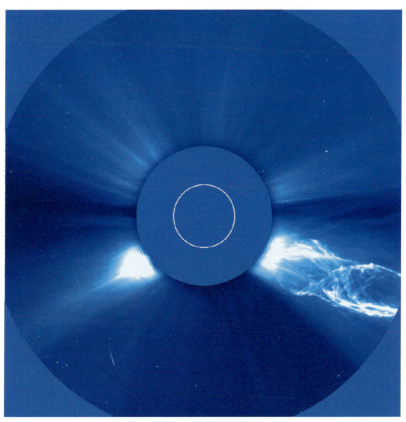

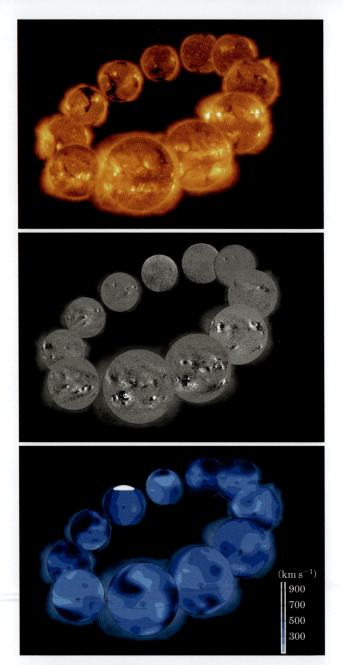

口絵9 太陽活動の11年周期変動
(上)「ひので」衛星による,太陽コロナのX線強度(JAXA宇宙科学研究所).一番奥の小さな画像が2007年で,右回りに1年ずつ進行し,手前の最も大きい画像が2013年,さらに右回りに2017年までの計11個(p.169).
(中)太陽表面の磁場強度(p.169,国立天文台).
(下)太陽風の速度(p.293,名古屋大学宇宙地球環境研究所,カリフォルニア大学サンディエゴ校天体物理・宇宙科学センター)

シリーズ第2版刊行によせて

　本シリーズの第1巻が刊行されて10年が経過しましたが，この間も天文学のめざましい発展は続きました．2015年9月14日に，アメリカの重力波望遠鏡LIGOによってブラックホール同士の合体から発せられた重力波が検出されました．これによって人類は，電磁波とニュートリノなどの粒子に加えて，宇宙を観測する第三の手段を獲得しました．太陽系外惑星の探査も進み，今や太陽以外の恒星の周りを回る3500個を越す惑星が知られています．生物の住む惑星はもとより究極の夢である高等文明の探査さえ人類の視野に入ろうとしています．観測された最遠方の銀河の距離は134億光年へと伸びました．宇宙の年齢は138億年ですから，この銀河はビッグバンからわずか4億年後の宇宙にあるのです．また，身近な太陽系の探査でも，冥王星の表面に見られる複数の若い地形や土星の衛星エンケラドス表面からの水の噴き出しなど，驚きの発見が相次いでいます．

　さまざまな最先端の観測装置の建設も盛んでした．チリのアタカマ高原にある日本（東アジア），アメリカ，ヨーロッパの三極が運用する電波干渉計アルマ（ALMA）と，銀河系の星全体の1％にあたる10億個の星の位置を精密に測るヨーロッパのGaia衛星が観測を始めています．今後に向けても，我が国の重力波望遠鏡KAGRA，口径30 mの望遠鏡TMT，長波長帯の電波干渉計SKA，ハッブル宇宙望遠鏡の後継機JWSTなどの建設が始まっています．

　このような天文学の発展を反映させるべく，日本天文学会の事業として，本シリーズの第2版化を行うことになりました．第1巻から始めて適切な巻から順次全17巻を2版化して行く予定です．「新版シリーズ現代の天文学」が多くの方々に宇宙への夢を育む座右の教科書として使っていただければ幸いです．

2017年1月

日本天文学会第2版化WG　岡村定矩・茂山俊和

シリーズ刊行によせて

　近年めざましい勢いで発展している天文学は，多くの人々の関心を集めています．これは，観測技術の進歩によって，人類の見ることができる宇宙が大きく広がったためです．宇宙の果てに向かう努力は，ついに129億光年彼方の銀河にまでたどり着きました．この銀河は，ビッグバンからわずか8億年後の姿を見せています．2006年8月に，冥王星を惑星とは異なる天体に分類する「惑星の定義」が国際天文学連合で採択されたのも，太陽系の外縁部の様子が次第に明らかになったことによるものです．

　このような時期に，日本天文学会の創立100周年記念出版事業として，天文学のすべての分野を網羅する教科書「シリーズ現代の天文学」を刊行できることは大きな喜びです．

　このシリーズでは，第一線の研究者が，天文学の基礎を解説するとともに，みずからの体験を含めた最新の研究成果を語ります．できれば意欲のある高校生にも読んでいただきたいと考え，平易な文章で記述することを心がけました．特にシリーズの導入となる第1巻は，天文学を，宇宙−地球−人間という観点から俯瞰して，世界の成り立ちとその中での人類の位置づけを明らかにすることを目指しています．本編である第2−第17巻では，宇宙から太陽まで多岐にわたる天文学の研究対象，研究に必要な基礎知識，天体現象のシミュレーションの基礎と応用，およびさまざまな波長での観測技術が解説されています．

　このシリーズは，「天文学の教科書を出してほしい」という趣旨で，篤志家から日本天文学会に寄せられたご寄付によって可能となりました．このご厚意に深く感謝申し上げるとともに，多くの方々がこのシリーズにより，生き生きとした天文学の「現在」にふれ，宇宙への夢を育んでいただくことを願っています．

2006年11月

編集委員長　岡村定矩

はじめに

　本巻では，我々にもっとも近い恒星である太陽と，その関連分野について解説する．表面を詳細に観測できる唯一の恒星であることから，太陽の研究は，宇宙の基本構成要素である恒星の理解の基礎を与えてきた．近年の観測技術の発展，特にスペースからの太陽観測により，高品質のデータが大量に得られ，地球の気象学に比肩する緻密な研究が進められている．

　プラズマ物理学はその黎明期の 1930 年代以来，天文学と密接な関連を持ち続けているが，特に太陽研究においてその側面が顕著である．磁気リコネクション過程を始めとする重要なプラズマの基本過程の研究は，太陽を発端にして大きな発展を遂げている．

　太陽で起こるフレア爆発は数日後に地球磁気圏に影響をおよぼし，黒点数の 11 年周期変動は気象・気候に無視できない影響をおよぼしている可能性がある．太陽が地球環境におよぼすこれらの影響は，近年では宇宙天気・宇宙気候という新たな研究領域として著しい発展を見せている．

　ここで全体を概観してみよう．まず始めに 1 章で太陽研究の意義と星としての進化を概観したあと，5 章までは大体内部から外部へという順番で構成されている．太陽内部（2, 3 章），太陽外層の観測装置（4 章），太陽大気（5 章）の順である．6 章で太陽内部での磁場の生成機構（ダイナモ機構）を解説し，引き続いて，生成された磁場が太陽外層で引き起こす，フレアと CME 現象（7 章），コロナ加熱（8 章），太陽風（9 章）について述べる．10 章ではフレア現象や太陽輝度の変動が地球環境におよぼす影響が述べられる．最後に 11 章で，太陽に見られる諸現象が恒星の世界でも共通して存在することが解説されている．

　内容は総体的には理科系の大学生レベルを想定して書かれているが，説明の必要上，数式が多く出てくる難度の高い章もあることをご容赦いただきたい．また太陽物理学は複合分野であるので，本シリーズの他の巻，特に第 7 巻『恒星』，第 9 巻『太陽系と惑星』，第 11, 12 巻『天体物理学の基礎 I・II』，第 14 巻『シミュレーション天文学』や，太陽ニュートリノに関する第 8 巻『ブラック

ホールと高エネルギー現象』，第 17 巻『宇宙の観測 III——高エネルギー天文学』も参照しつつ読んでいただきたい．

　本巻の原稿を読んでコメントをくださった浅野栄治（京都大学，1, 7, 8 章），前原裕之（京都大学，2, 9, 11 章），真柄哲也（国立天文台，3, 6 章），山本哲也（国立天文台，4, 5, 10 章）の各氏に感謝する．

　なお，共同編集者である小杉健郎氏は「ひので」衛星のプロジェクトマネージャであったが，衛星打ち上げ直後の 2006 年 11 月 26 日に急逝された．謹んでご冥福をお祈りしたい．

2009 年 1 月

桜井　隆，柴田一成，小島正宜

[第 2 版にあたって]

　第 1 版を刊行した 2009 年 3 月から 9 年が経過し，第 2 版を出版することとなった．第 1 版では打ち上げ間もなかったひので衛星（2006 年 9 月打ち上げ）も，すでに運用 12 年目となったが，一部装置の故障・停止があったものの，まだ最前線で世界第一級のデータを取得している．ひので衛星の主要研究課題として設定していた太陽コロナの加熱機構については，未だ解決には至っていないが，2 つの大きな仮説（微小フレア説と波動加熱説）のうち，打ち上げ前は劣勢であった波動加熱説をリバイバルさせたことは大きな成果である．2010 年には米国 NASA が Solar Dynamics Observatory（SDO）衛星を打ち上げ，ひので衛星の X 線望遠鏡とは違った方式の望遠鏡でコロナの極端紫外線画像を高解像度で提供しているほか，太陽全面にわたる磁場分布も観測している．2013 年には米国が IRIS という小型衛星を打ち上げ，紫外線の高解像度画像とスペクトルデータを供給し，ひので衛星で十分でなかった太陽彩層の研究が協力して進められている．日米欧の協力で 2013 年にチリ・アタカマ高地に完成した世界最大の電波干渉計，ALMA による太陽観測も 2016 年に始まり，今後の展開が待たれる．

　黒点や太陽フレア関係では，1990 年以来最大の面積（歴代 28 位）の黒点群の出現（2014 年 10 月）や，2006 年以来最大のフレア（X 線強度分類で X9.3,

2017年9月)などがメディアで大きく取り上げられ,いわゆる宇宙天気現象の日常生活への影響が注目を引いている.その中でも,NASAのケプラー(Kepler)衛星による多数の恒星の光度変化の精密計測から,京都大学の研究グループが,太陽類似の恒星でも,現在の太陽で起こる最大規模のフレアの百倍以上のフレアが起こることを示し,そのような「スーパーフレア」は太陽でも起こりうることを示唆した.これも今後の展開が待たれるテーマである.

2018年8月には,太陽に接近して太陽風のその場観測を行う,NASAのパーカーソーラープローブ(Parker Solar Probe)探査機が打ち上げられた.2018年末には太陽から2500万kmに接近し,その後2024年には太陽から600万km(水星軌道のはるか内側,太陽半径の8.5倍)にまで接近する.2020年には欧州宇宙機関が画像撮影を主体としたSolar Orbiter(太陽半径の60倍程度まで接近)を打ち上げ予定である.地上では,米国がハワイのマウイ島ハレアカラ山に建設中の口径4mの巨大太陽望遠鏡DKIST(ダニエル・K・イノウエ太陽望遠鏡)が2019年に観測を開始する.今後の十年もまた,太陽研究には新たな発見が続くと期待している.

2018年9月

桜井 隆,柴田一成,小島正宜

シリーズ第2版刊行によせて　i
シリーズ刊行によせて　iii
はじめに　v

第1章　概説　1
1.1　太陽研究の主要課題と意義　1
1.2　太陽の誕生　3
1.3　太陽のエネルギー源　5
1.4　太陽の将来　7
1.5　太陽は安泰か　9

第2章　内部構造
　　　　——エネルギーの発生と流れ　11
2.1　基本的な考え方　11
2.2　基礎方程式　13
2.3　エネルギーの発生：中心核での核融合反応　16
2.4　エネルギーの流れ：放射層と対流層　18
2.5　太陽の内部構造　21
2.6　太陽ニュートリノ　23

第3章　太陽内部を探る日震学　27
3.1　太陽の固有振動と日震学　27
3.2　太陽内部の静的構造　40
3.3　太陽の内部回転　43
3.4　局所的日震学　46
3.5　日震学のこれから　50

第4章 太陽外層大気の観測方法と装置　53
4.1　光学観測　53
4.2　電波観測　70
4.3　紫外線・X線・ガンマ線観測　81
4.4　太陽風計測　93
4.5　粒子観測　103

第5章 太陽の大気と活動領域　113
5.1　光球　113
5.2　彩層　126
5.3　遷移層　140
5.4　コロナ　150
5.5　黒点の形成から消滅まで　169
5.6　小さな磁場構造　182
5.7　プロミネンス　193

第6章 周期活動とダイナモ機構　203
6.1　観測事実　203
6.2　古典的ダイナモ　207
6.3　磁束管の上昇運動　216
6.4　新たな観測：内部角速度分布と子午面循環流　216
6.5　最新の理論　217

第7章 フレアとCME現象　223
7.1　フレアの多波長観測　223
7.2　磁気エネルギーと磁気ヘリシティ　233
7.3　磁気リコネクション　240
7.4　粒子加速　254
7.5　力学的擾乱(衝撃波)とコロナ質量放出　260

第8章 コロナ加熱 267
- 8.1 観測事実 267
- 8.2 波動説 273
- 8.3 マイクロフレア・ナノフレア加熱説 278

第9章 太陽風とヘリオスフェア 287
- 9.1 太陽風 287
- 9.2 惑星間空間擾乱 297
- 9.3 太陽風と地球磁気圏 298
- 9.4 太陽圏と星間空間 306

第10章 宇宙天気
―― 太陽の長期変動と気候 313
- 10.1 太陽面現象と地球への伝搬 313
- 10.2 太陽面現象のさまざまな影響 316
- 10.3 宇宙天気現象による影響の回避と予報 323
- 10.4 太陽の長期変動と気候 326

第11章 星としての太陽 331
- 11.1 HR図・星の型と恒星の磁気活動の特徴 331
- 11.2 恒星黒点 339
- 11.3 恒星フレア 344

参考文献 353
索引 355
執筆者一覧 361

第I章

概説

本章ではまず，太陽研究の歴史を俯瞰し，現在の太陽研究の主要課題を提示する．次に，星としてみた太陽の誕生と進化，その終焉について解説する．

1.1 太陽研究の主要課題と意義

　太陽は我々地球上のすべての生命のエネルギーの源である．太陽エネルギーの源は中心部で起きている水素がヘリウムに変わる核融合反応である．今から40年ほど前，デービス（R. Davis, Jr.）は今現在実際に太陽中心部で核融合反応が起きていることを確認するために，その証拠である太陽ニュートリノを検出する実験を始めた．核融合反応ははたして起きているのだろうか？　太陽の中心部はどうなっているのだろうか？
　太陽の内部をさぐる方法としては，上に述べたニュートリノ以外にもう一つある．それは，「日震学」を利用する方法である．地震波の伝わり方を調べると地球の内部が分かるのと同じように，太陽の振動を調べると太陽の内部が分かる．そのような学問のことを「日震学」という．1960年代初頭，レイトン（R.B. Leighton）らは太陽はつねに振動していることを発見した．これが日震学の始まりである．太陽はなぜ振動しているのだろうか？　日震学によって太陽の内部はどこまで分かったのだろうか？

400年ほど前，ガリレオ（Galileo Galilei）は当時発明されたばかりの望遠鏡を太陽に向けることにより，黒点を発見した．黒点は太陽全体から見ればしみのような小さな点であるが，時折，大きな黒点が現れ，目のよい人は沈む夕日の中に黒点を見つけることができる．古代の中国人はこのようにしてすでに太陽に黒点があることを発見していたという．黒点の正体は何だろうか？　なぜ黒点が現れるのだろうか？

　20世紀になって，ヘール（G.E. Hale）は黒点に数千ガウスの磁場があることを発見した．現代太陽物理学の幕開けである．その後，白色光だけでなく，Hα単色光（水素原子の出す赤い光，波長 656.3 nm），電波，X線などによる太陽観測が発展し，太陽の素顔は白色光で見ていただけでは想像もつかない，爆発（フレア）だらけの活動する天体であることが判明した．これらの太陽活動のほとんどは磁場が原因である．なぜ磁場があると黒点やフレアが発生するのか？　そもそも，いかにして磁場は生成されたのだろうか？

　20世紀中頃，皆既日食のときに見られる真珠色のコロナは，じつは100万度の超高温状態にあることが判明した．実はこのコロナも磁場が原因で生成されていることが20世紀後半に分かった．しかしながら，その具体的な加熱機構はまだ謎である．コロナはいかにして100万度もの超高温に加熱されているのだろうか？

　さらにコロナから秒速 400 km–800 km という猛スピードでプラズマが絶えず惑星間空間に向けて流れ出していることが分かった．これはパーカー（E.N. Parker）が1958年に理論研究から予想していた，太陽風である．太陽風は超高温のコロナがあるから発生する．したがって太陽風もまた太陽の磁気活動の産物である．太陽風の加速メカニズムは何か？

　太陽風はコロナからいつも流れ出しており，つねに地球に衝突している．幸い地球には磁気圏と大気があるので，太陽風が直接我々に衝突することはない．しかし，大気上層部や磁気圏では太陽風の影響が直接的に現れる．これらの領域ではフレアによって発生した放射線の影響も大きい．また，太陽からフレアなどにともなって大量のプラズマが噴出し（コロナ質量放出: CMEという）地球に衝突すると，地球では磁気嵐やオーロラが起こる．人類が次第に宇宙に進出するにつれ，太陽の爆発の影響による被害が深刻になり始めた．大フレアが発生したた

めに，人工衛星が故障したとか，通信が途絶えたとかいう記事が新聞をにぎわしている．地球周辺の宇宙空間や磁気圏，電離層などの状態を地球の天気になぞらえて，宇宙天気と呼んでいる．いまや，フレアや磁気嵐の予報，すなわち「宇宙天気予報」が不可欠な時代になったといえよう．宇宙天気予報の現状はどうなっているのだろうか？

一方，太陽は我々にもっとも近い星——恒星——である．多くの恒星はあまりにも遠方にあるので，詳しいことはなかなか分からないが，太陽であれば詳しく調べることが可能だ．太陽を詳しく調べることによって星の一般的な性質が分かるのである．さらに，太陽の表面で起きている爆発現象は，はるか宇宙の彼方で起きている爆発現象の雛形ともいえる．つまり宇宙の爆発現象や活動現象を理解するためにも，太陽の研究は役に立つ．太陽は天体磁気流体プラズマ現象の実験室なのである．星としての太陽，天体磁気流体プラズマ現象の実験室としての太陽は，どこまで解明されたのだろうか？ 逆に他の星や天体活動現象はどこまで分かっているのだろうか？

これらの疑問に答えることが現代太陽物理学の課題であり，その現状と将来の課題について解説することが，本巻の主題である．

以上，まとめると現代太陽物理学の主要テーマは，太陽内部構造の解明と，(内部の物理過程の結果としての) 磁気活動——フレア，コロナ，磁場の起源 (ダイナモ) ——の解明，といえよう．また太陽研究の意義は，

(1) 太陽自身の解明 (太陽物理学としての意義)
(2) 地球への影響 (太陽地球系物理学——宇宙天気研究——としての意義)
(3) 星や天体磁気流体プラズマ現象の実験室 (天文学，物理学としての意義)

とまとめることができる．

1.2 太陽の誕生

銀河系での衝撃波か，近くで起こった超新星からの衝撃波か何かの外圧をきっかけにして，巨大な星間ガス雲が圧縮され始めた後，自分自身の重力がガス圧力に勝ってさらに収縮していくことによって，太陽は誕生し始めたに相違ない．ガス圧力は温度に比例するので，星間ガスの密度と温度が決まっているとすれば，

星間ガスが収縮していくには，ある程度の質量以上のガス雲であることが必要となる．おもに水素からなる星間ガスの密度と温度が，収縮を始める前はそれぞれ典型的な値 $10^{-23}\,\mathrm{g\,cm^{-3}}$, $50\,\mathrm{K}$ であるとすると，必要な質量は，現在の太陽の質量の約 1000 倍である．星間ガスの自転や磁場がなければ，収縮に要する時間はガスの密度で決まり，初期の密度を $10^{-23}\,\mathrm{g\,cm^{-3}}$ とすれば 3 千万年となる．

現実には，一般に星間ガスは不規則で多様な運動をしているから，典型的には $10^{22}\,\mathrm{cm^2\,s^{-1}}$ 程度の角運動量を持っている．現在の太陽系の持っている角運動量はおよそ $10^{20}\,\mathrm{cm^2\,s^{-1}}$ にすぎないから，太陽と太陽系が形成される際には，星間ガスが持っていた角運動量のほとんどは持ち去られたことになる．

一方で，一般に星間ガスは 10^{-6} ガウス程度の磁場を持っている．収縮に際して磁束が保存されていれば，収縮によって磁場はガスの密度の 2/3 乗で増加するはずだから，10^{10} ガウス程度には増幅される．現実の太陽の磁場はこれに比べれば無に等しいから，ガスの収縮に際して磁束もほとんど失われたことになる．

自転している天体に磁場があり，かつその天体から物質が外に散逸しようとしていると，物質は磁力線に沿って行かねばならないので，角運動量の持ち去りには効率的である．おそらく，星間ガスの収縮初期には，この機構が働いて角運動量が捨て去られたのであろう．収縮が進むと，それまで電離していた状態であったガスは，圧力の増加によって結合し電気的に中性なものになるであろうから，磁力線はもはやガスに連結したものではなくなり，収縮ガスから離れていったのであろう．

収縮を始めた頃の星間ガスの総質量は現在の太陽の 1000 倍もあったはずだが，密度の増加につれて分裂していく．これは密度が高くなれば，自分で収縮できるようになる質量の臨界値が小さくなるからである．最終的には数百のガスの塊に分裂するものと考えられる．こうして，原始太陽ガス雲となった頃の密度は，10^{-20}–$10^{-18}\,\mathrm{g\,cm^{-3}}$ と見積もられ，収縮に要する時間はそれに伴い短くなる．中心部は，光学的にも厚く，収縮を止められるほどに温度も高くなり，原始太陽の誕生となる．こうしてほぼ力学的につりあいの取れた状態になった原始太陽の有効温度は約 $3000\,\mathrm{K}$，半径は現在の 4–5 倍，光度は現在の数倍であったであろう．

この時点では，中心の温度はまだ 100 万度ほどにすぎず，核融合反応は起こせない．原始太陽が光り輝き続けられるのは，ゆっくりとした収縮によって解

放された重力エネルギーのお陰である．こうして輝き続けられるのは，およそ3000万年に過ぎない．この間に，原始太陽は自身の内部熱エネルギーと放出するエネルギーがつりあう状態に推移し，それに伴い，中心部の温度はおよそ1500万度にまで上昇する．こうして，太陽が誕生したのである．

さて，太陽が誕生したのは何年前のことであろうか．現在の太陽の年齢は何歳であろうか．じつは太陽の年齢は，太陽自身を観察しただけでは分からず，地球の年齢とほぼ等しいと仮定して求められている．ある種の元素は放射能を出して，時間とともに一定の割合で，より軽い他の元素に崩壊する．このことを利用して，岩石や隕石に含まれる放射性元素とそれが崩壊してできた元素との量比から，その岩石や隕石が形成されてからの年齢を決定することができる．こうして1920年代には，地球の年齢は少なくとも10億年以上であることが判明した．現在では，この方法による隕石の年代測定から，最古の隕石の年齢は45億年であると決定されている．

隕石を含む惑星等の太陽系天体は，太陽が星間ガスから収縮してできる際に，原始太陽を円盤状に取り囲むガスから誕生したと考えられ，隕石が形成された年代という意味は，隕石として固化した年代という意味である．その時期は太陽が誕生して5千万年程度以内と考えられている．こうして，現在の太陽の年齢は46億年と推定されている．

1.3 太陽のエネルギー源

46億年もの間太陽が光り輝き続けるためには，何らかのエネルギー源が必要である．仮に太陽全部が石炭であるとしたら，太陽は2000–6000年しか輝かない．原始太陽が輝き続けられるのは，収縮の際に解放される重力エネルギーをエネルギー源としている．光を放出して温度が冷えれば，気体の圧力が下がり，太陽は収縮する．そのときに解放される位置エネルギーをエネルギー源とするというわけだ．この方式では，寿命はおよそ数千万年ということになってしまうから，何らかの別のエネルギー源が必要である．太陽の中心部で起こる水素の核融合反応というのがその答えなのだが，これは1920年に，水素の原子核4個はヘリウム原子核よりわずかに（0.7%）質量が大きいことが見いだされたことに始まる．この発見により，水素の原子核4個が融合してヘリウムの原子核1個に

変わることができれば，アインシュタイン（A. Einstein）の唱えた質量とエネルギーの等価則によりエネルギーが発生し，これが現在の太陽の光り輝くエネルギー源であると考えられるようになったのである．

1 kg の水素がヘリウムに変えられるときに放出されるエネルギーは，100 万トンもの水を沸騰させるエネルギーに匹敵する．したがって，太陽中の水素量を考えると潜在的エネルギー量は莫大であり，太陽が光り続けても中心部の水素が枯渇するまで 100 億年持つことになり，45 億年という地球の年齢と矛盾しなくなる．

問題は，温度 1500 万度程度の太陽中心部でそのような融合が実際に起き得るかである．1920 年代の原子核物理学の知識では，この温度では低すぎて無理と見なされ，このアイディアは仮説に過ぎなかった．太陽や一般の恒星の内部では，水素をはじめとする元素は，高温のために，プラスに帯電した原子核とマイナスの電荷を持つ電子に分かれたプラズマ状態にあり，そのプラスに帯電した水素の原子核同士が近づくと，原子核の電気的クーロン力によって反発しようとする．その反発に勝って融合を起こすには，温度 1500 万度では低すぎると考えられたからである．しかし太陽の寿命の謎は，原子核に関する研究を鼓舞させ，量子力学のトンネル効果を考慮すると，このような温度でもクーロン力の障壁を越えて，太陽中心部での核融合反応が実際に起きることが理論的に明らかにされた．これにより，放射性元素を用いて推定された地球の年齢よりも太陽の寿命が長いことになり，矛盾が解決したのである．今から 70 年ほど前のことである．

核融合反応では水素の原子核 4 個がヘリウム原子核一つに変わるため，中心核においては粒子数が減少する．中心核の温度が変わらなければ圧力が低下して力のつりあいがとれないので，中心核の温度は上昇する．その結果，太陽の光度は，誕生以来現在までほぼ時間に比例して増大してきたことがいえる．現在の太陽の光度と年齢から逆算すると，46 億年前に太陽が誕生した頃の太陽の光度は現在のおよそ 0.75 倍であったことが分かる．

さて，太陽の中心部で水素がすべてヘリウムに変わっても，ヘリウムが核融合反応を起こして別の元素に変わり，その元素がまた核融合反応を起こして… と進めば，寿命は 100 億年どころか，永遠に続くと思われるかも知れないが，そうは行かない．ヘリウムおよびそれ以後の核融合で発生するエネルギーは，水素

の核融合で発生するエネルギーの10分の1程度である．したがって，仮に太陽が同じ光度で輝き続けたとしても，その寿命は水素の核融合が起きている期間の長さを大きくは越えられない．実際には，太陽は赤色巨星となって大光度になるし，重い元素の核融合反応までは進まないので，寿命は実質およそ100億年なのである．

1.4 太陽の将来

　太陽中心部での水素核融合反応は，中心部の水素が枯渇するまで続く．今からおよそ60億年後に中心部の水素が消費尽くされると，太陽の中心核はヘリウムから成るようになる．しかしその状態では，ヘリウムの核融合が起きるには温度が低すぎるので，中心核はみずからの重力に抗しきれずに収縮していく．その結果熱が発生し，中心核の周囲が高温になって，中心核を囲む薄い球殻で水素が核融合反応を起こすようになると考えられている．

　中心核では核融合反応が起きることなくなおも収縮を続けるので，このような状況になると外層と中心核のバランスが崩れて，太陽の外層は急速に膨張し始める．膨張の結果，太陽の表面温度は下がり，現在約6000度の表面は約3000度まで低下する．現在の太陽の場合，放射強度が最大になる波長は約500 nmだが，表面温度が3000 Kの巨星となった太陽では，放射強度が最大となるのは波長約1000 nmの赤外線となる．膨張して半径は現在の200倍にもなるので，表面温度の低下にも拘らず，太陽の光度は現在の1000倍にもなる．半径が200倍ということは地球軌道付近まで膨らんでいるということだ．水星と金星はもはや太陽に取り込まれてしまっていることになる．

　収縮し続ける中心核では温度が上がり，やがてヘリウムの核融合反応が始まる．すると中心核と外層のバランスが復活し，膨張は止まり，大きさは現在の太陽の10ないし20倍にまで小さくなる．

　ヘリウムの核融合反応によって中心部には酸素と炭素が作られていき，やがて中心核は酸素と炭素から成るようになり，ヘリウムは中心核を取り囲む薄い球殻でのみ核反応を続ける．その外側には核融合反応を起こしていない薄いヘリウム層があり，さらに外側の薄い球殻では水素が核融合反応を起こす状況になる．このような状況で再び中心核と外層のバランスが崩れ，太陽は膨張に転じ，大きさ

は現在の太陽のおよそ 200 倍にまでなる．

この時期になると，太陽の外層大気は重力でとどめておくことができずに放出されてしまい，やがて，太陽の質量は現在の太陽に比べかなり減少してしまうものと考えられている．惑星の太陽からの平均距離の 3 乗と公転周期の 2 乗の比は一定であり，その比は太陽の質量に比例する．よって，太陽の質量が減少すると惑星の公転にも影響をおよぼし，地球の公転軌道は徐々に現在の軌道よりも外側に移動していくことになる．角運動量保存則（ケプラーの第 2 法則）によって，単位時間あたりに地球が公転軌道上を動いた円弧と軌道中心である太陽がなす扇型の面積は一定でなければならないから，太陽の質量が徐々に減少して現在の太陽の質量の 70％にまで減少したとき，地球の公転軌道の半径は現在の軌道半径のおよそ 1.4 倍になっている．地球はかろうじて太陽に取り込まれることを免れよう．

最終的には，質量放出で太陽の質量は現在のおよそ半分程度にまでなると考えられている．外層はほとんど放出されてしまい，残るのは，酸素と炭素から成る中心核と，かろうじて残ったヘリウムと水素が成すそれぞれ薄い殻からなる非常にコンパクトな星である．

酸素と炭素が核融合反応を起こすには約 7 億度もの高温になる必要があるが，太陽の質量ではそこまで温度は上がらない．内部で核融合反応を起こせない太陽は収縮していくことになる．あまりに収縮すると，電子に量子力学的効果が効いてきて，圧縮に対して反発するようになる．これは「縮退圧」と呼ばれるが，通常のガス圧の代わりにこの縮退圧と重力とがつりあってバランスを保つようになる．縮退圧は，密度にはよるが，普通のガス圧とは異なって，温度には関係しない．つまり温度が下がっても縮退圧は一定のままでいるので，太陽は収縮する必要がない．

このような状態になると，太陽はエネルギーを放出しつつももはや収縮もせず核融合反応も起きていない静止状態となる．このような状態の太陽は，半径が現在の太陽の 1/100 にすぎない，地球ほどの大きさの「白色矮星」となる．白色矮星はエネルギーの放射によって冷却の一途をたどり，太陽の光度は時間とともに低下し続ける．光度が現在の太陽の 1/100 になるまで冷却した段階での太陽の表面温度は，およそ 20000 度である．放射強度が最大となるのは波長約 200 nm の紫外線となる．これが太陽がその一生の最期に迎える姿と考えられている．

1.5　太陽は安泰か

　太陽は進化の途中で，核融合が一時的に止まるという可能性や，あるいは逆に，太陽の中心部で起こる核融合反応が暴走したりすることはないのだろうか．そもそも太陽の寿命がおよそ 100 億年というのも，太陽中の水素の約 1 割がヘリウムに変わって発生するであろうエネルギーを，今の太陽の光放射によるエネルギー消費率を割り算して求めた，大雑把な値である．潜在的に持っているエネルギー量は正しいとしても，エネルギー消費率が一時的に高騰したりしたら，寿命も変わるのではないか，という疑問である．

　何かの拍子に，普段より熱エネルギーが余分に発生したとしよう．すると普段より温度は上がって核融合反応が起きやすくなり，そのためにさらに温度が上がって益々反応が進み暴走してしまう，といったことはないのだろうか．じつは，太陽では，余分な熱エネルギーを加えると，太陽を収縮させようとする重力に対抗してつりあっていた気体の圧力が上がり，力のバランスが崩れて太陽はさっと膨張する．膨張すると圧力が下がり，その結果，温度も下がる．熱を加えると温度が上がるというのが日常生活での常識だが，太陽や星では，熱を加えると，結局，温度が下がるのだ．こうして膨張することで力のバランスは保てるようになったが，エネルギー収支のバランスは崩れたままだ．温度が下がったために，外へのエネルギーの支出も減少するが，それ以上に核融合反応によるエネルギー生成も減少する．その結果，エネルギーの供給不足となって，全体として徐々に温度は下がろうとする．それとともに圧力も徐々に下がろうとするから，結局，太陽は力のバランスを保ちながら徐々に収縮していき，その結果，温度も圧力もじわじわと高まり，エネルギー収支もバランスのとれた状態に戻るのである．

　逆に，何かの拍子に，温度が下がって核融合反応が止まってしまったとしよう．すると，気体の圧力が下がり，太陽はさっと収縮する．収縮すると圧力が上がり，温度が上がる．その結果，核融合反応が再び起きるようになる．エネルギー生成は過剰となって，徐々に温度が上昇しようとし，それとともに圧力も徐々に上がろうとするから，太陽は力のバランスを保ちながらゆっくり膨張し，その結果，温度も圧力もじわじわと下がって，現状に戻る．この間，太陽は少し暗くなるが，余熱で光り輝ける．このように太陽は，自分自身を巧みにコント

ロールする術を身に付けているのだ．

　逆にいうと，太陽が誕生以来 46 億年も経った現在も光り輝いているからといって，今現在太陽中心部で核融合反応が起きているとは即断できない．たとえ核融合反応がストップしたとしても，余熱で光り輝いていられるからである．復帰に要する時間は，およそ 1 千万年．こういう核融合反応のストップが氷河期の原因として提案されたこともあるが，結論には至っていない．1 千万年は人間には長すぎる時間だが，太陽の寿命にとってはおよそ千分の一．人生 100 年にたとえれば，一月で完治というわけだ．

　この巧みな暴発防止機構も未来永劫続くわけではない．太陽中心部での核融合反応が進んで水素が枯渇した後，やがてヘリウムの核融合反応が起きる時期には，温度が上がっても十分には膨張できなくなり，暴発的に核融合反応が起きて太陽の構造は短期間に大きく変わる．そんな暴発が起きるのは，明日や明後日ではなく，およそ 60 億年後のことである．

第2章

内部構造
エネルギーの発生と流れ

　本章では，恒星の内部構造理論を太陽を例に取りながら解説する．中心部分で核融合反応により発生したエネルギーは，中心近くでは放射により，表面近くでは対流により輸送される．表面に対流層が存在することが，4章以下で述べる太陽大気のさまざまな活動性の要因の一つとなっている．最後に，解決したと考えられる，いわゆる「太陽ニュートリノ問題」について触れる．

2.1　基本的な考え方

　太陽の内部構造は，どのような仮定と物理法則で記述されるのだろうか．ここでは，星の進化理論に沿った考え方をまとめておこう．

　1.4節で概説したように，太陽の構造は長い時間尺度で見れば時間とともに変化するが，各時点では力学的には，重力による収縮と圧力勾配による膨張とがつりあった静水圧平衡にあり，熱的にも，エネルギー生成とエネルギー放出がほぼつりあった準平衡状態にあると考えてよい．静水圧平衡からずれても，平衡を回復するまでの時間尺度は自由落下の時間尺度であり，現在の太陽の場合これは1時間程度で，太陽の寿命に比べればゼロに等しい．熱的平衡からのずれが元に復するのに要する時間も数千万年（1.5節参照）で，これも寿命に比べればはるかに短い．また，太陽の形は球状に見えるが，実際，その自転は遅くて遠心力の影

響は小さいし，大局的磁場もまた弱いので磁場による球対称からのずれもまた小さい．そこで，

- 太陽は球対称である，
- 太陽は静水圧平衡にあり，自己重力をガス圧力が支えている，
- 太陽は熱平衡にあり，太陽内部で発生するエネルギーと外部へ放出するエネルギーがバランスしている，

として扱う．

1.3 節で述べたように，太陽内部では水素の核融合反応が起きていると考えられている．水素原子核 4 個の質量からヘリウム原子核 1 個に変わって生じる質量の差が，太陽が放射するエネルギーの源である．現在の太陽は光度 $L_\odot = 3.85 \times 10^{33}$ erg s^{-1} で輝いているが，これは，毎秒，そのエネルギーの分だけの質量 4×10^{12} g（光速を c と表すと $\dot{m}_\odot = L_\odot/c^2$）を失っていることを意味している．しかし現在の太陽の年齢はおよそ 46 億年 $\simeq 1.5 \times 10^{17}$ s だから，これまで失った質量は高々 10^{30} g であり，これは現在の太陽の質量 $M_\odot = 1.989 \times 10^{33}$ g に比べれば無視できるほど小さい．また，太陽風による質量放出も微々たるものである．逆に彗星等の落下や降着による質量増加も無視できよう．よって，太陽の質量は，誕生以来これまで一定と見なしてよい．すなわち，

- 質量降着も流出もなく，太陽の質量は時間的に一定とする．

進化については，核融合反応に伴う化学組成分布の時間変化を追う．そして，その時々の与えられた化学組成分布について，次節で述べる原理に従って境界値問題として内部構造を求める．年齢 46 億年の時点で，

- 質量・半径・光度が，測定された現在の太陽の値に合致する（現在の太陽の半径は，$R_\odot = 6.96 \times 10^{10}$ cm（約 70 万 km）である），
- 表面化学組成が，分光観測によって測定された現在の太陽表面化学組成に合致する

構造が得られれば，それを現在の太陽の内部構造のモデルとする．

時間進化を追うというからには初期条件が必要だが，原始太陽が誕生する際に，内部全部が対流状態となる状態を経ると考えられているので，

- 誕生時の化学組成の分布は一様であるとし，
- 太陽内部の化学組成分布は核融合により変化していく，

とする．化学組成の初期条件は，

- 現在の太陽年齢時のモデルの表面化学組成が，分光観測によって測定された表面化学組成に合致するように選ぶ．

これらの仮定のうち，静水圧平衡の仮定は必須である．現在の太陽の質量・半径・光度も高精度で測定されているので，これらの値の採用も必須である．分光観測で測定する表面化学組成も信頼性が高い．これらに比べると，上に掲げた時間進化に関する他の仮定は観測的証拠は十全とはいい難いことは注意しておこう．星の進化の理論は，主系列段階の星については概ね正しいと考えられているが，それはあくまで数多くの星の観測データに基づく統計的なものであって，太陽という個別の星について100％正しい保証はないのである．たとえば，太陽の進化途中で何らかの不安定性に伴って太陽内部の化学組成の混合が起きる可能性は完全には排除できない．

2.2 基礎方程式

それでは，ある化学組成分布が与えられたとき，静水圧平衡と熱的平衡にある内部構造はどのように記述されるだろうか．

半径 r で厚さ dr の球殻を考えよう（図 2.1．その質量を dm とし，球殻内の密度を ρ とすれば，$dm = 4\pi r^2 \rho dr$ だから，連続の式

$$\frac{dr}{dm} = \frac{1}{4\pi \rho r^2} \tag{2.1}$$

が成り立つ．

静水圧平衡は，ガスの圧力勾配が重力とつりあうことである．球殻を収縮させようと働く重力は，$g\,dm$．球対称な構造での重力加速度は，そこの半径より内側の質量 m とそこの半径 r により $g = Gm/r^2$（G は万有引力定数）と与えられるから，重力は $Gmr^{-2}dm$ と表される．一方，球殻全体を膨張させようとするガス圧力は，球殻の内側と外側の圧力差だから，球殻上下面単位面積当たりの圧力をそれぞれ $p(m+dm)$ と $p(m)$ と書けば，$4\pi(r+dr)^2 p(m+dm) -$

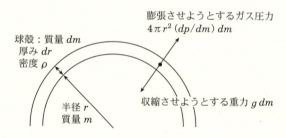

図 2.1 半径 r で厚さ dr の球殻を考える．球の表面積は $4\pi r^2$ だから，球殻の体積は $4\pi r^2 dr$．球殻の密度を ρ とすると，球殻の質量 dm は $dm = 4\pi\rho r^2 dr$．球殻には重力とガス圧力がかかってつりあっている．

$4\pi r^2 p(m) \simeq 4\pi r^2 (dp/dm)\,dm$．重力とガス圧力の両者の向きが反対で大きさは等しいことが静水圧平衡だから，静水圧平衡の条件は結局

$$\frac{dp}{dm} = -\frac{Gm}{4\pi r^4} \tag{2.2}$$

と記述できる．

熱的平衡とは，発生するエネルギーと放出するエネルギーが同量ということである．球殻内で発生するエネルギーを ε として，球殻の内側から流入するエネルギーと外側へ流出するエネルギーの差を dL と表せば，$dL = \varepsilon\,dm$ だから，

$$\frac{dL}{dm} = \varepsilon \tag{2.3}$$

と書ける．

ガスの圧力 p と密度 ρ を結びつける式には温度が入ってくるので，次に温度 T を記述せねばならない．温度は，エネルギーの輸送の効率によって決められる．エネルギーの輸送の取りえる形態には，放射と対流と伝導があるが，通常の星の内部では伝導は効率が悪く，放射か対流によっている．ここでは，まず，放射を考えよう．星の内部で両面の温度が T と $T + dT$ の厚さ dr の層を考える．星の内部は，局所的にはほぼ熱平衡にあり，放射もほぼ等方的である．それでも大局的には，ほんのわずか，下方から上方に放射される分が多いので，エネルギーが輸送される．その際の過程は，大局的にはこれより下の層から来る放射がその層で吸収され，その層がまた光子を放射して，正味としてはエネルギーが

段々と星の内から外へと輸送されるという描像である．放射を担う光子が吸収される際に，光子の運動量は物質に与えられる．これが放射圧に他ならない．

いま，光速を c と表し，単位質量単位断面積当たりの吸収係数を κ とすると，単位面積単位時間当たり $F_{\rm rad}$ の放射エネルギーが入射して dr 進む間に，$F_{\rm rad}\kappa\rho dr/c$ の運動量が吸収される．この層に加わる放射圧を $dp_{\rm rad}$ とすると，$-dp_{\rm rad} = F_{\rm rad}\kappa\rho dr/c$ となる．放射圧は，放射定数を a として，温度の4乗に比例して $p_{\rm rad} \equiv aT^4/3$ と表されるから，$F_{\rm rad} = -acdT^4/(3\kappa\rho dr)$ を得る．この層が半径 r 球殻であると考えると，球殻から外へ輸送される放射エネルギーは単位時間当たり $L \equiv 4\pi r^2 F_{\rm rad}$ であるから，$dr = dm/(4\pi\rho r^2)$ であることに注意して，結局，放射温度勾配 $dT/dm = -3\kappa L_r/(64\pi^2 acr^4 T^3)$ を得る．

次に，対流を考えよう．静水圧平衡にある層で，気塊を断熱的に dr だけ平衡位置からずらせたとする．最初の平衡位置における気塊の圧力と密度をそれぞれ p_0, ρ_0 とする．これらは周囲の圧力，密度に等しい．dr ずれた周囲の圧力，密度は $p_0 + (dp/dr)dr, \rho_0 + (d\rho/dr)dr$ である．ずれた位置での気塊の圧力 p^* はその周囲の圧力に等しくなる．一方，密度 ρ^* は断熱変化により決まる．すなわち，γ を断熱指数として $\rho^* = \rho_0(p^*/p_0)^{(1/\gamma)}$ であり，気塊が元の平衡位置に戻るかどうかは ρ^* と周囲の密度の大小による．戻るのが対流安定，どんどんずれていくのが対流不安定である．したがって対流不安定の条件は

$$d\ln\rho/dr - \gamma^{-1}d\ln p/dr > 0 \qquad (2.4)$$

となる．いったん対流が起きると，放射よりエネルギー輸送効率がよいので，エネルギーは対流で運ばれる．対流は物をかき混ぜるので，温度超過は温度勾配に比べて無視できるほど小さい．そこで対流が起きている場合の温度勾配は，$dT/dm = (1-\gamma^{-1})(T/p)\,dp/dm$ と表せよう．より詳細には対流のモデルを用いなければならない．

まとめると，温度勾配は

$$\frac{dT}{dm} = \begin{cases} -\dfrac{3}{64\pi^2 ac}\dfrac{\kappa L_r}{r^4 T^3} & \text{放射} \\ \left(1-\dfrac{1}{\gamma}\right)\dfrac{T}{p}\dfrac{dp}{dm} & \text{対流} \end{cases} \qquad (2.5)$$

となる．放射となるか対流となるかは，条件式 (2.4) が満たされていれば対流，

そうでなければ放射である．

上記の方程式（2.1）–（2.5）の左辺に現れる従属変数は，質量 m，圧力 p，光度 L_r，それに温度 T の 4 変数である．一方，右辺にはこれらの他に，密度 ρ，放射吸収係数 κ，核反応率 ε が現れるから，熱力学的物理量と化学組成を関連づけてこれらを記述する状態方程式等，補足的な式が必要である．化学組成分布が与えられれば，これら補足的な式とともに，方程式（2.1）–（2.5）を，中心 $m = 0$ で $r = 0$ および $L = 0$，表面 $m = M_\odot$ で温度と半径についての条件を課して，境界値問題として数値的に解く．

2.3　エネルギーの発生: 中心核での核融合反応

水素原子核 4 個とヘリウム原子核 1 個の質量差は，他のどの原子核の組み合わせよりも大きい．そこであらゆる元素の核融合反応のなかでも，核子 1 個当たりから生じるエネルギーは最大である．また，太陽の元素組成は水素が一番多く，質量比にしておよそ 3/4 を占めている．そこで，水素の核融合反応がエネルギー源として最重要であり，太陽の寿命を決めている．

水素原子核は陽子 1 個から成るだけであるから，あらゆる原子核のなかで電荷が最小であり，そのために核融合を起こす原子核同士が接近する際に，クーロン力による反発が小さいのだが，それでもこのクーロン障壁は，太陽の中心部での温度 1500 万度での陽子の熱運動エネルギー 1.3 keV よりもはるかに大きい．にもかかわらず，量子力学のトンネル効果によって，このような温度でもクーロン力の障害を越えて太陽中心部では核融合反応が起きる．

太陽中心部で起きる核融合反応は，pp チェインと呼ばれる反応である．これには三つの分枝があり，それぞれ pp-I, pp-II, pp-III と記される．エネルギーの主たる部分を担っているのは pp-I で，これは，水素原子核である陽子同士が融合してまず重水素原子核を作り，それがさらに陽子と融合して ^{3}He を作り，それが，同様にして作られた別の ^{3}He と融合してヘリウム（^{4}He）原子核を作る，というものだ．原子核 X が別の粒子 a と反応して粒子 b を放出して原子核 Y となっていく一連の反応を，$X(a,b)Y$ と書き表すことにすると，pp-I 反応は表 2.1 のように書き表せる．ここで Q' は発生する熱エネルギーを表す．ニュートリノが発生すると，ニュートリノは太陽内部のガスと作用することなく太陽から外部に放

表 2.1 pp チェインでの核融合反応

分枝	反応	Q' (MeV)	Q_ν (MeV)
pp-I	^{1}H(^{1}H,$e^+\nu$)^{2}H	1.442	$\leqq 0.420$
	^{2}H(^{1}H,γ)^{3}He	5.494	
	^{3}He(^{3}He,2^1H)^{4}He	12.860	
pp-II	^{3}He(^{4}He,γ)^{7}Be	1.586	
	^{7}Be(e^-,ν)^{7}Li	0.862	0.861, 0.383
	^{7}Li(^{1}H,^{4}He)^{4}He	17.348	
pp-III	^{7}Be(^{1}H,γ)^{8}B	0.137	
	^{8}B(,$e^+\nu$)^{8}Be*	15.079	< 15
	^{8}Be* (,^{4}He)^{4}He	2.995	

出される.表の第 4 列目の Q_ν はニュートリノが持ち去るエネルギーを表す.

pp-I で作られた ^{3}He の一部は,元々あったヘリウム (^{4}He) と反応してベリリウム (^{7}Be) を作る.さらに,その ^{7}Be は電子を捕獲してリチウム (^{7}Li) となり,その ^{7}Li が水素原子核と反応して 2 個のヘリウム (^{4}He) 原子核を作る.これが pp-II と呼ばれる分枝である.現在の太陽における pp-I と pp-II の分枝率は,85% 対 15% ほどであると考えられる.

pp-II で作られた ^{7}Be の一部は,水素原子核と反応してホウ素 (^{8}B) を作る.それが陽電子とニュートリノを放出してベリリウムの励起状態 (^{8}Be*) となり,それが崩壊してヘリウム (^{4}He) となる.これは pp-III と呼ばれる.現在の太陽における pp-II と pp-III の分枝率は 13 対 0.015 と考えられ,エネルギー源としては pp-III の寄与はきわめて小さい.しかしながら,派生するニュートリノのエネルギーが高いため,このニュートリノの検出は,太陽内部で核融合反応が起きていることの証明のための実験として,重要な役割をはたしてきた.

pp チェインの他に,炭素,窒素,酸素の原子核を触媒としながら水素からヘリウムを作る CNO サイクルもあるが,太陽ではこの寄与は小さい.

太陽の内部構造の進化を追う際には,核融合に関わる核種の時間変化を追うことになる.そのためには,核融合の反応率等が必要となる.実験室における実験では,太陽中心部よりももっと高エネルギーの状況下での値しか求めることができず,これらの実験値から外挿して太陽内部での反応率を求めている.核融合が起きると核種の量は時間とともに変化する.その時間変化は,質量が m_i の核種

i の元素の質量比を X_i と記し,j の核種から i の核種を生成する反応の反応率を r_{ji} と記すことにすると,

$$\frac{dX_i}{dt} = \frac{m_i}{\rho}\left(\sum_j r_{ji} - \sum_k r_{ik}\right) \qquad (2.6)$$

と表されるから,反応に携わるすべての核種についてこれらの式を連立して解くわけである.右辺の第 1 項は核種 i が生成される過程であり,第 2 項は核種 i が核種 k となるために減少する過程である.それぞれ,生成消滅に関わるすべての過程の和をとる.

さて,太陽中心部で核融合反応が起きると述べたが,どのくらいの範囲で起きているのだろうか.標準的な進化モデルで考えられている,各半径における光度を太陽中心からの距離の関数として描いたものを図 2.3(右下)に掲げる.核融合反応は半径にして中心から 20%くらいまでの範囲で起きていることが明らかであろう.

こうして計算して求めた現在の太陽内部での水素の分布を図 2.2(左)に示した.各半径における水素の質量比の分布を表したものである.先に記したように,誕生時の太陽内部では水素は一様に分布していたとしている.それが,現在の太陽の中心部では水素の比率が減っているのは,核融合反応の結果に他ならない.核種によっては,生成されつつ消費もするから,その速さのバランスで分布が決まってくる.^{3}He は,中心部では融合してしまってなくなっているが,外になるにつれて消費より生成が多くなるために,図 2.2(右)に示すように,半径にして中心から 30%くらいのところに溜まってくる.

2.4 エネルギーの流れ: 放射層と対流層

太陽は中心から表面に向けて温度が低くなるので,熱エネルギーは中心から外へと流れる.熱の伝わり方には放射と対流と伝導があるが,通常の星の内部では伝導は効率が悪く,放射か対流によっていることは前に述べた.放射で運ぶか対流で運ぶかは,温度勾配による.温度勾配が緩やかであれば,放射で運ぶのが効率的だが,あまりに温度勾配がきつくなると放射よりも対流の方が効率的となり,対流が発生する.

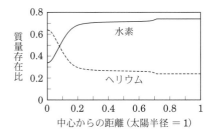 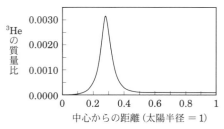

図 2.2 現在の太陽の詳細な内部構造モデル．いずれも横軸は太陽半径 $R_\odot$ で規格化した中心からの距離．(左) 各半径における水素（実線）とヘリウム（^{4}He: 破線）の質量比の分布．中心から $0.7R_\odot$ 付近より外側で平坦なのは，対流層で一様に撹拌されるからである．一方，その直下で深くなると減少（水素）あるいは増加（ヘリウム）しているのは，重力による拡散の効果で，もっとも軽い元素である水素は，時間とともに徐々に外側に浮上し，重いヘリウムは沈下しているからである．(右) 各半径における ^{3}He の質量比の分布．^{3}He は，中心部では生成されても直ぐに核融合を起こしているが，外になるにつれて消費より生成が多くなるために，図に示すように，半径にして中心から 30％付近に溜まってくる．

　温度勾配がきつくなるのは，核融合によって局所的に発生するエネルギーがあまりに大きいか，放射吸収係数 κ が大きくなって，決められたエネルギーを放射で運ぶには温度勾配がきつくならざるを得ないか，の二つの場合がある．太陽中心部での核融合反応は pp チェインで，エネルギー発生率はさほど大きくないので，中心部は放射層となる．それが外側になると，水素が完全電離ではなく一部中性化されるために，より内部から運ばれてくるエネルギーの一部は電離エネルギーとして使われてしまう．そのため，放射よりも対流の方が効率的となり対流層となる．対流層は光球面（5.1 節）直下まで広がっているが，上端層では激しい乱流となっており，それが太陽面で観測される粒状斑（5.1.3 節）である．

　進化計算による現在の太陽の内部における温度分布の様子を図 2.3 に示した．図 2.3 に見られるように，対流層の底，放射層と対流層の境では温度勾配が変わっているが，これは 3 章で述べる日震学により観測的に確かめられ，これにより，対流層の深さは $r = 0.715R_\odot$ であることが事実として判明している．

　対流層の深さについては，リチウムの問題がある．詳細なモデルによれば，対

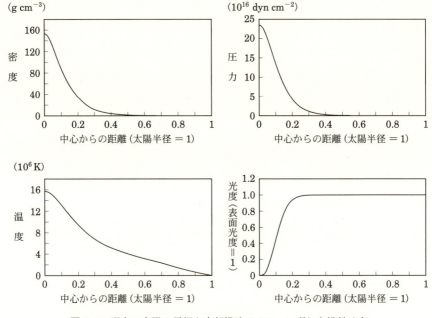

図 2.3 現在の太陽の詳細な内部構造モデル．いずれも横軸は太陽半径 $R_\odot$ で規格化した中心からの距離．（左上）密度分布．（右上）圧力分布．（左下）温度分布．中心から $0.7R_\odot$ 付近で温度勾配の様子が変わっているのが見られる．ここが対流層の底に対応している．（右下）太陽光度で規格化した光度分布．

流層の底での温度は約 220 万度である．リチウムの同位体には ^{6}Li と ^{7}Li があり，地球や隕石での同位体比は ^{6}Li:^{7}Li $\simeq$ 1 : 9 である．ところが，太陽では ^{6}Li のスペクトル線はまったくなく，^{7}Li のみが観測される．しかも，隕石に比べその存在比率は 1/100 しかない．^{6}Li が太陽で観測されないのは，^{6}Li が核融合を起こしてしまうからであると考えられている．^{6}Li(^{1}H, ^{3}He)^{4}He という反応は温度 200 万度で起きてしまうので，対流層の中のこの温度に対応する深さより深い層では ^{6}Li は消滅してしまう．対流層ではガスが効率よく混ぜられるだろうから，温度が低い浅い層にあった ^{6}Li もやがては温度 200 万度の層に運ばれてしまうため，^{6}Li が検出されないのは道理であろう．

 ^{7}Li については，^{7}Li(^{1}H, ^{4}He)^{4}He という反応はもう少し高い温度の 240 万度で起きる．したがって，この反応は対流層中では起き得ないので，原始太陽の組

成比を保っていてよいはずである．すなわち，隕石における量比と同じでなければならないはずである．観測事実はそうはなっていないということは，対流層からもう少し深い層まで送り込む機構がなければならず，しかもその効率は高くはない，そんな機構の存在を示唆している．^{7}Li の欠乏は，太陽のように表面に対流層がある星では一般に見られ，しかも欠乏の程度は，星の年齢と温度によって違うことも分かってきている．

さて，核融合反応で生じたエネルギーは，ニュートリノによって持ち出された微々たる分以外は，熱エネルギーとして中心から外側へ輸送されてくる．対流層からは一部が何らかの非熱的手段によって外層に輸送され，それが外層で熱化して 100 万度を超える高温のコロナとなっている（5.4 節．そのコロナからは，太陽風（9.1 節）が太陽系空間に向けて吹き出し，地球環境にも大きな影響を与えている．コロナ加熱へ転化されるエネルギーは全体の 0.01%程度であり，太陽風へと転化されるのは，さらにその 1/10 程度である．そのわずかな変動でも地球環境に大きな影響を与えるのであるから，太陽エネルギーがいかに大きいかということが分かる．

2.5 太陽の内部構造

2.5.1 概略値

微分方程式を数値的に解く際には，方程式の左辺の微分は差分に置き換える．ここでは大胆に，微小な間隔で差分を取るのではなく，たとえば太陽の中心と表面での差分を考えてみよう．物理諸量の大雑把な値を求めるために，dp/dm を $\{p(m = M_\odot) - p(m = 0)\}/\{M_\odot - 0\}$ として見るのである．そのうえで，右辺の物理量は，それぞれ中心と表面での値の平均値で見積もってみよう．表面では，$p(m = M_\odot) \simeq 0, T(m = M_\odot) \simeq 0, \rho(m = M_\odot) \simeq 0, r(m = M_\odot) = R_\odot$ であり，中心では $r(m = 0) = 0$，それ以外の物理量には添字 c を添えて，$p(m = 0) = p_c$ のように記そう．こうして，右辺に現れる変数は，$m \sim M_\odot/2$，$r \sim R_\odot/2, \rho \sim \rho_c, T \sim T_c, p \sim p_c$ とする（'$\sim$' は，「かなり粗い近似」の意味で用いている）．すると，連続の式 (2.1) は

$$\frac{R_\odot}{M_\odot} \sim \frac{1}{4\pi(R_\odot/2)^2(\rho_c/2)} \tag{2.7}$$

と近似され，これより $\rho_c \sim (2/\pi) M_\odot R_\odot^{-3} \simeq 40\,\mathrm{g\,cm^{-3}}$ と見積もられる．同様にして，静水圧平衡の式 (2.2) は

$$\frac{p_c}{M_\odot} \sim -\frac{GM_\odot/2}{4\pi(R_\odot/2)^4} \tag{2.8}$$

と近似され，これより $p_c \sim (2/\pi) GM_\odot^2 R_\odot^{-4} \simeq 10^{16}\,\mathrm{dyn\,cm^{-2}}$ と見積もられる．太陽内部のガスは完全電離の理想気体であるとすれば，これより中心温度 T_c は

$$T_c \sim \frac{1}{\mathcal{R}/\mu}\frac{p_c}{\rho_c} \sim \frac{1}{\mathcal{R}/\mu}\frac{GM_\odot}{R_\odot}, \tag{2.9}$$

ただし $\mathcal{R} = 8.31 \times 10^7\,\mathrm{erg\,g^{-1}\,K^{-1}}$ は気体定数，μ は平均分子量で $\mu^{-1} = (5X+3)/4$．水素が質量比で 75% ($X = 0.75$) とすると，これより，$T_c \simeq 10^7\,\mathrm{K}$ と見積もることができる．

2.5.2 詳細なモデル

詳細なモデル計算の実行のためには，吸収係数，状態方程式，核融合反応率を与えておかねばならない．吸収係数と状態方程式は化学組成に依存しているから，太陽の分光観測から解析された元素組成を用いた表を用意しておく．

各種元素の組成比のうちヘリウムについてだけは，光球レベルで形成される吸収線がないので，詳細には組成比が決定できない．一方で，太陽質量の星のモデルの進化を考えたとき，現在の太陽年齢に達したときの光度は，太陽誕生時のヘリウムの量に依存する．そこで，太陽年齢時の光度が現在の太陽光度に合致するように，この初期ヘリウム量を選ぶことにする．

一方，こうした進化モデルの半径は，対流の効率の理論的取り扱い方に依存してしまう．この扱い方は理論としては完璧ではないのである．そこで，モデルの太陽年齢時の半径が現在の太陽半径に合致するように，このパラメータを選ぶことにする．

このようにして計算される太陽モデルを「標準太陽モデル」と呼ぶことが多いが，観測と理論の不定な要素を逆手にとって作成していることは留意しておきたい．こうして計算された太陽内部構造モデルの温度分布，密度分布，圧力分布，それに光度分布（太陽光度で規格化してある）が前掲の図 2.3 である．図の横軸は太陽半径で規格化した中心からの距離を表している．

2.6 太陽ニュートリノ

1.3 節で述べたように，太陽のエネルギーの源は，中心部で起きる，水素原子が核融合してヘリウム原子核に変わる核融合反応であると考えられている．しかし，太陽中心部で今現在，核融合反応が起きていることを実験的に証明することは実は容易ではない．太陽中心部では温度が 1 千万度以上もあり，なにしろエネルギーが高いので，発生した光子はガンマ線として放射される．ところが，太陽内部では光子は真っ直ぐに進めない．太陽内のプラズマに吸収されては放射される過程を頻繁に繰り返して漸く表面に達する．表面に達するのに，実におよそ 1 千万年もかかってしまう．その間，エネルギーは段々低くなって，最初はガンマ線として発生した光子もやがて X 線になり，太陽から外に出てこられるようになったときにはおもに可視光になっている．外に出てきたら光速で一直進，地球まではおよそ 500 秒だ．結局，私たちが受けている日光は，1 千万年も前に太陽中心で発せられたものなのだ．こういうわけで，太陽が現在光り輝いていることは，いま現在太陽中心部で核融合反応が起きていることの証明にはならない．

一方，核融合反応で発生したエネルギーのほんの一部は，その際に発生するニュートリノによっても運ばれる．ニュートリノはやはり光速で伝わり，他の素粒子・物質とはほとんど作用し合うことなく突き抜ける．ニュートリノにとっては太陽も透明で，太陽中心部で発生したニュートリノは，2.3 秒（太陽半径/光速度）で太陽を突き抜け，およそ 500 秒後には地球に到達することになる．そこで，核融合が太陽中心部で今起きていることを確かめるには，ニュートリノを捕まえてみるしかない．ニュートリノにとっては地球もまた透明だから，これは難事である．

1960 年代にデービスによってアメリカ・サウスダコタ州のホームステーク鉱山で始められた実験では，驚くべきことに，検出された量は理論から予測される量の半分にも満たなかった．問題の答は，

(i) 太陽モデルが間違っているか，
(ii) ニュートリノに関する理解が間違っているか，
(iii) 検出実験が間違っているか，

のいずれかでしかない．恒星の内部構造とその進化の理論は現代の宇宙像の根幹

を成しており，詳細な観測が可能な恒星である太陽はこの重要な理論の基盤を成しているだけに，この「太陽ニュートリノ問題」とそれが引き起こす太陽内部構造に関する疑念は，天体物理学上の大問題となった．

ニュートリノは，太陽内部で起きるppチェイン反応でおもに3つの反応過程で発生する．pp-I分枝で発生するpp-ニュートリノ，pp-II分枝で発生する^{7}Be-ニュートリノ，それにpp-III分枝で発生する^{8}B-ニュートリノである（表2.1参照）．

ホームステークでのニュートリノ量の測定のエネルギー閾値は0.814 MeVなので，ホームステークではpp-III分枝で発生する^{8}B-ニュートリノをおもに測定していることになる．pp-III分枝は太陽エネルギーの主たる発生源ではなく，しかもまたこの反応は温度依存性が高いので，太陽中心部の温度をわずかに低くすれば太陽ニュートリノ問題は説明できると当初は考えられた．実際，強い磁場や速い自転を仮定して磁気力や遠心力にガス圧力の一部を肩代わりさせたりするモデル等，この線に沿ったさまざまな試みが提案された．しかし，物理素過程や太陽の観測データに矛盾することなく太陽ニュートリノ問題を解決することに成功したものはなかった．

その結果，それまで信じられてきた太陽の安定した進化に疑問が投げかけられるようになった．現在はなんらかの理由で中心での核反応が止まっており，太陽は余熱で光輝いているというのである．太陽は進化の途中で，非球対称な摂動に対して振動が成長する不安定が起こることがあり，中心部で大規模な掻き混ぜが起こって温度が下がり，その結果ニュートリノ量が著しく減少する時期があって，現在はその状態にあるのだ，という説が提唱された．詳しい計算の結果，線形理論の範囲では，この不安定性が実際に起きることが示され，それまで信じられてきた太陽の安定した進化には疑問符がつけられたのである．

1980年代に入ると，新たに3つの太陽ニュートリノ検出実験がなされるようになった．これらのうち，岐阜県神岡のスーパーカミオカンデによる検出実験では，巨大なタンクに貯めた5万トンもの高純度の水を使って，ニュートリノによって水中の電子が弾性散乱される際に放射する微弱な光をとらえることによってニュートリノを検出する．エネルギー閾値は約7 MeVであるため，検出されるのは^{8}B-ニュートリノである．スーパーカミオカンデの測定値もまた，理論値

の約半分であった．これはホームステークの結果を裏打ちするものであると認識された．

しかしながら注意深く考えると，スーパーカミオカンデの結果も，ホームステークとは矛盾するものであると認識されるようになった．スーパーカミオカンデは ^{8}B-ニュートリノしか検出できないが，ホームステークのエネルギー閾値では ^{8}B-ニュートリノだけではなく ^{7}Be-ニュートリノも検出できる．したがって，ホームステークでの測定値は，スーパーカミオカンデで得られた結果から予測される ^{8}B-ニュートリノによる量よりも多くなるはずである．しかし，実際のデータはそうではなかった．この矛盾はベリリウム問題と呼ばれるようになり，太陽ニュートリノ問題は太陽モデルの不備によるものではなく，むしろニュートリノの物理についての認識に誤りがあるのだと考えられるようになった．

さて，ニュートリノには，電子型，ミュー型，タウ型の3つの型がある．太陽で発生するのも，検出しようとしていたのも電子型である．ニュートリノの質量がゼロでないとすると，太陽で発生したニュートリノの一部は，地球に到達するまでのあいだにミュー型になってしまい，検出量が少ないのはそのせいだ，という解釈が可能になる．これを「ニュートリノ振動」と称する．ニュートリノ振動は長いあいだ仮説の域を出なかったが，スーパーカミオカンデでの，地球大気に入ってくる宇宙線から発生する大気ニュートリノの測定によって，現実に起きていることが証明されるにいたった[*1]．大気ニュートリノで見つかったニュートリノ振動は，発生時のニュートリノの種類もエネルギー領域も違うので，太陽ニュートリノに直接適用できるものではないが，太陽ニュートリノの場合にだけ，ニュートリノ振動が適用外というのもまた考え難い．

大気ニュートリノの説明からも分かるように，ミュー型ニュートリノとタウ型ニュートリノに対する感度は電子型ニュートリノに対する感度のおよそ15%ながら，スーパーカミオカンデはこれらのニュートリノをも感知する．

スーパーカミオカンデが軽水 H_2O 中でニュートリノによって散乱された電子が発生させるチェレンコフ光を検出するのに対し，1990年代最後に稼働し始めたカナダ・サドバリーのサドバリーニュートリノ観測所（以後 SNO と略記）では重水 D_2O を使い，重水ならではの3つの測定方式を使ってニュートリノを検

[*1] この業績により東京大学の梶田隆章教授が2015年ノーベル物理学賞を受賞された．

出する．その1つは，3種類のニュートリノのうちで電子型ニュートリノにしか反応しないものなので，電子型ニュートリノだけを検出する．

　もしニュートリノ振動仮説が正しいとすれば，太陽中心部で発生する電子型ニュートリノの流束は，地球に飛来したときには電子型ニュートリノ，ミュー型ニュートリノ，タウ型ニュートリノの混ざった状態になっているから，これらの総和に等しい．そこで，スーパーカミオカンデのデータとSNOのデータを組み合わせると，太陽中心部で発生した電子型ニュートリノ流束を精度良く見積もることができる．

　結果は，進化計算に基づく太陽モデルから期待される値と矛盾がなく，太陽ニュートリノ問題がニュートリノの質量がゼロでないことに起因していたことが明らかになったとして，華々しいニュースとして報じられた．かくして，今のこの瞬間に，太陽内部で核融合反応が起きているとして実験的に矛盾のないことが示されたのである．

　なお太陽ニュートリノ問題とその解決については，第8巻4.4.2節および第17巻4.2節もあわせてお読みいただきたい．

第3章

太陽内部を探る日震学

　我々は通常，太陽や星の内部を直接のぞいてみることはできない．太陽は光や電波，X線などの電磁波に対して，不透明だからである．地球の内部も，我々はのぞいてみることができないが，地球の内部のことはいろいろ分かっている．地球も電磁波に対して不透明だが，地震波は地球の内部を伝わる．つまり，地球は地震波に対しては「透明」なので，地震波を利用して地球の内部構造を調べることができるのである．同じように，太陽内部を伝わる波を利用して，太陽の内部構造を調べることができる．これが，本章のテーマ「日震学」である．

3.1　太陽の固有振動と日震学

3.1.1　5分振動の発見

　1960年から1961年にかけて，カリフォルニア工科大学のレイトンたちは，太陽表面の物質の運動を調べていて，超粒状斑（5.1.3節参照）とともにもうひとつの現象を発見した．レイトンたちが測定していたのは，太陽表面の速度場（太陽表面の場所の関数としての速度）であったが，その速度場に約5分の周期で振動する成分が見つかったのである．これは，たとえばセファイドなどの脈動変光星のように，太陽が脈動していることを意味した．
　レイトンたちの行った観測の原理は次のようであった．太陽表面の分光観測を

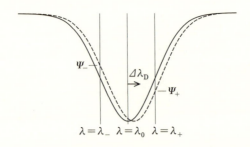

図 3.1 ドップラー速度の測定:波長 $\lambda = \lambda_0$ のまわりで対称な形を持つ吸収線(実線)がドップラー偏移により $\Delta\lambda_D$ だけずれた場合(図の例では長波長側,破線)に,波長 λ_+, λ_- の位置での明るさ Ψ_+, Ψ_- を測定すれば,ドップラー偏移を測定することができる.

行うと,吸収線が観測される.太陽表面の物質の運動に伴って,この吸収線はドップラー偏移をする.この偏移を測定すれば,物質の持つ速度の視線方向成分が測定できる.しかし,詳細な分光観測を太陽表面の各点について行えば時間がかかり過ぎてしまい,速い現象は捉えられない.このために,レイトンたちは図 3.1 のように吸収線の中心から長波長側と短波長側にずらした 2 点を取って,この 2 点における強度を測定することにした.

速度がゼロのときの吸収線の形を $\psi_0(\lambda)$ (λ は波長)とすると,視線方向の速度が v のとき(太陽面がこちら側に向かってくる場合を正とする)の吸収線の形は $\psi(\lambda) = \psi_0(\lambda - \Delta\lambda_D)$ となる.ここで光速を c として $\Delta\lambda_D = \lambda v/c$ はドップラー効果による波長偏移である(この章では,この項でのみ c を光速とし,残りでは c を音速とする).吸収線 ψ_0 が一番深くなる波長を λ_0 とし,ここから波長の長い方,または短い方にずれた,ある決まった波長 $\lambda_\pm = \lambda_0 \pm \Delta\lambda$ で,この吸収線の強度を測ってやれば,結果は $\psi_\pm \equiv \psi(\lambda_\pm) = \psi_0(\lambda_0 \pm \Delta\lambda - \Delta\lambda_D)$ となるであろう.吸収線が λ_0 の近くで左右対称な形をしていれば,$\psi_+ - \psi_- \propto \Delta\lambda_D \propto v/c$ である(v/c に関して 2 次以上の項は無視している).こうして,レイトンたちはドップラー偏移によって速度の視線方向成分(ドップラー速度という)を測定することができた.

レイトンたちの発見した 5 分振動が一体何であるのかについて,決着がついたのは 1970 年代のなかばのことである.米国のアーリック (R.K. Urlich) や,ス

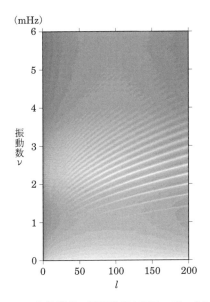

図 3.2 SOHO 衛星搭載の観測機器 MDI のデータによる,太陽振動の k–ω 図.明るいところがパワーが強い.左下から右上に走るリッジ構造がみられる.

タイン (R.F. Stein) とライバッカー (J.W. Leibacher),日本の安藤裕康と尾崎洋二などによる理論的な考察や数値計算,ドイツのドイブナー (F.L. Deubner) の新しい観測に基づいて,これは太陽の固有振動の高周波成分であることが確立した.図 3.2 は太陽表面の波の 2 次元パワースペクトルで,k–ω 図と呼ばれるものである.横軸は表面での水平方向の波数 $k_\mathrm{h}(R_\odot)$ に関係した指数 l ($R_\odot$ は太陽半径,$k_\mathrm{h}(R_\odot) = \sqrt{l(l+1)}/R_\odot$ の関係がある),縦軸は波の振動数 ν で,波数 $k_\mathrm{h}(R_\odot)$,振動数 ν の成分の強さを濃淡で表している(理論的考察からは波数 k_h を横軸,角振動数 $\omega = 2\pi\nu$ を縦軸にするのが自然なので k–ω 図の名があるが,この例では l–ν 図と呼ぶのがより適切).これを見ると,左下から右上に何本も筋状の明るい構造(リッジ)が走っており,パワーはこのリッジの上で大きいことが分かる.特に,周期が 5 分(周波数が 3 mHz)の付近でこのパワーは大きい.実は,これこそが 5 分振動が太陽の固有振動の現れである証拠である[*1].固有振動は波の振動数や波長が特定の値をとるときに起こるが,太陽のような物体を伝わる音波が固有振動を引き起こす条件を l と ν とで表せば,これがリッジ

構造となることは，理論的な考察と計算から分かっていたのである．

どんな物体でも，その固有振動はその物体の内部構造を反映している．たとえば弦の振動であれば，弦を伝わる波の速さは弦の線密度と張力とで決まり，固有振動の様子はこの二つと，境界における条件（自由端か固定端か，など）で決まる．逆に，弦の固有振動数が測られれば，これらの量について知ることができる．日常生活でも，たとえば机をコンコンと叩いてやれば，机の材質が重そうか軽そうかが分かる．これは我々が自身の経験に基づいて，重い材質の場合はこんな音，軽い材質の場合はあんな音，ということが判断できるからであるが，もし必要であれば，詳しい計算を行ってより定量的に材質を推測することもできるであろう．

同様に，太陽の固有振動の測定から，太陽内部を知ろうというのが，日震学の始まりであり，近年に局所的日震学が進展してくるまでは，日震学の中心的手法であった．局所的日震学に対してグローバルな（大局的な）日震学とも呼ばれるが，以下では単に日震学と呼ぶことにする．

日震学では固有振動の精密測定を必要とする．そのためには，太陽を振動周期よりも十分に短い間隔で，長時間の観測をすることが必要になる．そのため，1979年代から1980年代初頭にかけて，ニース大学のグループが南半球の夏に，南極から観測を行うなどといったこともあった．現在でも，南極からの観測は行っているグループがあるが，主流はネットワーク観測，または宇宙からの観測である．ネットワーク観測の代表である米国の GONG（Global Oscillation Network Group）では，地球上の6か所に同じデザインの望遠鏡を設置し，太陽の連続観測を行っている．宇宙からの観測の代表は，ラグランジュ点（L_1 点）から観測を行う，SOHO（SOlar and Heliospheric Observatory）衛星である．

日震学の観測はドップラー速度によることが多いが，輝度分布の時間変動による観測もある．また，レイトンらの観測に限らず，現代的な観測は太陽面を空間的に分解して観測するのが主流だが，ひとつの問題点は，CCDなどの機器の感度むら・安定性などの影響で，水平方向の波長の長い波の観測の精度が落ちることであった．そこで，空間分解能は諦めて太陽全面からの光を積分して，いわば太陽を「星として」観測する方法を取ることもある．この方法では逆に，波長の

[*1] （29ページ）より正確には「5分振動においては，固有振動成分が大部分をしめる」というべきである．

短い波は観測できないが，日震学を星震学（星の振動現象から内部を探る研究）へ発展させて行く場合のひとつの礎石としても意味がある．

3.1.2 太陽振動データの解析

ドップラー速度場の観測に基づいた場合を例にとって，太陽の固有振動数の測定法を概説する．ドップラー速度の測定により，速度場の時間変動 $v(\theta, \phi, t)$ が得られているとする．ここで (θ, ϕ) は太陽面上の球座標，t は時間である．ドップラー速度には，太陽振動による成分だけでなく，太陽の自転運動や超粒状斑の成分も混じっているが，この成分は 30 分–1 時間程度にわたる平均速度場を差し引いてやることで，ほぼ取り除いてあるものとする．また，本来ドップラー速度は速度場の視線方向成分であるが，以下では簡単のため，太陽面に垂直な成分が観測できているとする．

この速度場を球面調和関数 $Y_l^m(\theta, \phi)$ で展開すると

$$v(\theta, \phi, t) = \sum_{lm} A_{lm}(t) Y_l^m(\theta, \phi) \tag{3.1}$$

となって，球面調和成分の時間変動 $A_{lm}(t)$ が得られる．この球面調和成分を今度は周波数についてフーリエ展開して

$$A_{lm}(t) = \int a_{lm}(\omega) e^{i\omega t} d\omega \tag{3.2}$$

を得る．速度場のデータから $a_{lm}(\omega)$ を求めるには，上記を順次逆変換して

$$a_{lm}(\omega) = \frac{1}{2\pi} \int d\theta d\phi dt \, v(\theta, \phi, t) Y_l^{m*}(\theta, \phi) e^{-i\omega t} \tag{3.3}$$

としてやればよい[*2]．こうして，太陽面速度場の時間変動に特定の空間的構造（球面調和関数）を持ち，特定の振動数を持つ成分がどれだけあるかを取り出せたことになる．球面調和成分のパワースペクトル $|a_{lm}(\omega)|^2$ の（複数の）ピークの位置を測れば，この (l, m) に対応した（複数の）固有振動数を決めることが

[*2] もちろん，実際には観測の行われた時間 t はとびとびで有限の範囲にしかなく，また我々は太陽の（裏側も含めた）全面を観測する装置は持っていないので，球面調和成分の取り出しも上の積分では正確にはできないことに注意が必要である．

できる．

ところで，太陽はほぼ球対称構造をしている．自転は周期が赤道で約 27 日と，力学的時間尺度（30 分程度）にくらべて非常に長く，また明らかに非球対称な磁場も，太陽内部ではエネルギー密度がガスのエネルギー密度に比べて小さいので，まずは無視することができる．太陽が完全な球対称で，その振動による速度場も統計的に球対称構造をしていると考えれば，球面調和成分のうち l が等しく m だけが異なる成分の強度は，統計的には等しいはずである．この場合，$a_{lm}(\omega)$ のパワースペクトルを考える代わりに，その m についての平均値

$$|a_l(\omega)|^2 = \frac{1}{2l+1} \sum_{m=-l}^{l} |a_{lm}(\omega)|^2 \tag{3.4}$$

を考えることができる．この $|a_l(\omega)|^2$ を l と $\nu = \omega/2\pi$ に対してプロットしたのが，まさに図 3.2 に示した k–ω 図（l–ν 図）であった．先に述べた関係式 $k_\mathrm{h}(R_\odot) = \sqrt{l(l+1)}/R_\odot$ は，球面調和関数の性質による．ドップラー速度で測った振動の振幅は，すべての成分をあわせて $1\,\mathrm{km\,s^{-1}}$ 程度，特定の固有振動数の成分だけを取り出せば典型的には $10\,\mathrm{cm\,s^{-1}}$ 程度である．

3.1.3 太陽の固有振動

固有振動に限らず，振動や波動は平衡状態からずれた物理量を元に戻そうとする力が働いて起こる．これを復元力といい，どんな復元力が働くかで，振動・波動の様相も異なってくる．前に挙げた弦の振動では，弦の張力が復元力となっていた．太陽や恒星の振動でも，どんな復元力があるかを考えてみよう．磁場や自転の影響は考えないものとする．

太陽を構成するガスのある一部（流体要素）を圧縮して体積を減少させると，圧力が上昇して体積を増加させようとする．逆に膨張させれば，圧力が減少して周囲のガスの圧力が勝り，体積を減少させようとする．こうして，圧力差が復元力となった振動が起こり得る．これは音波である．

この他に，太陽中のガスに働く力で重要なのは重力である．太陽中のある流体要素が，少しだけ沈んだとしよう．沈んだ流体要素は，周囲の圧力が高いために収縮するであろう．この結果，この流体要素中の密度が周囲のガスの密度よりも高くなれば，この流体要素はさらに沈んで対流が起きるが，逆に密度が周囲より

低いままであれば，浮力を受けて元の位置に戻ろうとする．こうして，浮力を復元力とする振動が起こり得る．これを重力波，または内部重力波という．太陽の表面でも浮力による振動は起こり，こちらは表面重力波と呼ばれる．池や湖などの水面に立つ波は，表面重力波である．

太陽内部や表面で実際に起こる波動は，この二つの復元力が同時に働いて起こるが，振動数の高い波動では，主として圧力が復元力となるので，これを音波モード（p モード，英語の pressure から）と呼ぶ．振動数の低い波動では，逆に浮力がおもな復元力で，これは重力波モード（g モード，英語の gravity から）と呼ばれる．この二つの中間に表面重力波モード（f モード，英語の fundamental から，後述）がある．この p モード，g モード，f モードという呼び方は，カウリング（T.G. Cowling）による．

固有振動は時間的には一定の振動数（固有振動数）で振動する一方，空間的な振動のパターンをもっており，これを固有関数という．弦の固有振動では，基本振動，2 倍振動，3 倍振動といういい方がある．これは固有関数の節の数とも関係づけられる．両端を固定した一様な（線密度が一定な）弦では，長さ方向の座標を x，弦の長さを 1 とすれば固有関数は基本振動で $\sin \pi x$，2 倍振動では $\sin 2\pi x$ などとなる．これを $f_n(x) = \sin(n+1)\pi x$ と書けば，$n = 0$ が基本振動，$n = 1$ が 2 倍振動，$n = 2$ が 3 倍振動にあたり，n はまた固有関数 $f_n(x)$ の節（零点）の数（境界は除く）にもなっている．こうして，弦の振動モードは n という指数でラベルをつけることができる．

太陽は 3 次元の振動体なので，この指数は三つ必要になる．たとえばある単一の固有振動モードによる動径方向の変位 ξ_r を考えよう．これは，振動による流体要素の位置のずれを表すベクトル（変位ベクトル）の，動径成分である．太陽の中心からの距離を r とするとこの動径成分は

$$\xi_r(r, \theta, \phi, t) = U_{nl}(r) Y_l^m(\theta, \phi) \exp(i\omega_{nlm} t) \qquad (3.5)$$

と書ける．ここで $U_{nl}(r)$ は n 個の節を持つ動径方向の固有関数，$Y_l^m(\theta, \phi)$ は前述の球面調和関数である．球面調和関数は $Y_l^m(\theta, \phi) = P_l^m(\cos\theta)\, e^{im\phi}$（$P_l^m$ はルジャンドル陪関数）と書けることから，l は節線（球面上で関数がゼロになる曲線）の総数，m は節線のうちで子午線[*3]に平行なものの総数であることが

[*3] これは $\phi =$ 一定で決まる線（球面上なので大円）のことである．

分かる．一般に f モードは表面波によるモードなので太陽内部には節を持たず，$n=0$ に対応する．その意味で f モードは基本振動とも考えられるのが，名前（fundamental）の由来である．一方，p モードと g モードに対しては $n \neq 0$ になっている．すでにみた k–ω 図（図 3.2）に現れるリッジは，じつは一本一本が異なる n の値に対応している．

また，$l=0$ のモードは動径振動・動径モードとも呼ばれ，振動のパターンが球対称になっている．動径振動では，ある流体要素が平衡の位置よりも沈んでいれば，周囲の流体要素も一緒に沈んでいるので，浮力が復元力として働くことはない．動径モードは p モードに限られる．

ところで，ξ_r は $Y_l^m(\theta,\phi)$ に比例しているので，ξ_r の水平方向（θ,ϕ 方向）の 2 階微分（ラプラシアン）を計算すると $-l(l+1)\xi_\mathrm{r}/r^2$ になる．このことから，水平方向の波数は

$$k_\mathrm{h}(r) = \frac{\sqrt{l(l+1)}}{r} \tag{3.6}$$

であり，ここで $r=R_\odot$ としたのが，すでに述べた l と $k_\mathrm{h}(R_\odot)$ との関係式に他ならないことが分かる．

3.1.4 太陽振動の固有値問題

固有振動数を実際に計算するには，太陽モデルを使った数値計算が必要になる．球対称な平衡状態からの微小なずれに関して，1 次の項だけを残して流体力学の方程式系を導き，これに振動が熱的緩和時間より速く起こり，流体要素が振動の間に周囲と熱の交換をしない，という断熱振動の条件を付け加える．このうち，角周波数 ω，動径方向の変位が $Y_l^m(\theta,\phi)$ に比例する成分を取り出すと，変位ベクトル $\boldsymbol{\xi}(r,\theta,\phi,t)$ は球座標で

$$\boldsymbol{\xi}(r,\theta,\phi,t) = \left[U_{nl}(r), V_{nl}(r)\frac{\partial}{\partial \theta}, \frac{V_{nl}(r)}{\sin\theta}\frac{\partial}{\partial \phi}\right] Y_l^m(\theta,\phi)\exp(i\omega t) \tag{3.7}$$

の形を取ること，またこの変位ベクトルは線形の方程式

$$\mathcal{L}(\boldsymbol{\xi}) = \omega^2 \rho \boldsymbol{\xi} \tag{3.8}$$

を満たすことが分かる．ここに現れた線形微分演算子 $\mathcal{L}$ は，密度分布 $\rho(r)$ と断熱音速の分布 $c(r)$ だけで決まる．断熱音速（以後は単に「音速」という）は圧

力を P として $c^2 = \Gamma_1 P/\rho$ から与えられる．ここで Γ_1 は

$$\Gamma_1 = \left(\frac{d\ln P}{d\ln \rho}\right)_{\mathrm{ad}} \tag{3.9}$$

（ad は断熱変化に伴う変化の割合を表す）で定義される．断熱指数と呼ばれる量で，理想気体では比熱比に等しくなる．

式 (3.8) の演算子 $\mathcal{L}$ が音速と密度だけで決まるのは，振動の復元力が圧力と浮力によるものだけであって，圧力による復元力は体積弾性率

$$\left(\frac{dP}{d\ln \rho}\right)_{\mathrm{ad}} = \rho\left(\frac{dP}{d\rho}\right)_{\mathrm{ad}} = \rho c^2 \tag{3.10}$$

で，浮力は（静水圧平衡のもとでは）密度の分布だけで決まってしまうためである．この方程式は微小なずれに関して 1 次の項だけを考慮し，かつ断熱振動を考えているので，線形断熱振動の方程式と呼ばれる．

線形断熱振動の方程式を適当な境界条件（もっとも簡単には，解が正則であることと，表面で密度も圧力もゼロになることを課す）のもとで解くと，解が得られるのは ω が特定の値を持つときに限られる．つまり，固有値問題である．太陽モデルから密度 $\rho(r)$ と音速 $c(r)$ を得れば，この固有値問題を解くことで，指数 n, l, m に対する固有振動数 ω_{nlm} と，固有関数 $\boldsymbol{\xi}_{nlm}$ の組とを求めることができる．

3.1.5 伝播領域と振動数

3.1.4 節でみた変位ベクトル $\boldsymbol{\xi}$ の満たす線形断熱振動の方程式に適当な近似を用いた上で，固有関数の動径方向の構造を記述する関数 $U_{nl}(r), V_{nl}(r)$ が $\exp(ik_\mathrm{r} r)$ の形になっているとすると，動径方向の波数 k_r に対して次の式を得る：

$$k_\mathrm{r}^2 = \frac{\omega^2}{c^2}\left(1 - \frac{L_l^2}{\omega^2}\right)\left(1 - \frac{N^2}{\omega^2}\right). \tag{3.11}$$

これを（動径方向の）局所的な分散関係式と呼ぶ．ここで L_l はラム振動数と呼ばれる量で

$$L_l^2(r) = \frac{l(l+1)c^2}{r^2}, \tag{3.12}$$

N はブラント–ヴァイサラ振動数と呼ばれる量で，重力加速度を g として

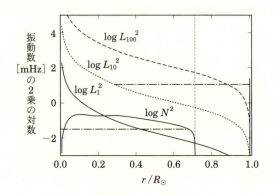

図 3.3 太陽モデルの伝播図．ラム振動数（$l = 1, 10, 100$）とブラント–ヴァイサラ振動数の分布を示している．一点鎖線は $l = 10$ の場合の伝播域の例を，p モードの振動数帯からひとつ（上），g モードの振動数帯からひとつ（下）示したもの．縦の破線は放射層と対流層との境界を示す．

$$N^2 = -g\left(\frac{d\ln\rho}{dr} - \frac{1}{\Gamma_1}\frac{d\ln P}{dr}\right) \tag{3.13}$$

で定義される．この二つの量の太陽内部での分布を図 3.3 に示す．ラム振動数は $L_l = k_{\rm h} c$ とも書けて，水平方向に伝播する音波の振動数を表している（この意味については次項で述べる）．一方，ブラント–ヴァイサラ振動数は浮力による振動の振動数を表している．対流層ではほぼ $N^2 = 0$ である．

局所的な分散関係式から，波が伝わるための条件を $k_{\rm r}^2 > 0$ としてみると，

(1) $\omega^2 > L_l^2, \omega^2 > N^2$,

または

(2) $\omega^2 < L_l^2, \omega^2 < N^2$

が必要であることが分かる．このうち (1) が p モードに対応することは，$\omega^2 \to \infty$ で分散関係式より $k_{\rm r}^2 + k_{\rm h}^2 \to \omega^2/c^2$ となって音波の分散関係式になることから分かる．条件 (2) は g モードに対応する．

特定の振動数を持った波は，条件 (1) をみたす領域で p モードとして伝わり，条件 (2) をみたす領域で g モードとして伝わる．これらの領域外では，振動の振幅は指数関数的に減衰し，伝わらない波（エバネセント波）となる．図 3.3 か

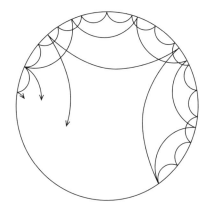

図 3.4 太陽内部の音波の伝播．経路や到達する深さがモードによって異なることは，日震学による内部探査のために重要である．

ら，g モードは対流層より下の層でしか波として伝わらないことが分かる．また，周期 5 分の波は，$\omega = L_l$ で決まる深さからほぼ表面までを，条件 (1) を満足する波として伝わることも分かる．5 分振動は p モードなのである．5 分振動の伝わる深さは，$\omega = L_l$ を $\omega/\sqrt{l(l+1)} = c/r$ と書き換えれば，与えられた構造に対して $\omega/\sqrt{l(l+1)}$ の値で決まることが分かる．

3.1.6 太陽内部の音波の伝播

太陽内部での音波の伝わり方を考えてみよう．表面のある点から内部に向けて，音波が出発したとする（図 3.4）．太陽内部では深い場所ほど温度が高く，音速も速いので，この音波は上向きに屈折してその進路を変える．角振動数が ω の波なら，水平方向の波数 $k_\mathrm{h}(r)$ が全波数 $\omega/c(r)$ に等しくなった点で，動径方向の波数はゼロになってそれ以上は動径方向には進めなくなって折り返すことになる．これがラム振動数の意味なのである．折り返した波は表面へ向かい，表面に到達するとそこで反射を受けて，再び内部へ向かう．

この種の記述では，音波がひとつの曲線に沿って伝播するとされているが，もちろん実際の波動ではそんなことは起きない．この記述が正確になるのは，波長が媒質の構造の変化のスケールよりも短い場合に限られる．光学でいう幾何光学近似と同じである．より一般的には，漸近近似と呼ばれる．

この漸近近似を出発点にして，固有振動の問題を定式化することは簡単そうにみえるが，じつは相当に複雑な数学的道具立てを必要とする．この問題を，量子力学におけるボーア–ゾンマーフェルトの条件の一般化として最初に考えたのはアインシュタインである．

図 3.4 から分かるように，音波の伝わる深さはモードによって異なる．ある p モードは $r_1 < r < R_\odot$ が伝播域だとすれば，その振動数はこの領域の平均的な音速で決まる．別の p モードはもう少し浅い $r_2 < r < R_\odot$ が伝播域だとすれば，その振動数は $r_2 < r < R_\odot$ の平均的な音速で決まるであろう．この二つを比べることで領域 $r_1 < r < r_2$ での平均的な音速が分かる．これが，後述するインバージョンによる内部探査がうまく働く理由である．

3.1.7 励起機構

では，太陽の 5 分振動はどうやって起こるのだろうか？ 固有値問題に解があり，固有モードが存在するというだけでは，答えになっていない．弦にも固有振動があるが，弦は弾いてやらなければ鳴らないのと同じことである．微小な乱れによって生ずる，振幅の微小な（数学的取り扱いでは無限小振幅の）振動モードを，実際に有限の振幅にまで成長させるメカニズムのことを，励起機構という．

現在広く受け入れられているのは，ゴールドライク（P. Goldreich）とキーリー（D.A. Keeley）が提案した，乱流による音波放射のメカニズムである．対流層には，粒状斑（5.1.3 節参照）のような乱流状態の対流運動がある．乱流運動に伴って流体中の圧力に乱れが生ずれば，音波が発生する．この，いわば乱流の立てる雑音は，広い範囲の周波数成分を含んでいるので，特定の固有モードの振動数と共鳴を起こす成分も含まれると考えられる．乱流の作用によってあるモードが小さな振幅を持ったとしよう．これは放っておけば減衰してしまうとしても，減衰し切ってしまう前にまた乱流による運動エネルギーの供給があれば，このモードは振動を続けるであろう．これは基本的には，減衰振動子の強制振動である．

3.1.8 日震学

これまでの節で述べてきたように，太陽の 5 分振動は太陽の固有振動であり，5 分振動の周期を精密に測ることで，太陽の内部構造を観測的に調べることがで

きる．これが日震学である．では，日震学ではどんな物理量を調べることができるのだろうか？

振動を記述する方程式の線形演算子は密度 $\rho(r)$ と音速 $c(r)$ だけで決まっていたので，この二つの量を決めれば，固有振動数は決まる．逆に，固有振動数だけから推定し得るのは，この二つの量（とその組み合わせ）だけである．後の節で述べるように，太陽の自転も固有振動数に微細な影響をおよぼすので，逆に太陽内部の自転角速度分布も，固有振動数の観測から推定し得る．

では，音速や密度や自転角速度分布は，みな同じように推定できるのだろうか？ 太陽の5分振動はpモードであるので，固有振動数は主として音速分布で決まっている．したがって，密度分布の推定は音速分布の推定よりも難しい．固有振動数は，音速分布に関する情報を密度分布に関する情報よりもたくさん含んでいるともいえる．同様に，自転角速度の分布は固有振動数に微細な影響しか与えないので，その分だけ推定は困難である．

音速分布なら，太陽の表面から中心まで同じように推定できるのか，というとこれも違う．図3.3 でみたように，それぞれのモードは特有の伝播域でのみ伝播し，伝播域の外では振幅が小さい．振幅が小さい場所で何が起こっても波の伝わり方には影響しないので，あるモードの振動数は伝播域の中の構造にだけ影響を受ける．したがって，太陽の中心部の構造を明らかにしようと思えば，太陽中心を伝播域に含むようなモードの振動数を精密に測ることが必要である．太陽のgモードはまだ確実な形では見つかっていないが，探索が続けられているのはこの理由による．

固有振動数から太陽の内部構造を推定する問題は逆問題と呼ばれる．与えられた太陽の構造から，固有振動数を求める問題が順問題というわけである．逆問題を解く手続きのことをインバージョンという．観測から得られる固有モードの数は指数の組 (n, l) で数えて数千個あり，固有振動数の決定精度は10万分の1にもおよぶ．次節以降で，固有振動数のデータにインバージョンの方法を適用して得られた結果について紹介する．

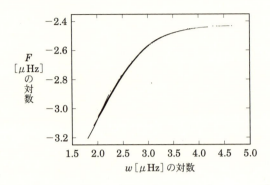

図 3.5 デュヴァル図. たくさんの p モードが, $w = \omega/l$ と $F = \pi(n+\alpha)/\omega$ とで図示するとほぼ一本の曲線の上に乗る. ここでは $\alpha = 1.5$ としている.

3.2 太陽内部の静的構造

3.2.1 デュヴァルの法則

1982 年頃, デュヴァル (T.L. Duvall) は面白いことに気づいた. 図 3.2 のような k–ω 図では, l と ν との関係が何本ものリッジとして現れるが, 新しい量 $w = \omega/l$ と $F = \pi(n+\alpha)/\omega$ を導入し (α は 1.5 程度の定数), この二つの量の関係をプロットすると, 何本もの曲線が現れる代わりに, 固有モードすべてがほぼ一本の曲線に乗ることに気づいたのである (図 3.5).

これはデュヴァルの法則と呼ばれ, w と F の関係を図示したものはデュヴァル図と呼ばれるようになった. この法則が 3.1.6 節で述べたような太陽内部の音波の伝播の漸近近似で説明できることを指摘したのはゴーフ (D.O. Gough) である. ゴーフはさらに, 漸近近似を用いた固有振動数に関する積分方程式が解析的に解けることに気づいた. 漸近近似に基づいたインバージョンで, 太陽内部の音速を推定できることになったのである.

こうして, 初めて太陽内部の音速分布が測られた. この結果, まず対流層の深さが約 20 万 km であることが確かめられた. それ以前でも, 対流層の深さが異なるいくつかの太陽モデルの固有振動数を計算して観測と比較し, 対流層の深さがこれくらいのモデルが, 観測ともっともよく合うことは分かっていたが, これがモデルを介することなく, 音速の変化の具合 (放射層内では緩い温度勾配が,

対流層に入ると断熱温度勾配に急激に変化する）から測定できたのである．

また，当時の太陽モデルは対流層底部から下の部分で，音速が大き過ぎることも分かった．これは物質の吸収断面積の見積もりが誤っているためであると解釈され，後に断面積の計算の方から確かめられた．

このように，日震学の進展にともなって，太陽モデルを構築するためのいろいろなパラメータが更新され，太陽モデルはどんどんと観測と合うようになっていった．こうして，漸近近似によらない，より精密な推定法が求められるようになったのである．

3.2.2 線形化した逆問題

この項では，固有振動数の理論値（太陽モデルから計算した値）と観測値との差から，太陽の内部構造を推定する手続きについて考える．

固有値問題が解けていて，指数 (n, l, m) に対する固有振動数と固有関数の組 $\{\omega_{nlm}, \boldsymbol{\xi}_{nlm}\}$ が求まっているとしよう．ここで，太陽の密度が $\rho(r) + \Delta\rho(r)$，音速が $c(r) + \Delta c(r)$ に微小に変化したとする．このとき，式 (3.8) の演算子 $\mathcal{L}$ も変化し，結果として固有関数 $\boldsymbol{\xi}_{nlm}$ も，固有振動数 ω_{nlm} も微小に変化するであろう．ところが，じつは演算子 $\mathcal{L}$ は自己随伴と呼ばれる性質を持っており[*4]，この場合にはいわゆる変分原理が成り立ち，固有関数の変化に伴う固有振動数の変化は，微小量について1次までの取扱いではゼロになる．

したがって，振動数の変化は演算子 $\mathcal{L}$ の変化によるものだけ，ということになる．これを形式的に書けば，Δ は微小変化を表すとして

$$\Delta\omega_{nlm}^2 = \frac{\int \boldsymbol{\xi}_{nlm}^* \cdot \Delta\left(\frac{\mathcal{L}}{\rho}\right) \boldsymbol{\xi}_{nlm} dV}{\int |\boldsymbol{\xi}_{nlm}|^2 \rho dV} \quad (3.14)$$

となる．実際には，微小変化を与える前の構造も微小変化それ自身も，ともに球対称の場合だけを考えれば，指数 m に対する依存性はなくなるので m についての平均を取ることにし，さらに書き換えてやると，これは

$$\Delta\omega_{nl} = \int \left\{ K_c^{(nl)}(r) \frac{\Delta c}{c} + K_\rho^{(nl)}(r) \frac{\Delta\rho}{\rho} \right\} dr \quad (3.15)$$

[*4] 厳密には，表面での境界条件が密度も圧力もゼロ，という場合．

の形にできる．ここで現れた関数 $K_c^{(nl)}$, $K_\rho^{(nl)}$ はそれぞれ，(積分核を意味するカーネル（kernel）から）音速カーネル，密度カーネルと呼ばれ，太陽内部の場所ごとで，音速や密度を変えたときに，それが固有振動数におよぼす影響の大きさを表している．固有振動のずれ $\Delta\omega_{nl}$ を

$$\Delta\omega_{nl} = (\omega_{nl}\text{の観測値}) - (\omega_{nl}\text{の理論値}) \qquad (3.16)$$

とすればこの式から，太陽モデルの音速や密度をどれくらい修正すれば，固有振動数が観測と合うようになるかを求めることができる．この式は $\Delta\omega_{nl}$ と $\Delta c/c$, $\Delta\rho/\rho$ との間の線形の関係式になっているので，これは線形逆問題と呼ばれる．線形逆問題の式は異なる (n,l) の組すべてについて成り立つ．実際に固有振動数を精密に測れるモードの数は (n,l) で数えて数千個であるから，いわば数千本の積分方程式を解いて，太陽内部構造を求めるわけである．

積分方程式の組をどうやって解くかについてはふれないが，基本的には離散化を経て 1 次方程式の組に変換し，行列計算に帰着させる．もっとも，ここで現れる行列は条件数が大きく，そのまま普通の 1 次方程式のように解こうとすれば，解が不安定であるので，たとえばいわゆる正規化という手続きが必要になる．線形逆問題では，得られた解に含まれる誤差だけでなく，分解能も評価するための方法が確立している．誤差を抑えようとすると分解能が悪くなり，分解能を上げようとすると誤差が大きくなる，といういわゆるトレード・オフがある．

3.2.3 音速の分布

図 3.6 は，こうして得られた太陽内部の音速分布を示している．示されているのは，音速の 2 乗の相対差で，これが正の領域では太陽内部の音速は太陽モデルの音速より速く，負なら遅い．全体として 0.5％以内の範囲に収まっているのは，現在の太陽モデルの精度がよいことを示している．対流層底部 ($r/R_\odot \simeq 0.7$) で音速が速くなっているのは，後述のタコクラインのためと考えられている．

中心付近までインバージョンの結果が到達していないのは，伝播域がそこまで深いモードの数が少ないことによる．表面近くで結果がよくないのは，反対にある層より浅いところでは，どのモードも振幅を持つため，この層より上の部分を空間的に分解できないことによる．3.1.6 節で述べたように，インバージョンがうまく働くには，伝播域の違いを必要とするからである．

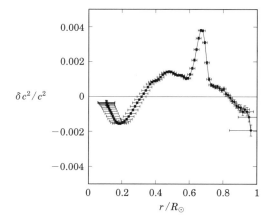

図 3.6 太陽固有振動の逆問題によって求めた太陽内部の断熱音速を，太陽内部の音速の 2 乗とモデルの音速の 2 乗との相対差として示した．黒丸が 2 乗相対差の推定値を，縦棒の長さが誤差を，横棒の長さが分解能を示している．$r/R_\odot \simeq 0.7$ に対流層の底があり，そこでモデルの音速が小さ過ぎることが分かる．

太陽ニュートリノ問題はニュートリノが質量を持つことでほぼ解決したと考えられているが，この素粒子物理の非標準モデルについて拘束条件を与えるには，太陽中心の探査が大きな役目を果たし得ることに変わりはない．そのためには，g モードの検出が重要である．

密度分布も同様にインバージョンによって求められているが，精度（誤差，分解能）は音速のインバージョンに比べて悪い．

いずれにせよ，現在の太陽モデルはかなり正確であることが確かめられたといえる．こんなに正確になったのも，日震学からのフィードバックがなされてきた結果であることは強調しておきたい．

3.3 太陽の内部回転

3.3.1 自転による振動数偏移

前節では，太陽が球対称であると考えて，固有振動数からその内部構造を調べる方法について述べた．実際の太陽には非球対称な磁場もあり，自転もある．自転が遅ければ，太陽の構造自体が非球対称になる効果は無視できるが，この場合

でも波の伝播が自転の影響を受けるので，固有振動数が変化する．これを自転による振動数偏移という．

自転が振動におよぼす影響のひとつは，移流による．つまり，波が太陽内部を伝わる間に，媒質が流れてしまえば波も一緒に流されてしまい，伝播経路は変わってしまう．もうひとつは，コリオリ力（6.2.5 節参照）の効果である．波が伝わる際に，太陽内部の流体要素は平衡位置からずれる運動を行うが，この際にコリオリ力を受けて運動の様子が変わる．この二つは，太陽の自転角速度と波の角振動数の比について線形の項であり，線形摂動論で扱える．遠心力などの 2 次以上の項は，太陽のように自転が遅い場合には無視してよい．

すでに 3.2.2 節で行ったように，線形断熱振動の方程式（3.8）に現れる演算子 $\mathcal{L}$ の自転による変化を線形摂動として扱うと，その結果生ずる固有振動数の変化を表す式は

$$\frac{\Delta\omega_{nlm}}{m} = \int K_{nlm}(r,\theta)\Omega(r,\theta)\,rdrd\theta \tag{3.17}$$

の形にすることができて，球対称構造の逆問題の場合と同様に自転角速度に対するカーネル $K_{nlm}(r,\theta)$ を持つ線形逆問題となる．高周波の p モードに対してはカーネル $K_{nlm}(r,\theta)$ の積分値はほぼ 1 なので，右辺は平均的な自転角速度になっている．太陽の自転周波数は 400 nHz 程度なので，自転による固有振動数の変化は $m \times 400\,\mathrm{nHz}$ 程度になる．

3.3.2　自転角速度分布の逆問題

3.3.1 節でみた自転角速度に関する線形逆問題は，動径方向と緯度方向との，2 次元の逆問題になっている．したがって球対称構造の 1 次元逆問題にくらべて計算量が増える．また，球対称構造を求める場合の観測量 $\Delta\omega_{nl}$ は m についての平均を取った量であったが，自転による振動数偏移は m についての平均は取れないので，それだけ観測誤差が大きい（このため，個々の $\Delta\omega_{nlm}$ でなく，その m 依存性を m についての多項式展開の係数でみることも多いが，ここでは触れない）．

このように，たとえば音速分布を求めるのとくらべると，自転角速度を求めるのが難しいことが予想される．しかし，太陽内部の自転角速度を求める方法は他

にない．たとえば太陽の周期活動を理解しようとすると，太陽の自転角速度の分布が非常に重要であるが，数値計算によるモデルを作るためには膨大な計算が必要で，現在でもあらゆる意味で満足の行く計算は行われていない．いろいろな不正確さはあるにせよ，ある程度信頼のできる進化モデルを作ることができる球対称構造とは，この点が大きく違っている．

　口絵7は，2次元逆問題を解いて得られた，太陽内部の自転角速度の分布である．深いところでは信頼できる解が得られていないのは，音速分布の逆問題の場合と同様に，深いところで振幅を持つモードが少ないためである．極の近くで信頼性が低いのも，高緯度まで振幅を持つモードが少ないことによっている．

　さて，太陽内部の自転角速度を求める方法が他にはないと書いたが，何の予想も立てられていなかったわけではない．回転流体についてはテイラー–プラウドマンの定理が知られている．これは，一定条件のもとで，回転流体は回転軸の方向に一様な回転をする，というものである．太陽の場合，対流層ではこの定理に従った回転をしていると考えられており，ダイナモ機構（6章）に関する計算でも，これを仮定したものが多かった．また，当時可能な限り精密に行われたモデル計算でも，対流層は赤道面に垂直な方向には一様な回転をするという結果が出ていた．

　ところが，口絵7にみられる太陽の内部回転は，様子が異なっている．自転角速度一定を示す等高線は赤道に垂直になっていない．これは日震学がダイナモ理論に与えた重要な拘束条件のひとつである．

　この他，太陽の表面付近で自転角速度が大きく変化していること，自転角速度がもっとも速いのは赤道表面ではなく，そこから少し内側の点であること，また対流層の底の近くにも自転角速度が大きく変化している場所があること，などが分かった．今後，太陽の活動周期を理解するためのダイナモ理論にせよ，太陽の力学的進化の理論にせよ，太陽内部の回転が重要であるような過程のモデル化には，これらの特徴と矛盾しないこと，これらの特徴を説明できることが求められる．

　日震学による限り，放射層内部は剛体回転としてよさそうであるが，むしろ差動回転（場所によって速さが異なるような回転）の証拠がまだないと考えるべきであって，剛体回転であることが確立したわけではないことを付記しておく．

3.3.3 タコクライン

　太陽の対流層の底では，自転角速度が大きく変わっていることを3.3.2節でみた．一方，図3.6にあるように，同じ領域で音速がモデルの値よりも大きくなっている．実は自転角速度の変化と，音速が大きいこととの間には，関係があるのではないかと考えられている．

　自転角速度が大きく変わるこの領域を，速度勾配層あるいはタコクラインと呼ぶ．一般に，流速が大きく変化している場所では，速度の異なる流体要素が接近しているため，速い流体要素と遅い流体要素との間の運動量の交換による力が生じて，流体のかき混ぜが起こることがある．

　最近の標準太陽モデルでは，ヘリウムのいわゆる重力拡散を考慮に入れている．上記のようなかき混ぜによって，対流層直下のヘリウムが対流層内部にまで戻されるようなことがあると，対流層底部付近ではヘリウム量が減り，平均分子量が小さくなって，音速が大きくなることが起こり得る．タコクラインの領域で太陽内部の音速がモデルの値より大きいのは，こういう過程によるものではないかというのである．

　この他，ダイナモ機構で必要とする速度勾配を，タコクラインにおける自転角速度の大きな変化そのものが供給しており，タコクラインが磁場の再生の現場になっているとも考えられている．放射層における自転角速度の分布とも関連し，タコクライン領域における（磁気）流体力学的過程は，現在の研究の重要なトピックのひとつである．

3.4　局所的日震学

3.4.1　局所的日震学とは

　前節までは，固有振動数の解析によって太陽の内部構造を探る，いわゆるグローバルな日震学について概説してきた．これに対して，1990年代後半から進展してきたのが，局所的日震学である．

　局所的日震学では，固有振動を観測するのでなく，波の局所的な伝播を観測して，観測している領域下の構造や流れを調べる．観測できるのは表面だけであるので，たとえば表面上の2点で振動を観測して，相互相関関数を計算して伝播時

間を測定する．相互相関関数とは，2点における時刻 t での（たとえば）ドップラー速度の測定値を $f_1(t), f_2(t)$ として

$$C(\tau) = \int f_1^*(t) f_2(t+\tau) dt \tag{3.18}$$

をいう．波が2点間を伝播する時間が T であれば，$C(\tau)$ は $\tau = T$ の付近で最大になるので，この最大を探してやれば伝播時間 T を知ることができる．この伝播時間は，2点を結ぶ太陽内部の波の伝播経路に沿っての構造や流れで決まる．もう少し拡張して

$$C(\boldsymbol{x}; \boldsymbol{\delta}, \tau) = \int f(\boldsymbol{x}, t) f(\boldsymbol{x}+\boldsymbol{\delta}, t+\tau) dt \tag{3.19}$$

とすれば，これはドップラー速度が位置 $\boldsymbol{x}$ と時間の関数 $f(\boldsymbol{x}, t)$ として分かっている場合に，ある点 $\boldsymbol{x}$ とそこから $\boldsymbol{\delta}$ だけ離れた点との間で，時間を τ だけずらした際の相関を表している．いろいろな位置 $\boldsymbol{x}$ と伝播方向・距離 $\boldsymbol{\delta}$ に対してこの相関関数を計算し，伝播時間を測れば，表面下の領域の構造や流れを推定することができるのである．この方法は，時間–距離法と呼ばれ，局所的日震学における中心的な手法である（図 3.7）．

固有振動の観測に基づく日震学は大きな成果を挙げてきたが，たとえば活動領域の周囲の構造や流れといったような，局所的な探査には向いていない．しかし，太陽の周期活動を理解しようと思えば，活動領域の生成・進化・散逸といった過程を知ることは必要である．局所的日震学の進展には，こういった背景があった．

3.4.2 黒点下部の構造

局所的日震学による成果のひとつとして，黒点（5.5節参照）下部の構造探査を紹介する．図 3.8 は，黒点直下の領域における波の伝播速度と，流れの様子を示している．

黒点直下の領域は磁場が強く，波は通常の音波とは異なっているが，近似的には伝播速度は断熱音速で，平均分子量の変化があるとは考えられないので，伝播速度の大きなところは温度が高く，小さなところは温度が低いと考えられる．したがって，黒点の直下は表面と同様に温度が低く，さらに深いところには逆に温度が高い領域が存在することになる．

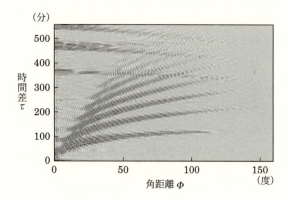

図 3.7 相互相関関数の太陽全面での平均．角距離 Φ だけ離れた 2 点間で τ だけ時間をずらして取った相関の強さを表す．白いところが正の相関が強く，黒いところは負の相関が強い．何本ものリッジが現れるのは，2 点間を波が直接伝わる場合（一番下のリッジ），途中で 1 度表面を経由する場合（下から 2 番目のリッジ），2 度経由する場合（下から 3 番目のリッジ），などに相当する．180 度を越えて戻ってくる成分（左上に向かって走るリッジ）も見られる．

磁場の存在によって対流運動が妨げられ，対流による熱輸送が滞る領域があると考えると，この領域では下からやってくる熱に対して，上へ出て行く熱の量が磁場のない領域にくらべて少ないために温度が上がり，その上の領域では下からやってくる熱が少ないために温度が下がる，というこれまでも考えられてきた描像を支持しているといってよい．

一方，流れの様子をみてみると，黒点直下では周囲から黒点の中心に向かって流れ込み，ついで黒点から下へ向かう流れがあることが分かる．パーカーの提唱する黒点のモデルでは，黒点の磁場の散逸を遅らせるために，まさにこのような流れがあることを予言している．

まだ調べられた黒点の数は少なく，図 3.8 のような構造や流れが，黒点一般について正しいものであるかどうかは分かっていない．むしろ，黒点の局所的日震学による解析には多くの疑問が呈されて来ていると言ってよい．困難のひとつは，黒点のよいモデルがないことに起因している．理論・観測の両面において，今後の研究が注目される．

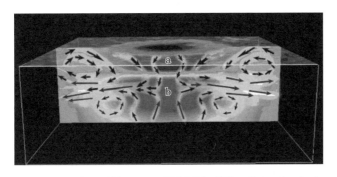

図 3.8　局所的日震学による，黒点周囲の構造．垂直に立ったパネル面内，中央にある黒点のすぐ下の領域 a では波の伝播速度が遅い．さらに，その下の領域 b では，波の伝播が速くなっている．矢印は流れを表している（資料提供: A.G. Kosovichev と SOHO/MDI チーム．SOHO は，ESA と NASA による国際協力プロジェクトである）．

3.4.3　子午面循環流

　局所的日震学による成果のもうひとつの例として，子午面循環流の検出を紹介する．子午面循環流は，もともとは自転する星に関する熱力学的考察から予言されていたもので，子午面（両極を含む平面）内を循環して流れることからこう呼ばれる．子午面循環流は，現在ではダイナモ機構を考える上でも，表面に浮上してくる磁場がどの緯度に現れるかを決める，重要な役割をはたしていると考えられている．

　子午面循環流は，以下にみるようにせいぜい $20\,\mathrm{m\,s^{-1}}$ と非常に遅く，検出は容易ではない．局所的日震学では，子午面循環流によって f モード波の局所的な伝播時間が，極向きと赤道向きとで異なることを利用して測定を行う．SOHO 衛星搭載の観測機器 MDI（マイケルソン干渉計を使ったドップラー撮像装置）のデータからこうして得られたのが，図 3.9 である．赤道付近ではほぼゼロだった流速が緯度 45 度くらいで約 $20\,\mathrm{m\,s^{-1}}$ の流速に達していることが分かる．

　この測定は f モードによっているので，測られているのは表面近くの流速である．また，緯度 60 度以上については，まだ信頼できる測定はなされていない．MDI の高分解能観測は高緯度では行えないこと，高緯度では射影の効果のためにドップラー速度が小さくなってしまうことがおもな理由である．また，MDI

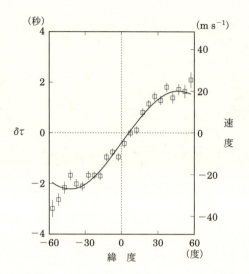

図 3.9 表面波モードの局所的日震学による，子午面循環流の速さの測定値（四角，縦棒は誤差）．曲線は滑らかな数値的モデル（Giles *et al.* 1997, *Nature*, 390, 52）．

の後継観測機器である HMI（Helioseismic and Magnetic Imager，後述）でも，この緯度 60 度の壁は破れていない．ダイナモ機構との関連からも，太陽の力学的構造の観点からも，子午面循環流がどの緯度まで上がるのか，どんな深さをどんな速さで戻ってくるのか，といった謎の解明が待たれるが，このためには新しい観測装置が必要である．

3.5 日震学のこれから

本章では，日震学の方法によって，それまで見えなかった太陽内部の構造や流れを観測することが，いかに可能になってきたかを概説した．今後の日震学の重要な目標は，太陽活動周期の解明に役立つ測定を行うことである．すでにこれまでも，グローバルな日震学による自転角速度の測定が，太陽の活動周期によってどう変動するか，などが調べられている．また，局所的日震学の進展によって，活動領域の構造や子午面循環流の測定が始まっている．2006 年に打ちあげられた太陽観測衛星「ひので」や，2010 年に打ち上げられたアメリカの科学衛星

(SDO; Solar Dynamics Observatory)によるデータが，こうした研究をさらに推進するのに役立つであろう．

SDOに搭載された日震学観測・磁場測定用の観測装置が先述のHMIである．HMIによる子午面循環流の観測は，高緯度ではMDIより質的に優れた結果を出すことにまだ成功していないが，これまでより深い層までの検出の報告がある．ただし，原因不明の系統誤差を，現象論的なやり方で補正して得られる結果であり，この補正の仕方に結果が大きく依存することが指摘されている．

一方，太陽の中心部の探査にはgモードが重要であること，またgモードがまだ確実な形では見つかっていないことはすでに述べた．このgモードがいつかは見つかるものであるかどうかは，分からない．しかし，検出の努力は今後も続いていく．

第4章 太陽外層大気の観測方法と装置

　光球から始まり，彩層，コロナ，そして惑星間空間までを太陽外層大気と呼ぶ．この外層大気の温度は光球の6000度からコロナ活動領域の数百万度までと幅広く，その温度に応じて原子は部分電離から完全電離のプラズマまで状態を変える．また物質の密度も惑星間空間は光球と比べて何桁も小さい．この温度，密度，電離の状態に応じて，さまざまな放射メカニズムで異なる波長の電磁波が放射される．この電磁波のスペクトルを詳しく調べることにより，放射領域の物理状態を調べることができる．

　宇宙から降り注ぐ電磁波のうち，可視光，波長 1 mm から 10 m 程度の電波，そして水蒸気の吸収から逃れた赤外線領域のごく限られた波長領域は地上から観測できる．紫外線，X線，ガンマ線など高エネルギーの電磁放射は，観測ロケットや人工衛星などの飛翔体による太陽の観測が始まる 20 世紀半ば以降初めて観測可能になった．

4.1 光学観測

　17 世紀に天文学者が初めて望遠鏡を太陽に向けて以来，可視光から赤外線まで含めた太陽の光学観測は，太陽大気の物理をよりよく知るために

- より詳細に太陽表面の構造をみる，

- より詳細に波長情報を得て大気構造や運動を知る，
- より高精度に偏光をとらえて磁場を求める，

という方向で発展してきた．以下では，これらの技術的側面を見ていくとともに，最後にコロナの可視光観測についても述べる．

4.1.1 より詳細に構造をみる

どのように高い空間分解能を実現するか

太陽表面の構造を調べる観測の歴史は，できるだけ分解能をあげて細かく観測する努力の歴史でもある．特に，太陽表面の磁場は直径 50–100 km 程度の磁気要素と呼ばれる構成単位から成っているという推定がなされ，また太陽表面における光子の平均自由行程も同程度である（すなわちこれ以上細かい構造は見えない）ため，太陽表面で 70 km に相当する角分解能 $0.1''$ を達成したいというのが高分解能観測の目標となってきた．

$0.1''$ は可視光では口径 1–1.5 m 程度での回折限界分解能に相当する．しかし，現実には地上観測では大気を通して観測するので，大気のゆらぎ（シーイングという）によって像が乱れるため，空間分解能はこのシーイングによって決まってしまう．したがって，望遠鏡の口径を大きくするよりも，シーイングの影響をいかに避けるか，が分解能向上の決め手である．その方法には

- 地上でさまざまな工夫を行ってシーイングの影響を除去する，
- 大気の影響のない宇宙空間で観測する，

という二つがある．

このうち古くから行われている地上観測においては，伝統的に以下のような工夫がなされてきた．

(1) 立地を選ぶ

昼間のシーイングは，地面が太陽によって熱せられることで生ずる上昇気流による影響が大きいため，

- 湖のそばや湖の中の島に望遠鏡を置く．水は熱容量が大きく，太陽により水面が熱せられても上昇気流が発生しにくい．
- 望遠鏡を山上に設置する．乱流が少なく，層流に近い風が吹くので，局所的

図 4.1 京都大学飛騨天文台の口径 60 cm 反射型ドームレス太陽望遠鏡．山の上の，地上 18 m の塔の上にドームを持たない真空望遠鏡を設置する，というよいシーイング条件を確保する基本的な工夫がなされている．

な上昇気流の影響を避けられる．
- 望遠鏡を高い塔の上に設置し地面から離す．上昇気流の影響は地面に近いほど大きいからである．

(2) ドームや望遠鏡そのものに起因するシーイングを抑える

特に太陽の観測の場合は，太陽光がドームや望遠鏡そのものを加熱することによって発生するシーイングもある．このため，

- 上昇気流の原因となるドームを持たない構造を採用する，
- 塔望遠鏡の場合，塔体を冷却する，
- 望遠鏡を密閉構造にして内部を真空にし，望遠鏡筒内が熱せられることにより発生するいわゆる筒内気流を防止する（真空望遠鏡），
- 真空望遠鏡は口径が大きくなると製作が困難になり，また入射窓に外側からかかる空気圧により窓がひずみ，収差や偏光が生ずる原因ともなるので，空気より熱伝導性がよいヘリウムを充填して筒内気流を抑える，

といった工夫がされる．図 4.1 は，京都大学のドームレス太陽望遠鏡で，これら

の工夫をして高分解能を目指した望遠鏡の代表的な例である．

このように高分解能画像を得る努力がなされてきたが，経験的には，口径 60 cm 前後の望遠鏡でひたすらシーイングのよい瞬間を待つことで，まれに回折限界の 0.2″ 程度の画像が得られる，というのがシーイングで決まる高分解能の限界であった．

しかし，近年になって地上太陽光学観測はこの限界を打ち破り，目標であった空間分解能 0.1″ からさらに高分解能の観測を目指しつつある．これは

- 補償光学
- 開放型望遠鏡

という二つの基盤技術が確立されたためである．

補償光学

補償光学とは図 4.2 に示すように，本来平面である天体から来た光の波面が，望遠鏡開口部に達したときには大気のシーイングによって乱されてしまっているものを，可変形鏡を使って平面の波面を再現するものである．波面形状の検出にはシャック–ハルトマン・センサーと呼ばれるものを使用する．これは，望遠鏡の光路の途中（正確には瞳と呼ばれる位置）にマイクロレンズ・アレイという小さな（数 mm）凸レンズが数十個〜数百個 2 次元的に並んだものを置いて，あたかもマイクロレンズ 1 個 1 個が小さな望遠鏡であるかのように，それぞれで太陽像を結像するものである．図 4.2 では，それぞれのマイクロレンズにより結像した黒点の像がカメラ上に並んでいる様子を示している．平面の波面であればすべての像の位置が揃うのに対し，波面が乱れて傾きができていると像が相互にずれることになる．このずれから波面形状を求め，波面が平面にもどるように可変形鏡をコントロールする．

補償光学は夜間の天体観測でも使われている（第 15 巻 7.3 節参照）が，その場合，波面乱れの検出に星を用いるため，検出器上に写っているのは単純な点像である．そのため，その位置を決定するのは容易であり，計算機を用いて決定するにしても単純なアルゴリズムで間に合う．

これに対し，太陽では点光源に相当するものは一般に得にくいため，黒点や粒状斑など表面の模様の像を作り，その相互の位置ずれを求めなければならない．

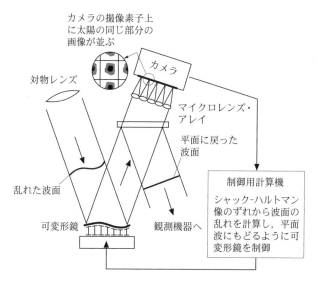

図 4.2 太陽における補償光学システムの模式図．シーイングにより乱れた波面を可変形鏡で平面に直してから観測機器へ送る．波面の乱れはシャック–ハルトマン・センサーで検出する．センサーのカメラ上には，マイクロレンズ・アレイのそれぞれのレンズにより結像した像（図では黒点が写っている）が並んでいる．

この場合 2 次元画像の相互の相関を，互いに位置を少しずつずらしながら計算して位置ずれを決定することになる．大気ゆらぎに追随するためには，1 秒間に数百回以上波面補正をする必要があるので，したがって数十個〜数百個の像についての相関計算による位置ずれ決定を，1 秒間に数百回以上行うだけの計算能力が要求されることになる．

太陽での補償光学実現においては，この計算能力の確保が最大の難関であった．幸いにも計算機の急速な発達によりこの問題が解決したため，1998 年に初めてアメリカのサクラメントピーク天文台で太陽用の補償光学装置が実用に供されて以後，世界の主力太陽望遠鏡では続々と補償光学装置を装備するようになってきている．

太陽での補償光学技術が確立したことで，口径 60 cm 前後を中心とした既存の望遠鏡で回折限界が容易に達成できるようになり，本来の性能を発揮できるようになったばかりでなく，図 4.3 に示したような新しく口径の大きな望遠鏡でも

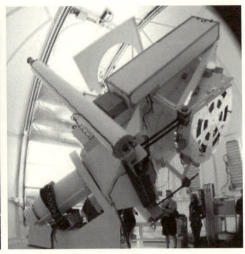

図 4.3 新世代の太陽望遠鏡の例.（左）スウェーデンがカナリア諸島に建設した口径 1 m の真空望遠鏡（Swedish Vacuum Telescope）.（右）開放型にすることで 1.6 m というさらに大きな口径を実現したアメリカ・ビッグベア天文台の太陽望遠鏡. やはり開放構造で骨組みだけのような望遠鏡である. ドームに入っているが, 自然の風を積極的に通し, ドームが影響しないように工夫されている.

回折限界での観測が可能になり, 現在では 0.1″ もしくはそれ以下という, 長い間太陽の研究者がターゲットとしてきた空間分解能を達成するに至った.

後述するように, 開放型望遠鏡で口径 1 m を超える望遠鏡が建設されているが, もとより自然のシーイングで回折限界を達成しようというものではなく, 補償光学の存在が前提となっている. さらに, 図 4.2 に示した形式の装置では回折限界で観測できるのはカメラに写っている黒点周辺だけであるが, より広い視野で高分解能を実現する補償光学も開発されている.

開放型太陽望遠鏡

太陽の研究において科学的成果をあげていくという観点からは, 長いあいだ大口径への強い要求があった. 上に述べたように空間分解能 0.1″ を実現するだけでも最低 1 m の口径が必要である. そればかりでなく, 磁場の観測に重要な偏

光測光は特に高い測定精度が要求されるため,光子を多く必要とし,しかも太陽表面の時間変化よりも積分時間が短くなければならない,という事情でさらに大きな口径が要求される.また,検出器の発達によって赤外領域での興味深い観測も可能になってきているが,可視光と同等の空間分解能を得るためには波長に比例して口径の大きな望遠鏡が必要になる.しかしながら,空間分解能を保ちつつ観測するのであれば,上に述べたようにシーイングの観点から密閉型望遠鏡が必要になり,そのコストと技術的困難が障壁となっていた.

密閉型では困難であった大口径化は,開放型望遠鏡というまったく逆の発想の装置の実用化によって可能となった.4.1.1節に述べたように,望遠鏡を密閉するのは筒内気流を防ぐためであるが,一方で望遠鏡をあえて開放型にして,風を通すことで筒内気流を防ぐという発想は1970年代からあった.これを初めて実現したのがカナリア諸島ラパルマに設置されたオランダの口径45 cm反射望遠鏡で,1997年に観測を開始した.

この望遠鏡は望遠鏡本体も支持する塔もきわめて簡単な構造になっており,自然の風を効率よく通すようになっていて,補償光学装置を持たないにもかかわらず回折限界を達成し,開放構造の有効性を実証した.開放構造であれば,夜間観測用の望遠鏡と同程度の大口径化は容易である.したがってこの望遠鏡の成功は,従来密閉型望遠鏡では困難であった,1 mを超えるような大口径太陽望遠鏡の実現に道を開いたといえる.

この望遠鏡の成功を受け,口径1.5 m,1.6 mの望遠鏡(図4.3(右))がそれぞれドイツとアメリカにより建設され,またアメリカではさらに口径4 mの望遠鏡が建設中である(Daniel K. Inouye Solar Telescope).可視光ばかりでなくさらに大きな口径を要する赤外線観測までを視野にいれて,現在太陽望遠鏡は急激に大口径化が進んでいる.

成層圏・スペース観測での太陽光学観測

以上述べてきたのは,地上観測においていかに高い空間分解能を実現するのか,ということであったが,シーイングの影響を避ける究極の手段は望遠鏡を大気の外へ出すことである.完全な大気圏外でなくとも,気球で到達可能な成層圏まで上昇すればシーイングの影響はきわめて小さくなるため,1950年代以降繰

り返し気球観測が行われてきた．現在でも気球への光学望遠鏡の搭載は有力な観測手段である．特に北極・南極には極点を周回するように吹く風があり，この風にのった気球は夏であれば長期間連続して太陽を観測できるため，いくつかの気球実験が実行され，また計画されている．

さらに，人工衛星に望遠鏡を載せれば完全に大気の影響を排除できる．しかしながら衛星に充分な空間分解能を達成する望遠鏡を搭載するのはそれほど容易ではなく，何回も計画されたがなかなか実現に至らなかった．しかし，日本の宇宙航空研究開発機構がアメリカやイギリスなどと協力して開発し2006年に打ち上げた「ひので」(Solar-B) 衛星には，衛星搭載の太陽望遠鏡としては最大の，口径 50 cm の光学望遠鏡が搭載されている．この望遠鏡は多数の波長での撮像観測，磁場に敏感な吸収線での偏光分光観測の装置を持ち，太陽光球・彩層の磁場や速度場などの測定を行うことができる．50 cm（回折限界分解能 0.2″）という口径は，回折限界を達成している地上望遠鏡に比べて大きいわけではなく，また偏光などの測定精度も地上観測装置より高いわけではない．しかしながら，スペースでの観測ではただ回折限界が達成できるというのにとどまらず，回折限界観測を長時間に渡って継続することができる．地上での回折限界の観測は，昼間で晴天でしかもシーイングの条件がある程度よい，という条件が満たされた時間内でのみ可能であり，長時間の安定性はスペースの大きな優位点である．特に「ひので」衛星は，極軌道という太陽と地球を結ぶ線がほぼ法線となる軌道面を持つため，1年のほとんどの期間，衛星が地球の影に入ることがない．そのため，きわめて長時間にわたる太陽表面の磁場変化の追跡が回折限界分解能で可能となった（口絵 3 参照）．

このようにこれからは地上，スペースそれぞれでますます高分解能の装置での太陽光学観測が行われ，地上観測においては地上でしか実現できない大きな口径を最大限駆使した極限の分解能・精度を追求し，スペースではきわめて高い安定性に基づく長時間連続観測を追求する，という形でそれぞれの特色を生かしていくことになるであろう．

4.1.2 より詳細に波長情報を得る

太陽の観測においても，他の天体観測同様，波長情報は本質的重要性を持っている．太陽の可視光スペクトルには，連続スペクトルにかさなって多数の吸収線

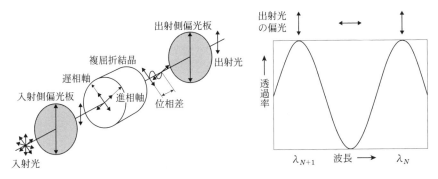

図 4.4 リオ・フィルターの基本要素の構成.複屈折結晶の前後に偏光板をおく.進相軸と遅相軸のそれぞれの成分には結晶を通過した後で位相差が生じており,その大きさによって透過する光の強さが決まる.波長と出射光の偏光および透過率の関係を右側に示す.

(5.1 節)が存在し,それぞれ光球より高い層の太陽大気の構造の情報を持っている.さらに,吸収線のドップラー偏移(3.1.1 節)から,各高さでのプラズマ・ダイナミクスを明らかにすることができ,また吸収線の偏光から磁場を推定することができる.これらの観測には高い波長分解能が必要となるため,狭帯域フィルターを用いた単色像撮像や分光器を用いたスペクトル観測が行われる.

分光器は,太陽の場合光量が豊富なので,特に分解能の大きいもので分散を上げて使用するのが一般的ではあるが,光学天体観測で一般的に使用されるものと基本的に同じなので,ここでは述べない.一方,単色像撮像で使用される狭帯域フィルターとしては,リオ・フィルターとファブリ–ペロー・フィルターがあげられる.これらについて以下で述べる.特にリオ・フィルターはほとんど太陽観測でしか使用されないため,詳しく述べることにする.

リオ・フィルター

狭帯域フィルターのなかで,複屈折性結晶(おもに水晶・方解石)を利用したものが何種類かあるが,そのなかでもフランスの天文学者リオ(B. Lyot)が 1930 年代に発明したものがリオ・フィルターと呼ばれており,その後いろいろなタイプが提案される複屈折フィルターの基本となった.太陽観測においてもっとも活躍してきた狭帯域フィルターである.図 4.4 はリオ・フィルターにおける波

長選択のための基本要素で,偏光板/結晶/偏光板の組み合わせからなっている.

入射側の偏光板を透過した光の偏光方向は,結晶の進相軸と遅相軸[*1]からそれぞれ45度傾いている.このことは,進相軸・遅相軸それぞれの方向に大きさが等しく位相差のない偏光成分を持つ光が,結晶に入射するのと等価である.進相軸・遅相軸は,異なる屈折率 n_o, n_e を持っているため,長さ l の結晶を波長 λ の光が通過したときの光路長(波数)ln/λ が異なっており,結晶を出た進相軸・遅相軸の成分間に位相差 $2\pi l(n_e - n_o)/\lambda$ が生ずる.結晶の長さ l が固定され,また屈折率も波長に対してゆっくりとしか変化しないため,位相差は波長にほぼ反比例するといってよい.この位相差が波長の整数倍になる $[2\pi l(n_e - n_o)/\lambda = 2\pi N]$ ときに限り出射光の各成分の和はもとの直線偏光に戻るが,一般には楕円偏光になり,場合によっては入射光と直交する直線偏光となる場合もある.このような結晶から出てきた光が出射側偏光板を通ると,もとの直線偏光に戻る波長の光は通過するものの,楕円偏光になったものは吸収を受け,また特に入射光と直交する直線偏光となった場合は完全に遮断されることになる.

波長による透過率の変化を図示すると図 4.4 の右側のようになり,位相差が波長 λ_N の N 倍となる場合,波長 λ_{N+1} の $N+1$ 倍となる場合,$\cdots$ が透過率のピークとなる周期的な変化がある.波長により透過率が変わるフィルターとなるわけである.ここで図 4.5 のように l が 1 倍,2 倍,4 倍,8 倍の結晶を使用すると,図の右側のグラフにあるように透過率のピークの周期が 1, 1/2, 1/4, 1/8 となる.図の左側のようにこれらの結晶を並べて順に光を通すと,最終的な透過率は図の右側最下段のようになり,すべての結晶で透過率のピークが重なる波長のみ選択的に透過し,それ以外の波長を効率よくブロックする狭帯域フィルターができることが分かる.等価幅はもっとも長い結晶の長さで決まり,またもっとも短い結晶の長さで決まる周期で透過率のピークが繰り返す.通常太陽観測に使用されるものは,透過半値幅を 0.125–0.25 Å に設定して基本要素 9 個程度で構成するので,透過率のピークの周期(自由スペクトル範囲: free spectral range)が 64–128 Å 程度となる.実際には特定のピークのみを取り出す必要があるので,別のフィルター(通常,多層膜干渉フィルター)を前において使用する.

[*1] 複屈折性結晶は,入射光の偏光方向によって異なる屈折率を示す性質があり,屈折率がもっとも小さくなる方向を進相軸,それに直交して屈折率が最大となる方向を遅相軸という.

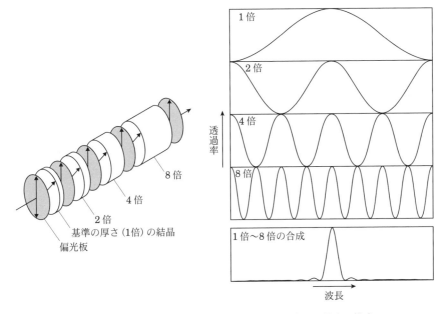

図 4.5 リオ・フィルターを基本要素4段で構成した場合の構成図（左）と透過波長のグラフ（右）．グラフは上から順に1,2,4,8倍長の要素それぞれだけの透過率，およびすべてを組み合わせた場合の透過率である．組み合わせにより特定の狭い波長範囲のみを透過させることができるのが分かる．

　このように，リオ・フィルターは狭い透過半値幅を持つばかりでなく，波長板等を組み合わせることで連続的かつ広範囲の透過波長の変更が可能になり，さらに広い視野で透過波長を一定に保つことができる，きわめて優れた性質を持っている．このため長年にわたり太陽観測において重要な位置にあった．しかしながら，透過半値幅を狭くするには長い結晶が必要となるため，フィルター全体の長さが20–30 cmにもおよぶ．もともと方解石などの結晶で光学性能の高いものは高価である上，このように大量の結晶を必要とするため，リオ・フィルターはきわめて高価であるという欠点がある．さらに，良質の方解石結晶の大きな塊はそもそも入手しがたいため，製作が容易ではないのが現状である．

ファブリ–ペロー・フィルター

　リオ・フィルターが高価かつ入手困難である一方で，最近はファブリ–ペロー型の狭帯域フィルターが太陽観測で多く使われるようになってきている．これは，二つの境界面間の多重反射による干渉を利用したフィルターで，リオ・フィルターより早く19世紀には発明されていた．しかし，リオ・フィルターに匹敵するような性能のものを作るのはかつては困難で，赤外領域では長く使われてきた実績があるが，比較的最近になって可視域で使用できるものが商業的に流通するようになってきた．これは太陽独特のものではなく一般に広く使われているものであり，動作原理については光学の教科書を見られたい．

　二つの境界面に挟まれたエタロンと呼ばれる層の光路長によって透過波長が決まる．もともと石英の薄板などがエタロンとして使われてきたが，逆にガラス板で挟んだ空気層をエタロンとして，ガラス板の間隔を変えて透過波長をコントロールできるようにしたものや，ニオブ酸リチウムのような電圧の印加により屈折率が変わる電気光学効果を持つ材料でエタロンを作って，電圧により透過波長をコントロールするものなどが，実際に観測で使用されている．

4.1.3　より高精度に偏光をとらえる

ゼーマン効果

　太陽表面現象においては磁場の存在がその鍵を握っている．磁場があれば偏光が生ずるので，偏光観測が磁場測定の基本である．そのため偏光観測は太陽表面現象を理解するための手段として「撮像」「分光」とならぶ重要な位置にある．そのなかでもっとも一般的なのはゼーマン効果による偏光の観測である．磁場による偏光はゼーマン効果以外にもあり，また偏光の原因は磁場以外にもあるが，ここではゼーマン効果についてのみ述べる．

　原子の持つ電子のエネルギー準位は，通常縮退している準位が，磁場のあるなかでは磁気量子数によって異なるレベルとなり，これらと他のエネルギー準位との間の遷移で出る輝線もいくつかに分離する．その分離幅は，Bを磁場の強さ（ガウス），λ_0を輝線の波長（nm）とすると

$$\lambda_B = 4.67 \times 10^{-12} g B \lambda_0^2 \quad [\text{nm}] \tag{4.1}$$

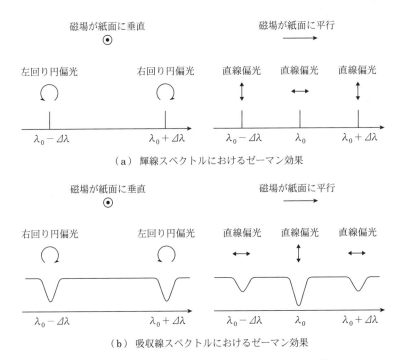

図 4.6 ゼーマン効果でエネルギー順位が三つにわかれた場合に見られる，(a) 輝線の場合の磁場の波長と偏光の関係と，(b) 吸収線の場合の波長と偏光の関係．太陽の場合は基本的に吸収線の場合があてはまる．

で表される．g はランデ（Landé）因子と呼ばれる係数で，それぞれの輝線に固有の値である．これら輝線のそれぞれが，視線方向と磁場との関係で，円偏光や直線偏光として観測される．図 4.6（a）は輝線が 3 本に分離した場合を示しているが，磁場が視線方向と平行なとき（左の，磁場が紙面に垂直なとき）は輝線は 2 本のみに見え，それぞれ左/右円偏光となっている．一方，磁場が視線方向と垂直なとき（右の，磁場が紙面に平行なとき），輝線は 3 本に分かれて見え，中央が磁場に平行，両側が垂直な直線偏光である．偏光の様子から磁場の方向を知ることができるだけでなく，輝線の分離の大きさ（すなわちエネルギー準位の分離の大きさ）が磁場に比例するため，スペクトルの観測から磁場の強さも分かるわけである．

実際の太陽大気では，特定のレベル間遷移に対応する波長は，輝線ではなく吸収線となっている．したがって，無偏光の光の一部を，磁場が存在する部分の大気が特定の偏光を吸収することで，観測される光に偏光が生ずるということになる（逆ゼーマン効果）．この場合，図 4.6 (b) のように，視線方向が磁場に平行な場合（左の，磁場が紙面に垂直なとき）2 本に分かれた吸収線が，部分的に偏光してそれぞれ右/左円偏光となる．

一方，視線方向に磁場が垂直な場合（右の，磁場が紙面に平行なとき），3 本に分かれた吸収線が図に示すような直線偏光を示し，いずれも通常の（物理学の教科書によくある）ゼーマン効果と偏光が逆である．太陽の場合は，この逆ゼーマン効果によって生じた偏光の各成分（ストークス・パラメータと呼ばれ，I, Q, U, V の 4 成分で偏光を表す）を測定することによって，もとの磁場の方向と強さを推定することができるわけである．ただし，実際に偏光データから磁場を求めるには，放射輸送の理論にもとづき吸収線形成にかかわる太陽大気の情報を同時に推定すること，場合によっては吸収線形成層の中での磁場の変化まで考慮することが必要となる，複雑な問題である．太陽物理においてきわめて重要な問題であり，その手法の研究が進んでいる．

図 4.7 が実際のスペクトル線で見られる吸収線の分離である．左の黒点像にスリット位置が示されていて，その部分のスペクトルの各偏光成分が示されている．スペクトルの光の強度の画像（I で表されている）でも黒点部分のスペクトルが分離していることが分かり，さらに白黒で表されている直線偏光（Q と U）や円偏光（V）の方向が，図 4.6 のように中央と両側で，あるいは左右で異なっていることが分かる．

磁場の強さは太陽面上の構造のそれぞれで大きく異なっており，また図 4.6 や図 4.7 にあるように，磁場が同じでも吸収線内の波長によって現れる偏光が異なっている．したがって，偏光を求めるには，空間的に十分に太陽面を分解し，波長方向にも十分な分解能を保ち，その上で偏光測光を行うことになる．実際の偏光測光においてはフィルターを用いた 2 次元単色像観測において偏光測光を行い，必要に応じて波長方向にスキャンして波長情報を得る（偏光撮像観測）か，分光器を用いてひとつのスリット位置については波長方向の偏光情報をまと

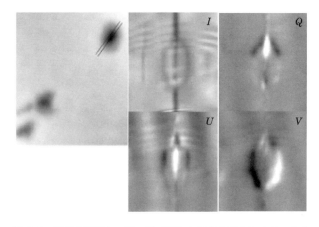

図 4.7 黒点の画像と,黒い線で示した黒点の部分にスリットを当てて $1.56\,\mu\mathrm{m}$ にある鉄の吸収線で観測したスペクトル.I は通常のスペクトルで,磁場の強い黒点の部分で吸収線が分離しているのが分かる.Q と U は直線偏光成分であり,白黒がその方向を示している.図 4.6 と比べると,3 本にわかれた吸収線での直線偏光に対応していることが分かる.V は円偏光成分であり,白黒は右・左円偏光を示していて,こちらも図 4.6 と対応していることが分かる(Sakurai $et\ al.$ 2001, $PASJ$, 53, 923).

めて得て,空間方向の情報はスリットを順次動かして得る(偏光分光スキャン観測)か,のどちらかの方法となる.

偏光測光の基本的な方法

偏光を測定する——具体的には図 4.7 に示したような偏光の各成分であるストークス・パラメータを測定する——といっても,実際に直接測定できるのは光の強さだけである.したがって,光の強さと偏光を何らかの方法で関係付けなければならない.たとえば,偏光板は特定の方向の直線偏光だけを透過させるため,直線偏光と偏光板の透過光量を関係付けることができる.また 1/4 波長板のようなものは,直線偏光と円偏光を相互に変換できるため,波長板と偏光板の組み合わせによって円偏光成分と透過光量を関係付けることもできる.

ストークス・パラメータには 4 自由度があるため,波長板などを組み合わせて偏光を四つ以上の状態に変化させることのできる装置(偏光変調子)を使用し,

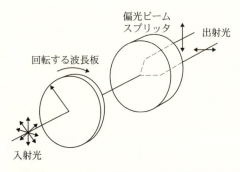

図 4.8 偏光測定の基本的な方法．この例では，角度を変えることができる波長板と，偏光の方向によって光を分けることができる偏光ビームスプリッタを組み合わせ，状態を何種類かに変化させることで，入射光のどのような偏光成分が透過するかを変えることができる．

各状態での光の強さを測定すれば，逆にもとの偏光，すなわちストークス・パラメータを求めることが可能である．実際には波長板のほか，印加電圧によって偏光状態を変えることのできる電気光学的結晶（KDP 等）を用いたりして偏光変調子を構成する．

図 4.8 の偏光測光装置の例では，1 枚の波長板を回転させて，角度によって異なる状態を作ることができる．その後に偏光の方向によって光を分離することができる素子（偏光ビームスプリッタという）を置いて，互いに垂直な直線偏光成分を分離して透過する形の装置となっており，出射光の強度を測ることによって偏光を求めることができる．

4.1.4 コロナの可視光観測

これまでは，太陽大気のなかでも比較的低温で，可視光を中心とした放射をしている光球（5.1 節）・彩層（5.2 節）の光学観測を見てきた．一方，さらに上層のコロナ（5.4 節）は 100 万度以上の高温大気であり，その熱的放射は地上からは観測できない X 線領域となるため，衛星によるスペース（大気圏外）からの観測が中心となっている．しかしながら，古くからコロナの存在が皆既日食のときの肉眼での観察から知られていたように，可視光でのコロナ観測も重要な観測手段である．

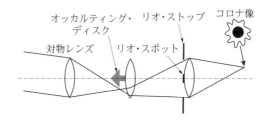

図 4.9 コロナグラフの模式的な構造図.

皆既日食の観測

皆既日食は長い間コロナを観測する唯一の機会であった．年1回程度地球上のきわめて限られた場所でしか見られないため，観測隊が派遣されるのが常であった．皆既日食時の空の暗さは以下に述べるコロナグラフでは得られないものであり（5.4.1節），特に太陽表面に近い部分のコロナの観測のよい機会であるので，現在も観測が行われている．

コロナグラフ

コロナの詳しい研究のためには皆既日食以外でもコロナを観測することが必要であり，そのために考案されたのがコロナグラフという望遠鏡である．日食外でのコロナの観測においては，まず光球の100万分の1程度の明るさしかない淡いコロナからの光をさらに見にくくする，空の散乱光が障害になる．これを避けるには，地上であれば空気のきれいな標高の高いところで観測するしかない．

一方，望遠鏡を高山においても，ただ単に太陽に向けただけでは望遠鏡内の散乱光のためにコロナの観測はできない．そのために特別な工夫をした望遠鏡がコロナグラフであり，リオ・フィルターの発明者でもあるリオが1932年頃に製作した．これにより日食外でのコロナ観測が可能になったのである．その構造を図4.9に示す．このうち対物レンズについては，光の散乱の原因となりがちな大気とレンズの境界面を減らすために，あえて単レンズを使用するのが一般的である．太陽の光球よりやや大きいオッカルティング・ディスクによって，対物レンズによる太陽像から光球の光が除かれ，コロナの光だけが後方へ到達する．ただし，すべて除去できるわけではなく，回折や内面反射により後方へ到達する光球からの光があるため，これをリオ・スポット，リオ・ストップで除去し，最終

なコロナ画像が得られる．

このような工夫をして最大限 S/N を向上させたコロナグラフが，世界各地の 2000–3000 m 程度以上の標高の高山に設置されており（わが国でもかつて乗鞍岳の標高 2876 m の地点に設置していた），長らく日食外のコロナの観測に活躍してきた．現在のコロナの観測は，光球からの光に邪魔されずにコロナを観測できる X 線・極端紫外線の観測を人工衛星により行うのが主流である．しかし，太陽の何十倍にも広がるコロナの現象をとらえるためには可視光が有利であり，今ではコロナグラフが衛星に搭載されて活躍している．そういったなかでも，コロナを 2 次元的に画像として捉えつつ，同時にコロナ物質の視線方向の運動を明らかにする観測（イメージング・ドップラー観測）はスペースではまだ困難であり，地上コロナグラフの活躍の場となっている．

4.2 電波観測

4.2.1 電波について

電磁波のうち，もっとも波長の長い（周波数の低い）領域を占めているのが電波である．波長が 0.1 mm 以上，周波数で 3 THz（テラヘルツ）以下の電磁波を電波と呼ぶ．極低温を除いて，"プランク定数 × 周波数 ≪ ボルツマン定数 × 温度"であるので，放射や吸収など物質との相互作用の解析に古典論が適用でき，量子力学を必要とする X 線や可視光に比べて扱いが比較的単純である．また，電波は通常光子として扱うのではなく，波動として扱うことになる．一方，電波は波長が長いために空間分解能（～ 波長/口径）が悪く，それを補うために必然的に大型観測装置（電波望遠鏡）が必要となる．

周波数の低い電波は電離層（10.2.3 節）で反射されて地上に届かない．また，高い周波数の電波は地球大気に吸収される．よって，地上の電波望遠鏡で観測できるのは 30 MHz から 300 GHz（波長 10 m から 1 mm）の間である．電波望遠鏡の設置場所を選べば（たとえば，海抜の高いところ）上限や下限を少し超えることはできるが，大きく超えるには航空機や人工衛星からの観測が必要である．しかし，高い空間分解能を必要とする大型電波望遠鏡は地上に設置せざるをえない．また，通信や人工雑音のために，多くの周波数帯で観測ができなくなる状況

が進行している.

電波放射や観測装置の性質を考慮して,地上で観測できる電波を大きく以下のように分類する.まず,デシメートル波(0.3 GHz–3 GHz)とメートル波(30 MHz–0.3 GHz)をあわせて「メートル波帯」,次にマイクロ波(3 GHz–30 GHz)とミリ波(30 GHz–300 GHz)をあわせて「マイクロ波帯」と呼ぶこととする.ここでは言及しないが,現在では衛星からデカメートル波やヘクトメートル波の観測も行われている.

4.2.2 マイクロ波帯の電波放射

荷電粒子が加速度運動をすると電磁波を放射する.特に電子は軽いので加速度が大きく,マイクロ波帯ではこれがおもな放射機構である.それぞれの電子が独立に放射するので,これは非干渉性(インコヒーレント)放射である.加速度の原因としては,プラズマ状態にある高温大気中の電子とイオン(おもに水素とヘリウム)のクーロン衝突,および,ローレンツ力によって磁場に巻きつくラーモア運動である.

電子の運動が熱運動の場合,衝突に起因する放射を熱制動放射(f–f 放射),強い磁場のまわりのラーモア運動に起因する,サイクロトロン周波数の 2–3 倍の周波数の放射を磁気共鳴放射(g–r 放射)と呼ぶ.

一方,電子の速度分布が非熱的な場合(たとえばベキ乗型分布),ラーモア運動に起因する放射を磁気シンクロトロン放射(g–s 放射,サイクロトロン周波数の 10–100 倍)と呼ぶ.電子のエネルギーが非常に高い(相対論的エネルギー)場合はシンクロトロン放射と呼ぶ.太陽フレアに伴って非熱的電子が生成(加速)されることが知られており(7.4 節参照),これらが非常に強い g–s 放射をする.

f–f 放射の場合,放射率がプラズマの温度や密度の関数となるので,観測からそれらの値を推定することができる.また,g–s 放射の場合,非熱的電子の分布(ベキ指数)や粒子数,さらに磁場の情報を得ることができる.

電波の放射と吸収

電波強度などの測定値から放射源の物理量を推定するためには,まず電波放射機構を同定し,それぞれの放射係数や吸収係数に基づいて物理量を求める.つまり逆問題を解くことになる.放射係数や吸収係数は,電磁波と物質の相互作用を

表す量である．放射係数 (η) は，単位体積，単位時間，単位周波数，単位立体角に放射されるエネルギーであり，吸収係数 (κ) は，単位長を通過する際に吸収される割合を表す．これらの比を源泉関数 (S) と呼び，熱的放射の場合はこれがプランク関数になることが知られている．電波領域では，プランク関数は古典論のレイリー–ジーンズの式（ただし片方の偏波のみ考慮）で置き換えられる：

$$S = \eta/\kappa = k_B T f^2/c^2. \tag{4.2}$$

ここで，k_B はボルツマン定数，T は温度，f は周波数，c は光速である．

このように，熱的放射の場合，吸収係数と放射係数が関連しているので（キルヒホッフの法則），どちらかが求まれば放射量が決まる．非熱的放射の場合も同じように，式 (4.2) を使って S の観測値から決まる T を有効温度 ($T_{\rm eff}$) と定義する．

空間的に分解した観測の場合，単位面積，単位時間，単位周波数，単位立体角あたりの電波エネルギーを測定することができる．これを電波輝度 (I) と呼び，対応する輝度温度 (T_b) で明るさを表現する：

$$I = k_B T_b f^2/c^2. \tag{4.3}$$

有効温度 $T_{\rm eff}$ の一様な孤立した電波源を観測して得られる輝度温度 T_b は

$$T_b = T_{\rm eff} \left[1 - \exp(-\tau)\right] \tag{4.4}$$

となる．ここで，$\tau = \kappa L$ は光学的厚さ，L は電波源の厚さである．光学的に厚い場合 ($\tau \gg 1$) には，$T_b = T_{\rm eff}$，光学的に薄い場合 ($\tau \ll 1$) には，

$$T_b = T_{\rm eff}\, \tau = \frac{c^2}{k_B f^2} \eta L \tag{4.5}$$

となる．また別の場合として，電波源が T_{b0} の輝度温度を持つ背景（たとえば活動領域を除く静かな領域）の前にあるときには，観測される輝度温度は

$$T_b = T_{\rm eff} \left[1 - \exp(-\tau)\right] + T_{b0}\, \exp(-\tau) \tag{4.6}$$

となる．

電波輝度を，電波源全体またはある立体角 (Ω) で積分したものが電波フラックス密度 (F，以下単にフラックスと呼ぶ) である：

$$F = \int I \, d\Omega = k_{\rm B} f^2 c^{-2} \int T_{\rm b} d\Omega. \tag{4.7}$$

太陽電波観測の場合のフラックスの単位,太陽フラックス単位 (SFU,10^{-22} $\rm W\,m^{-2}\,Hz^{-1}$) は,太陽以外の天体からのフラックスの単位であるジャンスキー (Jy,$10^{-26}\,\rm W\,m^{-2}\,Hz^{-1}$) の 1 万倍にあたる.たとえば,静かな太陽全面からのフラックスは,17 GHz では直交 2 偏波成分を合わせると,約 600 SFU である.

熱制動放射(f–f 放射)

彩層やコロナのプラズマ,およびフレアで発生した熱的プラズマの吸収係数は

$$\kappa = \xi n^2 f^{-2} T^{-3/2} \quad [\rm cm^{-1}] \tag{4.8}$$

で与えられる.ここで n は放射に関わる粒子の密度,ξ はほぼ一定の定数(マイクロ波帯で,彩層温度では 0.1,コロナ温度では 0.2)である.吸収係数を視線方向に積分したものが光学的厚さ(τ)であるので,熱制動放射をしているプラズマが一様温度であるとすると,

$$\tau = \xi f^{-2} T^{-3/2} \int n^2 dl \tag{4.9}$$

である.ここで,密度 n の 2 乗を視線方向に積分した量 $\int n^2 dl$ をエミッションメジャー(EM)と呼ぶ.彩層やプロミネンスは密度,つまり EM が大きいので,高い周波数でも光学的に厚く,観測される輝度温度はプラズマの温度と一致する.一方,コロナやフレアプラズマは光学的に薄いために,静かな太陽($T_{\rm b0}$)を背景にした場合に観測される輝度温度は,

$$T_{\rm b} = T_{\rm b0} + \xi f^{-2} T^{-1/2} {\rm EM} \tag{4.10}$$

である.太陽の縁より外に飛び出したコロナやフレアプラズマを観測する場合は,$T_{\rm b0} = 0$ としてよい.一様温度の光学的に薄いプラズマが太陽の縁より外にある場合や,既知の $T_{\rm b0}$ を差し引いた電波源のフラックスは,

$$F = \xi \, k_{\rm B} \, c^{-2} \, T^{-1/2} \, R_0^{-2} \int n^2 dV \tag{4.11}$$

となる.ここで,R_0 は太陽–地球間距離,V は体積である.密度の 2 乗を体積積分した量 $\int n^2 dV$ を,体積エミッションメジャーと呼ぶ.ここで注意すべき

ことは，このフラックスが周波数に依存しないことである．これを利用して，観測したフラックスの周波数スペクトルから，光学的に厚いか薄いか，を判断することができる．輝度温度はエミッションメジャーと，フラックスは体積エミッションメジャーと比例関係にあるので，温度が分かれば，測定量からそれぞれのエミッションメジャーを求めることができる．しかし，それらから密度 n を求める際には，密度の非一様性を考慮する必要がある．

磁気共鳴放射（g-r 放射）

黒点暗部のように非常に強い磁場があると，そのサイクロトロン周波数およびその高調波（2倍または3倍）はマイクロ波帯となる．サイクロトロン周波数は，

$$f_B \simeq 2.8 \times B \quad [\text{MHz}] \tag{4.12}$$

である．ここで，B は磁場強度で，単位はガウスである．$B = 2000$ ガウスの場合，3倍の高調波は 17 GHz となる．磁場強度 2000 ガウスの等磁場強度面付近に存在する熱的電子は，その運動によるドップラー効果分だけ周波数のずれた円偏波と共鳴し，吸収係数が非常に大きくなる．よって電波放射も強くなり，黒点暗部（5.5.2節）の部分のみ非常にくっきりと明るい電波源が現れる．これが磁気共鳴放射である．磁気共鳴放射の場合，電波の伝播モード（X モードと O モード）によって吸収係数が大きく異なる．電子のラーモア運動の方向に電場が回転する X モードの吸収係数は，O モードに比べて約2桁大きい．磁場の方向と同じ方向に伝播する X モードは，右回り円偏波となるので，N 極の黒点からは右回りの円偏波が強くなり，円偏波率は 1 に近くなる．

吸収係数は，高調波数（s），密度（n），温度（T），磁場と伝播方向のなす角度（θ）の関数である．この θ 依存性のために，黒点のある位置によって明るさが異なる（太陽の中央付近で暗くなる）．よって，太陽の自転に伴って黒点が太陽面を移動すると，電波フラックスがゆっくり変動する．このため黒点を含む活動領域からの電波成分は，S 成分（slowly-varying component）と呼ばれる．

光学的厚さ（τ）の n や T への依存性は，

$$\tau \propto n\,T^{s-1} \tag{4.13}$$

である．黒点暗部からは，極端紫外線や X 線が放射されないので，黒点暗部の観測にとってマイクロ波の磁気共鳴放射は非常に重要な手段である．共鳴現象であるため，共鳴層内の n や T の小さな変化を感度よく測定することができる．

非熱的磁気シンクロトロン放射（g–s 放射）

　太陽フレア発生時には，高温プラズマや高エネルギー粒子が生成される．いまのところその加速機構は，はっきりしない．これを明らかにすることが，マイクロ波による太陽フレア観測の大きな目的のひとつである．磁場中を弱相対論的速度（光速の数分の1以下）で運動する電子は，サイクロトロン周波数の高い高調波（10–100 倍）の電波を放射する．これが磁気シンクロトロン放射である．黒点を除く活動領域内のあまり強くない磁場中でも，この電波はマイクロ波領域に相当する．太陽フレアで加速される電子のエネルギー分布は，ベキ乗則を示すことが知られている．つまり特徴的なエネルギーを持たない．このような分布では，ガウス分布を示す熱的電子に比べて高エネルギー領域の粒子数が圧倒的に多く，非熱的放射が主成分となる．E から $E+dE$ の間のエネルギーを持つ非熱的電子の数密度を $n(E)dE$ とすると，ベキ指数が δ の電子のエネルギー分布は，

$$n(E)dE = KE^{-\delta}dE \tag{4.14}$$

と表される．ここで，K は定数である．100 keV 以上の電子がマイクロ波帯の電波にもっとも寄与する．磁気シンクロトロン放射の放射係数や吸収係数は，電子の運動のピッチ角分布（磁場の方向に対する電子の速度方向の分布）が一様であると仮定したとしても，δ, θ, B, f の複雑な関数となる．

　フラックスの周波数スペクトルの極大となる周波数（$f_{\rm peak}$）は，おもに磁場強度によって決まるので，マイクロ波帯でスペクトルが決まるだけ十分な周波数点での観測があれば，磁気シンクロトロン放射をしている領域の磁場の強さを求めることができる．放射は $f_{\rm peak}$ より低周波領域では光学的に厚く，高周波領域では光学的に薄い．通常 $f_{\rm peak}$ は 10 GHz あたりにある．光学的に薄い高周波側で観測すると，放射係数を介して，放射領域の物理量を推定することができる．そこでの電波フラックスの周波数スペクトルのベキ指数（α）は

$$\alpha = 0.9\,\delta - 1.2 \tag{4.15}$$

となるので，電波観測から加速された電子のエネルギースペクトルを求めることができる．δ が大きい場合はエネルギーとともに急に分布が少なくなることに相当し，スペクトルがソフトであるという．同時に観測された硬 X 線（4.3.1 節参照）のスペクトルと比較することにより，粒子加速に関する研究を行うことがで

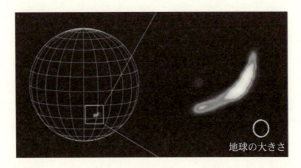

図 4.10 フレアで加速された粒子がコロナ磁場に巻きつき，g–s 放射によりループ形状を示す電波源（国立天文台野辺山電波ヘリオグラフ）．

きる．電波は磁場に巻きついた電子が放射し，硬 X 線は電子が高密度の大気と衝突して放射する．したがって，コロナの磁気ループにとらえられた電子をおもに反映する電波観測と，磁気ループから低層へ落ちる電子をおもに反映する硬 X 線観測の両方があって初めて，粒子加速の全貌が見えるといってよい（図 7.4 参照）．空間分解能の高い観測では実際，電波はループ状（図 4.10）に，硬 X 線はその両端にコンパクトに光る．しかし，このような単純なモデルが適応できないような複雑な関係を示す例も無視できない．

4.2.3 メートル波帯の電波放射と電波スペクトル

メートル波帯では，フレアの際に非常に多彩で複雑な周波数スペクトル構造が見られる．詳しくは 7.1.6 節で述べられるが，ここではそのうち，II 型バースト，III 型バーストと呼ばれるものをとりあげる．これらの電波放射は，プラズマ振動が電磁波に変換されて観測されるものだと考えられている．その変換機構がいまだに明らかではないため，電波の強度から物理量を推定することはむずかしいが，周波数はプラズマ周波数

$$f_\mathrm{P} \simeq 9 \times n^{1/2} \quad [\mathrm{kHz}] \tag{4.16}$$

およびその 2 倍か 3 倍の高調波であるので，プラズマの密度 n（cm^{-3}）を推定することができる．大気モデルの密度と高さの関係を用いれば，さらにこれらのバーストの放射領域の高さを決めることができる．さらに周波数の時間変化か

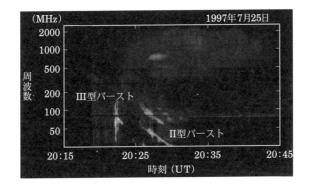

図 4.11 フレア時の周波数スペクトルの時間変動（動スペクトルという）．III 型と II 型バーストが見られる（情報通信機構平磯太陽観測センター）．

ら，放射領域の伝搬速度を推定できる．

その結果，III 型バーストは，光速の 1/3 程度の速度の電子の流れに起因することが知られている．また，II 型バーストの代表的な伝搬速度は $1000\,\mathrm{km\,s^{-1}}$ で，フレアで発生した磁気流体衝撃波に起因すると考えられている．メートル波帯ではフレアがなくてもさまざまなモードの波動現象が観測され，プラズマ波動研究の実験場でもある．

4.2.4 電波望遠鏡

空中を伝播する電波を受信機に導くための装置は，通信の場合はアンテナだが，天体からの電波を受けるときにはこれを電波望遠鏡と呼ぶ．電波望遠鏡の形状は，観測目的や受信周波数によって大きく異なる．

太陽電波の観測はその方法によってふたつに分類できる．ひとつは，太陽全面からの放射を観測する方法，もうひとつは，太陽面を空間的に分解して電波画像を得る方法である．太陽全面からの電波フラックス，偏波成分，広帯域周波数スペクトルを測定するために，強度・偏波計および動スペクトル計がある．

太陽からは直線偏波は観測されておらず，偏波観測は円偏波（ストークス・パラメータ V）のみの観測である．太陽全面からの情報を得るためには，アンテナの指向性を十分広くして，太陽全面を被う必要がある．指向性は波長と口径の

図 4.12　マイクロ波帯の強度・偏波計群（国立天文台野辺山太陽電波観測所）．

比で決まるので，長波長ではアンテナの口径が大きく，短波長では小さくなる．メートル波帯ではおもに八木アンテナを使用し，マイクロ波帯ではパラボラアンテナを使用する．広帯域周波数スペクトルを観測するには，そのための特殊な電波の取り入れ口（広帯域フィード）が必要となる．マイクロ波帯の静穏時の電波強度，特に波長 10 cm あたりの全放射量は，黒点数と非常によい相関を示し，太陽活動指数としても利用されている．メートル波帯では，周波数の時間変動をとらえるために，動スペクトル計がよく利用される．

　空間的に分解して電波画像を得るためには，アンテナの指向性（分解能）を鋭くして，太陽表面の構造を分解する必要があり，必然的にアンテナが大型となる．単一の大型パラボラアンテナを用いて短波長で観測しても，得られる空間分解能は十分ではない．たとえば，野辺山宇宙電波観測所の口径 45 m の電波望遠鏡を用い，波長 1 cm で観測したとしても，空間分解能はたかだか 46 秒角である．しかも，その受信機は，天空の 1 方向のみにしか感度がないために，太陽のように広がった天体の全体像を得るには，アンテナを動かして（走査して）観測する必要がある．そのため，速い空間構造の変化を観測することはできない．

　これらの困難を解決するのが電波干渉計である．小口径アンテナを多数並べたアレイアンテナにおいて，観測視野は小口径の素子アンテナの視野で決まるので比較的広くとることができる．空間分解能はアレイの最大の長さで決まるので，

図 **4.13** 野辺山電波ヘリオグラフ（国立天文台野辺山太陽電波観測所）．

視野とは独立に高分解能を実現することができる．しかし，アンテナの数が少ないと，合成された画像の質が落ちる．また，その並べ方も観測対象の構造によって工夫が必要である．太陽の場合，広がった太陽面円盤の上に細かく複雑な構造の活動領域などが点在するので，アンテナの並べ方が特に重要となる．最近の電波干渉計はほとんどが多相関型であり，電子計算機の能力の向上に伴って，高速の撮像が可能となった．

電波干渉計の原理の詳細に関しては別に譲ることとして，ここでは野辺山電波ヘリオグラフについて具体的に述べる．この装置は太陽観測に特化した電波干渉計で，宇宙電波観測用の電波干渉計とは大きく異なる．それは太陽電波の性質によるもので，

(1) 電波が強い，
(2) 広がった円盤成分と複雑な活動領域成分を有する，
(3) フレア発生時には短時間に非常に大きな強度変動，および空間構造の変化を示す，

などがあげられ，これらを観測するための工夫がなされている．周波数や時間・空間分解能などは，研究対象を何にするかの考察から決められている．

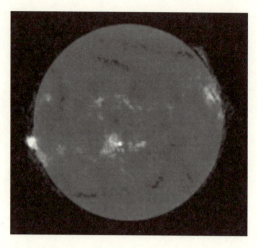

図 4.14 野辺山電波ヘリオグラフで観測された 17 GHz での太陽（上が北，左が東）．東の縁にポストフレアループ，中央付近に黒点暗部上空の g–r 放射，中緯度から高緯度にかけての暗い筋はダーク・フィラメント，それに北西の縁から飛び出したプロミネンスなどが見える．

野辺山電波ヘリオグラフは，太陽フレアの初期にみられる高エネルギー粒子の加速機構を探ることをおもな目的として建設された．そのため観測帯域はマイクロ波帯で，受信周波数は光学的に薄い g–s 放射を受けるために，比較的高周波の 17 GHz と 34 GHz である．17 GHz では円偏波も観測できる．視野は太陽全面で，空間分解能は 10 秒角（17 GHz）と 5 秒角（34 GHz）である．時間分解能は，空間分解できる距離をほぼ光の速度で放射源が移動するのが検出できるように，0.1 秒と設定された．通常観測では 1 秒間積分したデータが記録される．太陽フレア以外の現象の研究には 1 秒間積分データで十分である．

野辺山電波ヘリオグラフで観測される対象と，その放射機構をまとめると以下のようである．静かな太陽からは彩層上部大気の f–f 放射，活動領域からは遷移層（5.3.1 節参照）やコロナ中の高温プラズマによる f–f 放射，プロミネンスやダーク・フィラメント（5.7 節参照）からもそれらを構成するプラズマからの f–f 放射である．黒点に一致する明るいコンパクトな電波源は，暗部の 2000 ガウスの等磁場強度面からの g–r 放射（第 3 高調波，高い円偏波率）である．フレアの

初期には加速された電子による g–s 放射のために非常に明るく輝き，フレアのピークから後半では高温高密度のフレアプラズマ，ポストフレアループ（5.7 節参照）からの f–f 放射が主となる．

4.3 紫外線・X 線・ガンマ線観測

4.3.1 紫外線，X 線の放射メカニズム

連続光と線スペクトルの形成

可視光より短い紫外線・X 線域の連続放射の形成領域は，概ね波長が短くなるに従い媒質の不透明度が増すことから，太陽大気の上層に移動することとなる．可視光紫端からさらに波長が短くなると，連続光の吸収係数は，水素のマイナスイオン（H^-）や水素原子のバルマー連続吸収から，軽元素の b–f 放射（エネルギーの離散準位と連続準位間の遷移による），f–f 放射がおもになる．

波長（λ）：$\lambda \simeq 160\,\mathrm{nm}$ 付近で，連続光の放射形成領域が温度最低層に到達する．その後，彩層内を通過して，波長が $91.2\,\mathrm{nm}$ より短くなると，連続光の形成領域は彩層最上層に達する．$\lambda \leqq 100\,\mathrm{nm}$ の極端紫外域では，H I, He I, He II などの b–f, f–f 放射がおもであるが，$\lambda \leqq 10\,\mathrm{nm}$ では，コロナ温度（$\simeq 100$ 万度）の軽元素の b–f, f–f 放射が大きくなり，$\lambda \simeq 1\,\mathrm{nm}$ までの連続光放射を形成する．さらに短い波長域では，100 万度のコロナからの放射は小さく，フレア発生時に加熱された，1 千万度を越す高温プラズマからの輝線ならびに連続光がおもな成分となる．また，フレア発生時に放射されるエネルギー $10\,\mathrm{keV}$ 以上の放射（硬 X 線）は，高速に加速された電子が彩層・光球に衝突することにより発生するもので，非熱的な制動放射である．

連続光の形成領域の移動に伴い，この連続光に重畳するスペクトル線の形成にも影響が出てくる．$\lambda \geqq 160\,\mathrm{nm}$ の波長域では吸収線，もしくは，線翼[*2]は吸収であるが輝線核を持つようなスペクトル線輪郭が形成される．一方，$\lambda \leqq 160\,\mathrm{nm}$ の領域では，おもに輝線が形成されることとなる（図 4.15）．

太陽の外層大気に特徴的な「電子温度の逆転」という事態が存在するため，連続光の形成母体もまた輝線スペクトルの形成も，波長が遠紫外域（$\lambda \leqq 100\,\mathrm{nm}$）

[*2] スペクトル線の中心波長に近い部分を線核，中心波長から離れた部分を線翼という．

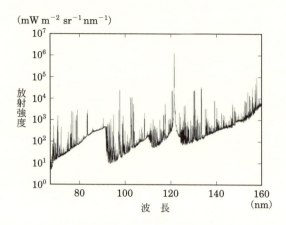

図 4.15 SOHO 衛星搭載の紫外線分光器 SUMER によって取得された，波長 67–160 nm の太陽静穏領域（5.2.4 節参照）のスペクトル（Curdt *et al.* 2001, A&A, 375, 591）．

におよぶと光球からの寄与が反映されなくなり，光学的に薄い，光球より高温なプラズマからの放射が主と考えることができるようになる．このようなプラズマにおけるさまざまな原子過程は，各元素・イオンのエネルギー準位間の遷移状態を記述する統計平衡の式により記述される：

$$-\frac{dn_i}{dt} = \left(\int_j + \sum_j\right) P_{ij} n_i - \left(\int_j + \sum_j\right) P_{ji} n_j. \quad (4.17)$$

ここで $P_{ij} = C_{ij} + R_{ij}$, $P_{ji} = C_{ji} + R_{ji}$ であり，C, R はそれぞれ，衝突，放射過程のレート（速度）を示す．$\int_j$ は連続的な準位との遷移，$\sum_j$ は離散準位との遷移についての総和を表す．また n_i は，あるエネルギー準位 i にあるイオンの数密度である．プラズマが平衡状態にあれば，各エネルギー準位の数密度は時間的に変化せず，式 (4.17) の左辺を 0 とすることができる．これを統計平衡という．

放射が関連することになる重要な諸プロセスの典型的な時間尺度を表 4.1 にまとめる．ここでは，3 階電離の炭素イオン（C IV）の共鳴線（C IV λ 154.8 nm）でもっともよく観測される太陽大気（遷移層）の典型的な状態ということで，電子温度 $\simeq 10^5$ K, 電子密度 $\simeq 10^{10}$ cm^{-3} を用いることにする．この条件はいわゆる高温で希薄なプラズマの「コロナ条件」と呼ばれるものに相当する．二電子

表 **4.1** 太陽遷移層におけるおもな原子過程と時間尺度（Mariska 1992, *Solar Transition Region*, p.18）.

過程	時間尺度 (s)
衝突励起	2×10^{-3}
衝突脱励起	4×10^{-9}
放射脱励起	2×10^{-3}
衝突電離	107
自動電離	-
全電離過程	107
放射再結合	88
二電子再結合	-
全再結合過程	88

再結合は，さらに高温で大きくなることになるがここでは考慮していない．

衝突励起[*3]の速度係数はどのイオンでもあまり変わりがない．衝突励起と放射脱励起[*4]が，背景・光球からの放射場がない状況では重要な過程となっている．背景放射場のない紫外線域の遷移層では，衝突過程だけが電離を進める過程となり，これと光電離の逆過程としての放射再結合過程とがつりあうこととなる．3体衝突再結合（衝突励起の逆過程）は，密度が低い太陽外層大気内では効かない．また，自動電離と二電子再結合過程も，プラズマの電離平衡という観点からすると，重要な役割をはたしている．

最後に，電離・再結合過程は励起・脱励起の過程に比べて，大変に長い時間（$\simeq 100$ 秒）を必要とすることに注目しておく．

光学的に薄いプラズマからの熱的放射

光学的に薄いプラズマからの b–f 放射および f–f 放射の全放射強度（I）は，

$$I = \beta \int G(T) n_e^2 dV \tag{4.18}$$

という形に書ける．ここで β は，考えているイオンの存在比で決まる定数である．寄与関数 $G(T)$ は，放射強度の電子温度依存性を表している．プラズマの電

[*3] 電子との衝突により，原子・イオンが励起状態に遷移すること．
[*4] 励起状態にある原子・イオンが，電磁波を放出して低エネルギー状態に遷移すること．

子温度が一様で T_m である場合には，$G(T)$ が積分の外に繰り出せ，

$$I = \beta G(T_\mathrm{m}) \int n_\mathrm{e}^2 dV \tag{4.19}$$

と表現することができる．$\int n_\mathrm{e}^2 dV$ を体積エミッションメジャーと呼ぶ．プラズマの空間的な分布も一様であれば，h を高さ方向の座標として $dV \equiv dSdh$ とおき，

$$I = \beta G(T_\mathrm{m}) S \int n_\mathrm{e}^2 dh \tag{4.20}$$

と書き直すことができる．通常は $\int n_\mathrm{e}^2 dh (\mathrm{cm}^{-5})$ をエミッションメジャーと称する．これらエミッションメジャーの定義は，電波の f–f 放射の場合（4.2.2 節）と同じである．

非熱的制動放射

太陽フレア時（7.1 節参照）にはコロナプラズマは加熱され，1 千万度を越す連続光や輝線の放射が観測される．しかし，フレアのインパルシブ相（7.1.1 節参照）などにおいては，放射は 20 keV 以上（0.05 nm 以下）の硬 X 線領域や，1 MeV を越えるようなガンマ線領域まで伸びることが知られている．これらの放射の起源は，フレアの発生に伴ってコロナ中で非熱的に加速された高エネルギー粒子が，太陽大気中に飛び込む際の制動放射，および大気中での核反応による核ガンマ線放射であることも分かってきた．

太陽フレアにおける硬 X 線スペクトルの観測から，非熱的電子のエネルギー分布を，厚い標的モデル（thick target モデル）で推定する方法が考察されている．その結果によれば，観測される放射強度 $I(\varepsilon)$ （photons cm^{-2} s^{-1} keV^{-1}）は，面積 S の範囲に発生した非熱的な入射電子のエネルギースペクトル $F(E_0)$ （electrons cm^{-2} s^{-1} keV^{-1}）を用いて，

$$I(\varepsilon) = \frac{S\Delta N}{4\pi R_0^2} \int_\varepsilon^\infty F(E) \sigma_B(\varepsilon, E) dE \tag{4.21}$$

と書き表すことができる．ここで $\sigma_B(\varepsilon, E)$ は，電子・陽子の制動放射を記述するベーテ–ハイトラーの衝突断面積と呼ばれる量である．R_0 は放射源から観測

者までの距離（ここでは1天文単位）であり，$\Delta N = \int_{\text{source}} n_{\text{p}}(s)ds$ は，周辺陽子の柱密度である．

ここで「薄い標的」（thin target）と「厚い標的」（thick target）という概念を考える．「薄い標的」とは，観測時間にくらべて電子がエネルギーを失う時間が長い場合であり，太陽のコロナから外側の，低密度領域に向かって電子入射がある場合に相当しよう．一方「厚い標的」はその逆の場合であり，観測の時間間隔より短い時間で電子がエネルギーを失う場合に相当する．「厚い標的」の場合にも式 (4.21) は有効であるが，その場合は $F(E)$ は入射電子のエネルギースペクトルではなく，衝突相手により平均化された入射電子のエネルギースペクトルと考えなくてはならない．

以上の考察を行った結果だけを簡単に述べると，加速電子のエネルギー分布が $F(E) = AE^{-\delta}$ のようなベキ乗型スペクトルであるときには，

$$I_{\text{thin}}(\varepsilon) = \frac{S\Delta NA}{4\pi R^2} \kappa_{\text{BH}} \bar{Z}^2 \frac{B\left(\delta, \frac{1}{2}\right)}{\delta} \varepsilon^{-(\delta+1)} \quad (4.22)$$

$$I_{\text{thick}}(\varepsilon) = \frac{SA}{4\pi R^2 C} \kappa_{\text{BH}} \bar{Z}^2 \frac{B\left(\delta-2, \frac{1}{2}\right)}{(\delta-1)(\delta-2)} \quad (4.23)$$

となる．ここで，B はベータ関数，$\kappa_{\text{BH}} = 7.9 \times 10^{-25}\,\text{cm}^2\,\text{keV}$ である．電子のエネルギー分布のベキ指数（δ）と放射強度のベキ指数（γ; $I(\varepsilon) = a\varepsilon^{-\gamma}$）の関係は，$\gamma = \delta + 1$（薄い標的）および $\gamma = \delta - 1$（厚い標的）と整理することができる．

非熱的な放射が主成分を占める高エネルギー領域の放射，およびそのスペクトルの様子は，概ね図 4.16 のようにまとめることができる．

4.3.2 核反応によるガンマ線放射

さらにエネルギーの高い硬X線およびガンマ線の領域においては，核反応に起因する放射が観測される．

対消滅

$\text{e}^+ + \text{e}^- \rightarrow P_s + 6.8\,\text{eV}$（反応閾値）で作られる水素様原子（ポジトロニウム）は不安定で，511 keV の光子を2個生成して崩壊する．この消滅に要する時

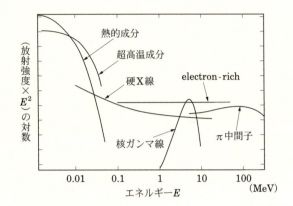

図 4.16 X 線・ガンマ線領域における放射成分．縦軸は強度に E^2 がかかっている．熱的な成分は通常，2 千万度程度の温度を示すが，超高温成分は 3 千万度以上になる．ベキ乗型の硬 X 線成分にはベキ指数の折れ曲がりがある．「electron-rich」と呼ばれる，加速電子起源のベキ乗型スペクトルが MeV 領域まで延びているフレアと，核ガンマ線が顕著なフレア，の 2 種類が存在する．70 MeV 付近にピークを持つ，パイ中間子（π^0）の連続光成分も観測されている（Hudson & Ryan 1995, *Annu. Rev. Astron. Astrophys.*, 33, 239）．

間は，ポジトロニウム生成にかかる時間に比べて長いので，511 keV の輝線放射は遅延ガンマ線と呼ばれる．

核反応（捕獲・非弾性衝突）

太陽大気中の原子核が，高エネルギー粒子（陽子，中性子，α 粒子）との非弾性衝突により励起され，核種が基底状態に戻るとき，いわゆる即時ガンマ線が放射される．α 粒子と中性子や陽子との反応も，同様に即時ガンマ線を作り出す．重要な過程としては，${}_{2}^{4}\mathrm{He}(\alpha,n){}^{7}\mathrm{Be}^{*}$ [*5]で生成した Be*（励起状態の Be 原子核）が基底状態に戻るときに，0.431 MeV のガンマ線を放出する．

一方，遅延過程としては，先に生成された中性子が原子核を励起し，その原子核が再び基底状態に戻るときにガンマ線を出す過程がある．太陽フレアで重要なものとしては，${}_{1}^{1}\mathrm{H}(n,\gamma){}_{1}^{2}\mathrm{H}$ の反応がある．この際に放出されるガンマ線は，

[*5] この核反応の書き方については 2.3 節を参照．

$h\nu = 2.223\,\mathrm{MeV}$ のエネルギーを持つ.

核反応(剥離)

陽子や α 粒子が重い原子核と衝突すると,原子核が二つの,より軽い原子核に分裂することがある.この過程は剥離と呼ばれ,太陽フレアで重要な場合としては,$^{16}\mathrm{O}(\mathrm{p},\alpha)^{12}\mathrm{C}$ の反応による $h\nu = 4.4\,\mathrm{MeV}$ とか,$^{20}\mathrm{Ne}(\mathrm{p},\mathrm{p}\alpha)^{16}\mathrm{O}^*$ の反応による $h\nu = 6.13\,\mathrm{MeV}$ などが挙げられる.

π^0 崩壊

高エネルギー粒子とのさまざまの反応では,中間子も生成される.そして多くの中間子($\mathrm{K}^0, \mathrm{K}^+, \mathrm{K}^-, \Lambda, \cdots$)が π 中間子に崩壊する.π^0 中間子は $10^{-16}\,\mathrm{s}$ で崩壊して,二つの光子を放出する.この光子のエネルギーは π 中間子の静止系で $h\nu = 68\,\mathrm{MeV}$ であるが,実際に放出される π 中間子はさまざまエネルギーを持っているので,観測されるスペクトルは,$70\,\mathrm{MeV}$ 付近にピークを持つような連続光と見える.

4.3.3 紫外線・X 線領域の太陽観測装置

紫外線や X 線は地球大気で吸収されるため,地上には届かない.しかし,何らかの手段により,地上に届かない電磁波領域で宇宙を観測してみたいと科学者が考えるのは自然なことである.そしてそれは,第 2 次世界大戦中に破壊兵器として開発されたドイツの V-2 ロケットを,科学観測に用いることで実現した.はじめに実施されたのは,大気圏外からの太陽紫外線分光観測である.そして,対象はより波長の短い X 線領域まで広げられていった.

紫外線領域や X 線領域における太陽の撮像観測には,金属面の反射鏡を使ったタイプのものがおもに使われているが,硬 X 線領域では,小田稔が考案したすだれコリメータを使用した望遠鏡により,電波干渉系と同様に,取得した観測データから天体像をコンピュータで再合成するという方法もある.あとで述べるが,2010 年代に入ると,硬 X 線領域でも反射鏡を用いた望遠鏡による太陽観測が始まった.

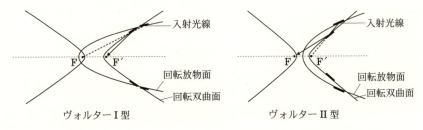

図 4.17 （左）X 線望遠鏡に使用されているヴォルター I 型および, （右）極端紫外線望遠鏡に使用されているヴォルター II 型の光学系の模式図.

斜入射望遠鏡

　紫外線よりも高いエネルギー，つまり波長の短い領域になってくると，可視光領域で使用される望遠鏡では，天体からの電磁波を結像することが難しくなってくる．一つには，ほとんどの固体材料の屈折率が 1 に近くなり，また物質を通過する際には吸収を受けてしまうため，レンズを使用した屈折系の望遠鏡を作ることができないからである．可視光領域で通常使用される 2 枚鏡タイプの反射望遠鏡についても同様に，短波長領域の直入射反射率が小さいために，効率がきわめて小さいものになってしまい実用に耐えない．

　臨界角程度の斜入射ならば，高い反射率を確保できるので，X 線ピンホール望遠鏡の後に最初に現れた X 線望遠鏡は，斜入射型 X 線望遠鏡であった．1 nm 程度の X 線を効率よく反射するには，入射角が 1 度程度の斜入射となる．ヴォルター（H. Wolter）は，二つの回転曲面を組み合わせた反射望遠鏡を考案した．ヴォルター I 型は第 1 面に回転放物面の内面，第 2 面に回転双曲面の内面の 2 回反射で焦点に集光するタイプの望遠鏡である（図 4.17（左））．これに対しヴォルター II 型は，第 1 面に回転放物面の内面，第 2 面に回転双曲面の外面を用いて，拡大率を持たせて集光するタイプの望遠鏡である（図 4.17（右））．

　太陽観測では，ヴォルター I 型の X 線望遠鏡がまず開発され，ロケット観測を通して 1 nm 程度の軟 X 線領域で太陽の撮像観測が行われ，太陽コロナがループ構造（5.4.4 節）で覆われていること，コロナ輝度が低い大規模な構造（コロナホール，5.4.5 節）の存在，太陽全面に 30 秒角程度の直径を持つ小輝点（X 線輝点，5.6.3 節）がちりばめられていることなどが発見された．1973 年

4.3 紫外線・X線・ガンマ線観測　89

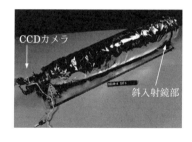
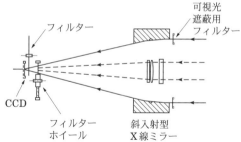

図 4.18 （左上）ようこう衛星に搭載された X 線望遠鏡 SXT と，（右上）その光学系の模式図．（下）ひので衛星に搭載された X 線望遠鏡 XRT．

に衛星軌道に投入された宇宙実験施設スカイラブ（Skylab）上の X 線望遠鏡，1991 年に打ち上げられた「ようこう」衛星搭載の X 線望遠鏡 SXT（図 4.18（左上）），そして最近では 2006 年に打ち上げられた「ひので」衛星搭載の X 線望遠鏡 XRT（図 4.18（下））はこのタイプの望遠鏡である．ひので衛星の X 線望遠鏡 XRT は全長 3 m で，1 秒角の結像性能を持ち，口絵 1, 2 のような高い解像度のコロナ画像を得ることに成功している．

ヴォルター II 型の光学系は，分光器の入射スリット上に太陽像を結像する目的で，NASA の観測ロケット実験 SERTS や SOHO 衛星搭載の CDS といった極端紫外線領域の分光観測装置の望遠鏡部に使用されている．

直入射多層膜望遠鏡

スパッタ技術の向上により，0.1 nm レベルの金属膜の膜厚制御が可能となり，大きな原子番号を持つ反射層と，小さな原子番号を持つスペーサをそれぞれ厚さ

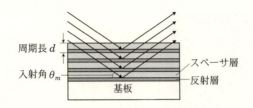

図 4.19　一定間隔 d で積層された多層膜の模式図.

d_A, d_B で交互に周期的に積み重ねた多層膜を直入射鏡に成膜して，30 nm 以下の極端紫外線領域から 4 nm 程度くらいまでの軟 X 線領域の望遠鏡を構成することができるようになった（図 4.19）．反射率は，波長によっては 1 枚あたり最大 60% をこえるまでになっている．このため，可視光の望遠鏡のように 2 枚鏡で光学収差を補正することができるようになり，空間分解能の高い望遠鏡の製作が可能になった．米国における多数の観測ロケット実験の後，SOHO 衛星に搭載された最初の衛星観測用の直入射多層膜望遠鏡は，極端紫外線望遠鏡 EIT であり，1996 年より 2010 年まで L1 ラグランジュ点で観測を行った．この種の望遠鏡は，狭視野・高空間分解能の TRACE 衛星（1998 年），惑星間を航行する二衛星でステレオ観測をする STEREO 衛星（2006 年），広視野（太陽全面）・高空間分解能の SDO 衛星（2010 年）に搭載されてきている．TRACE や SDO の望遠鏡で，1 秒角程度まで高められた空間分解能は，HiC 観測ロケット実験（2012 年）では 0.3 秒角まで向上して，コロナの微細構造が観測できるようになってきている．

紫外線・X 線領域での分光観測

　20–160 nm の極端紫外線領域から紫外線領域にわたる波長域の観測は，飛翔体が用いられるようになった初期から実施されてきた．米国で実施された OSO（Orbiting Solar Observatory）衛星シリーズや宇宙実験室スカイラブでは，回折格子を使用した分光観測装置によって，極端紫外線領域での分光観測が精力的に行われた．輝線の強度，中心位置，幅などは光が放射される領域の温度，密度，運動の情報を持っており，それらを観測することは放射領域の研究をする上で重要である．

　回折格子を使用した分光装置は，通常，スリット，コリメータ鏡，回折格子，

結像鏡,検出器からなる.極端紫外線領域では,反射回数を減らすために,凹面の曲面に格子を刻線した凹面回折格子が使用され,この回折格子一つでコリメータ鏡,回折格子,結像鏡の役割を持たせている.曲面の形状は,単純なもので球面,よく用いられるものとしては直交する二つの曲率半径の異なるトロイダル面,比較的最近では高次補正を考慮して作り始められた楕円面などがある.曲面に刻み込まれる溝の間隔も,等間隔のものから,収差補正のために場所によって微妙に間隔を変化させた不等間隔のものがある.

100–200 nm の遠紫外線域や 200–380 nm の近紫外線域の本格的な分光観測は,1970 年代に実施された HRTS 観測ロケット実験,スカイラブ宇宙実験室のほか,OSO-8 衛星によるものなどがあり,彩層や遷移層の大気構造の研究が進展した.HRTS ロケット実験は,1990 年代まで続き,空間分解能が 1 秒角まで向上している.ひので衛星の撮像観測によって,彩層の微細構造や運動の様子が明らかになってから,空間分解能 0.4 秒角の高感度分光観測が,IRIS 衛星により 2013 年から始まっている.

凹面回折格子を使用した最近の紫外線,極端紫外線領域の撮像分光装置には,SOHO 衛星搭載の SUMER(取得されたスペクトルは図 4.15 参照)や CDS,ひので衛星に搭載されている極端紫外線撮像分光装置(EIS)などがある.ひので衛星搭載の EIS(図 4.20)では,太陽遷移層(5.3 節)やコロナのダイナミックな現象を短時間の観測で捉えられるように,鏡面数を最低限の 2 枚に,そして感度を高めるために鏡面と凹面回折格子面に,直入射極端紫外線望遠鏡にも使用される多層膜を塗布し,また検出器に量子効率の高い裏面照射型 CCD が使用されている.SUMER,CDS,EIS といった 2–3 秒角の空間分解能をもつ分光装置のスペクトル観測の結果から,彩層からコロナ域のプラズマの運動の様子が詳しくわかるようになってきた.可視光域で観測される彩層の微細構造とその上空の構造とのつながりを理解するため,遷移層やコロナ域でもサブ秒角レベルの極端紫外線分光観測が望まれてきている.

よりエネルギーの高い軟 X 線領域(0.1–10 nm)では,結晶を使ったブラッグ回折によって,回折格子のように出射方向を変えられた光子の到達位置の違いにより,光子のエネルギーを識別する.ひのとり衛星のブラッグ分光器 SOX や,米国 SMM 衛星の BCS,ようこう衛星の BCS などがその例で,結晶格子で散

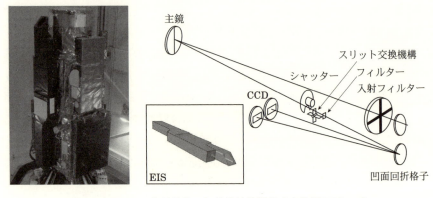

図 4.20　ひので衛星搭載の極端紫外線撮像分光装置 EIS の光学系.

乱された光子が，1 次元検出器の対応する各波長点で一つ一つ計測されることで，スペクトルが取得された．

硬 X 線・ガンマ線の観測

0.1 nm よりも短波長となる硬 X 線領域[*6]では，検出器はさまざまだが，本質的に検出器内で光子一つ一つのエネルギーを測定することにより，エネルギースペクトルを取得する．簡易的な方法では，NaI などのシンチレータで光子を受け，シンチレータ内で発光した可視光を光電子増倍管などで電子に変換し，その変換された電子数に比例する電気信号を測定して，光子のエネルギーを一つ一つ測定する方法が使われる．ようこう衛星の硬 X 線望遠鏡 HXT の検出器部や，硬 X 線スペクトル計 HXS では，この NaI シンチレータと光電子増倍管の組が使われている．

100 keV より光子のエネルギーが高くガンマ線領域となると，光子はシンチレータとコンプトン効果や電子対生成などを起こすようになり，エネルギー分布を持った天体源からの入射光子のエネルギー決定は，単純な計数測定だけではできない．シリコンやゲルマニウムなどの半導体検出器では，光のエネルギーを直接電子に変換することができ，光子を止めてしまうほどの厚みを持った結晶を使えば，シンチレータを使用した検出器よりもエネルギー分解能の高い検出器を構

[*6] この領域では波長よりもエネルギーの単位が通常使用される．

成することができる．米国のリン（R. Lin）らは，1980年に液体窒素温度まで冷却されたゲルマニウム検出器を気球に載せて，フレアの硬X線スペクトルを高いエネルギー分解能で測定した．

近年まで，硬X線撮像観測は，コリメータと検出器から構成される望遠鏡により行われてきた．SMM衛星（1980–1989）に搭載されたHXISは，天空の異なる領域を見るように設計されたコリメータ群から構成された硬X線望遠鏡である．ひのとり衛星（1981–1982）のSXTでは，小田稔が考案したすだれコリメータを利用し，衛星を回転して得た強度データからコンピュータで天体像の再合成を行なうタイプの硬X線望遠鏡である．ようこう衛星（1991–2001）のHXTはSXTの発展型であり，多数のすだれコリメータを搭載することで，衛星を回転させることなく硬X線像を得ることができるようになった．すだれコリメータを使った硬X線望遠鏡は，その後に検出器部が変更されて海外の衛星にも採用されて発展し，ゲルマニウム検出器を搭載したSXT型の硬X線望遠鏡がRHESSI衛星（2002–2018）に，ゲルマニウムに比べて冷却条件を大幅に緩和できるテルル化カドミウム（CdTe）を検出器としたHXT型のものがSolar Orbiter衛星（2020年頃に打ち上げ予定）に搭載されている．多層膜を塗布した斜入射鏡で硬X線の反射率が大幅に向上したため，ヴォルターI型多層膜望遠鏡による太陽硬X線観測（FOXSI観測ロケット実験，NuSTAR衛星による太陽硬X線観測）も2010年代より始まっている．

4.4　太陽風計測

太陽風は陽子と電子を主成分とするプラズマ流で，百万度を超える高温の太陽外層大気であるコロナプラズマが太陽重力を振り切り，惑星間空間へと吹き出したものである（9.1節参照）．太陽風は，惑星間空間へ吹き広がっていく過程で密度を薄め，そして冷却していく．1天文単位（地球軌道）付近の太陽風の密度はきわめて低くなり，陽子密度は$10\,\mathrm{cm}^{-3}$ほどしかない．しかし陽子の持つ温度は，まだ10万度近くある．

太陽近くで300–$800\,\mathrm{km\,s}^{-1}$の超音速にまで加速された太陽風は，太陽圏の彼方までほとんどその速度を落とさない．この太陽風プラズマは，高温かつ低密度のために電気伝導度がきわめてよく，太陽の磁場は太陽風により惑星間空間に引

き伸ばされていく．これら太陽風の物理量を計測する方法を，人工衛星や宇宙探査機などの飛翔体を用い直接観測する方法と，地上から観測する方法について紹介する．

4.4.1 飛翔体による観測

飛翔体を用いた観測は，その場計測[*7]であるので時間・空間分解能に優れている．一方，飛翔体が打ち上げられる軌道，および同時期に観測を行っている飛翔体の数には制限があるために，太陽風の大規模構造を3次元的に観測するのには適さない．これまでに惑星の公転軌道面を高く離れることができた探査機は，1990年に打ち上げられたユリシーズ（Ulysses）のみである．太陽からの距離で見ると，ボイジャー（Voyager）1号，2号とパイオニア（Pioneer）10号，11号の4機が太陽系の果てを目指して飛翔を続け，ついに2012年8月にボイジャー1号が，太陽から122天文単位の距離まで飛翔したところでヘリオポーズ（heliopause）と呼ばれる太陽圏の境界に到達した．太陽近くでは，ヘリオス（Helios）1号，2号が太陽半径の60倍の距離まで近づいたが，それよりも太陽に近づいた探査機はこれまで存在しない．2018年に太陽からの距離が太陽半径の10倍以内にまで近づくことができるパーカーソーラープローブ（Parker Solar Probe）という名の探査機が打ち上げられ，その観測からは太陽風が生成されている領域のデータが期待されている．

太陽風プラズマの観測

図4.21はプラズマ粒子の計測装置である．この装置により粒子の質量 m，電荷 q，速度 v，運動エネルギー E，そして粒子密度 n が計測できる．この装置は，電荷あたりのエネルギー量 E/q を求める静電解析器，粒子の飛翔時間から速度を求める飛翔時間計測器，そしてエネルギー測定器の3測定器から構成されている．

被測定粒子は同心球殻状の二つの電極の間に入射する．電極は R および $R+\Delta R$ の半径を持ち，電極の間には電圧 V が加えられている．この電圧により粒子は $qV/\Delta R$ の静電力を受ける．この静電力を受けながら，電極のカーブに添い

[*7] 観測対象の中に測定器を直接入れて計測すること．in situ 計測ともいう．

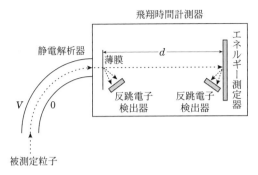

図 4.21 プラズマ粒子計測装置．電荷あたりのエネルギー量 E/q を求める静電解析器，粒子の飛翔時間から速度を求める飛翔時間計測器，そしてエネルギー測定器の 3 測定器から構成されている．

粒子が運動するためには，遠心力 mv^2/R が静電力とつりあう必要がある．このつりあいの関係式から電荷あたりのエネルギー量が求まる．静電解析器の電圧 V を設定して，E/q を持つ粒子を選別する．選別された粒子は飛翔時間計測器へと入射する．入射直後に置かれた薄膜を粒子が通過するときにたたき出された反跳電子を検出器が捕らえ，粒子が計測器に入った時刻を記録する．粒子は距離 d を飛翔して半導体で作られたエネルギー測定器に到達し，エネルギー E が測定される．そして粒子がエネルギー測定器に当たりたたき出した反跳電子の検出により飛翔終了時刻を記録し，飛翔に要した時間 t を求める．この飛翔時間から粒子の速度が $v = d/t$ で求まる．粒子の質量は，エネルギーと速度から $m = 2E/v^2$ で決まる．最後に電荷 q を，エネルギー E と静電解析器で計測した E/q より求める．このようにして，個々の粒子を識別し速度を求める．

　粒子の持つ速度は，太陽風の流速 v_{sw} に熱運動が加わったものであるので，計測される速度は統計的な分布を持っている．多くの粒子を計測し，その速度分布関数 $f(v)$ を作ると，マックスウェル分布関数で近似できる図 4.22 のような分布が得られる．分布中心のオフセット値 v_{sw} が太陽風速度を表し，分布関数が $1/e$ となる高さの分布幅が熱速度 v_{th} の 2 倍に相当し，$mv_{th}^2/2 = k_B T$（k_B はボルツマン定数）の定義式から温度が求まる．そして，この分布関数を速度で積分し粒子密度 n が求まる．

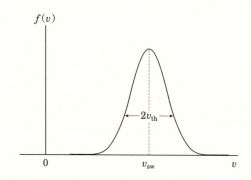

図 4.22 温度 $mv_{\mathrm{th}}^2/2k_{\mathrm{B}}$,速度 v_{sw} の太陽風プラズマ粒子の速度分布.

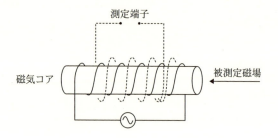

図 4.23 フラックスゲート磁力計.

磁場の観測——フラックスゲート磁力計

図 4.23 のように鉄心に巻かれたコイルに電流を流すと,コイル中に生じた磁場によって,鉄原子の磁気モーメントが磁場方向に向きを揃えるようになる.このためにコイル中の磁場は,鉄心がない場合に比べ,磁化された鉄心が作り出す磁場の分だけ強くなる.電流を増やせば鉄心がさらに磁化され磁場はより強くなるが,やがて鉄心の原子がすべて磁場方向に向きを揃えてしまうと,鉄心からの磁場の寄与はそこで飽和してしまう.飽和してからもさらに電流を増やすと,鉄心からの磁場の寄与は増えず,コイルにより作り出される磁場分だけ流した電流に比例し増加する.コイルに交流電流を流せば,この飽和現象が正方向,負方向ともに同じ電流値で生じる.

　いま計測したい外部磁場の方向が,コイルにより作り出される磁場の方向と同じ向きのときを考える.このときは,鉄心には両者の磁場が加算されて働くため

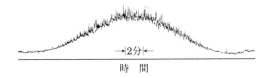

図 4.24 かに星雲の中心にあるパルサー 3C 144 からの周波数 74 MHz の電波を，アンテナビームを固定し受信した記録．受信強度が最大となったあたりで見られる，不規則な細いスパイク状の変動が電波シンチレーション現象である．

に，飽和が早く始まる．電流が反転し，計測する磁場とコイルの磁場が反対方向になったときは，磁場は弱めあい飽和が遅くなる．この飽和電流値の差を測れば，外部磁場強度が計測できる．実際の観測装置では，鉄心の代わりに飽和特性のよいフェライトコアを用い，形状もトロイダル状にするなどして，感度を上げる工夫がされている．ボイジャー2号に搭載されたフラックスゲート磁力計は，地表面近くの地球磁場強度の10万分の1もの弱い惑星間空間磁場ですら，十分な精度で計測することができている．

4.4.2 地上からの観測——惑星間空間シンチレーション

太陽コロナが超音速流に加速され，惑星間空間に吹き出ていく様子を調べるためには，探査機ヘリオスよりも，より太陽に近づいた観測が必要である．フレアなどの太陽面爆発現象に伴い惑星間空間を吹き抜けていく衝撃波の様子を3次元的にとらえるには，惑星公転軌道面内のみでなく，広い緯度，経度空間に同時に多くの探測機を必要とする．このような観測を可能とするのが，天体電波を利用した地上からのリモートセンシングである．

天体電波を利用したリモートセンシングの方法は，1964年にケンブリッジ大学のヒューイッシュ（A. Hewish）らによって偶然に発見された．178 MHz の周波数で天体電波源の正確な位置決め観測を行っていたとき，図 4.24 のような，電離層の影響としては説明のできない，秒単位の速い変動（電波シンチレーション）が観測された．そして，このような速い変動をするのは，クェーサー（QSO）やパルサーのように視直径がきわめて小さな電波天体だけであることが分かった．視直径が小さいことと変動が速いこと，この二つの条件から，このよ

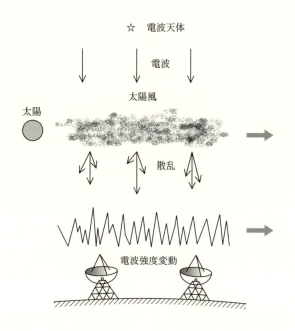

図 4.25　惑星間空間シンチレーションによる太陽風観測の原理.

うな速い電波強度の変動の原因は，電離層よりもさらに地上から遠く離れた，惑星間空間を吹く太陽風による電波散乱であることを彼らは突き止めた．この発見により，地上から惑星間空間を吹く太陽風が観測できるようになったのである．

惑星間空間を伝播する電波は，太陽風プラズマの密度のゆらぎにより，屈折・散乱され位相が乱される．散乱された電波は，地球まで伝播する過程で互いに干渉しあい，強度が変動する（図 4.25）．これが，惑星間空間シンチレーションと呼ばれる現象である．この現象は，太陽風プラズマにより電波回折像が地上にできると考えてもよく，太陽風の動きとともに，この回折像も地上を同じ速さで動いていくので，複数のアンテナを用いてこの現象を観測すれば，太陽風速度や太陽風プラズマ擾乱の構造について知ることができる．

地球と電波源を結ぶ視線が太陽に近づくにつれプラズマ密度は濃くなり，シンチレーション現象は強くなる．そしてやがてはシンチレーション現象は飽和し，さらに太陽に近づくと急激にシンチレーションは弱くなる．この飽和が起きる太

図 4.26 シンチレーション観測用の UHF 非対称シリンドリカルパラボラアンテナ．アンテナは東西長 100 m，南北開口幅 20 m あり，5 台のパラボラ枠の間に直径 0.3 mm のステンレス線を 3 cm 間隔で張って，シリンダー状のパラボラ面を形成している（線径が細いために写真には写っていない）．同タイプのアンテナが合計 4 台，互いに 100 km ほど離して設置されており，太陽風の同時観測を行っている（名古屋大学太陽地球環境研究所（現・宇宙地球環境研究所））．

陽からの距離は周波数により異なる．図 4.26 は，名古屋大学太陽地球環境研究所（現・宇宙地球環境研究所）のシンチレーション観測用のアンテナである．このアンテナは 327 MHz の周波数で，太陽半径の数十倍から 1 天文単位（太陽半径の 215 倍）までの広い空間で太陽風を観測することができる．

シンチレーション観測の高空間分解能化── 視線積分の除去

　太陽風は厚みのある電波散乱媒質であるので，電波が地球に届くまでに何度も散乱を繰り返す．しかし，散乱が弱いときは，この媒質による散乱現象を次のようなボルン（Born）近似で考えることができる．厚みのある層を，薄い散乱層が何重にも重なったものと考える．この散乱層に入射してきた電波は，散乱を受ける度に電波が散らされ強度が弱くなるので，地上に届く電波はどこかの層で一度だけ散乱されたものと考える．その結果，シンチレーションで観測されるもの

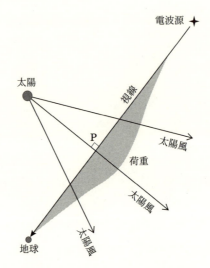

図 4.27 惑星間空間シンチレーションの荷重関数．地球と電波源を結ぶ視線上で，太陽にもっとも近い点（P 点）のあたりの太陽風がシンチレーションにおもに寄与する．

は，各散乱層の情報が荷重平均されたものと近似する．この荷重関数の様子を見ると，シンチレーションによって観測される太陽風が，視線上のどのあたりを吹いているかが分かる．

実際の荷重関数を図 4.27 に示す．一般に，密度の濃い散乱層ほどシンチレーションへの寄与が大きいので，密度が太陽からの距離の 2 乗で減ることを考えると，視線上の太陽にもっとも近いところの寄与がもっとも大きい．また，観測者に近い散乱層ほど寄与が大きいはずだが，フレネルフィルター効果と呼ばれる影響で，観測者にあまり近い散乱層の寄与はかえって小さくなる．これらの要素の組み合わせの結果，図 4.27 に示すように，視線上の太陽にもっとも近い点（P 点という）の太陽風がシンチレーションにおもに寄与していると考えられる．これを，電波源強度シンチレーションの P 点近似という．

シンチレーション観測から直接得られる太陽風の速度は，視線に沿って分布する太陽風の速度が荷重積分されたものである．このために観測値はバイアスを持ったものであり，どこを吹いている太陽風の速度を測ったものなのか曖昧で，空間分解能も劣っていた．これらの欠点を除くことができる解析方法が開発さ

れた．

　開発された方法は，人体などの断層写真を撮るのに使われる CT と呼ばれる計算機トモグラフィー法を用いる方法である．トモグラフィー法は，さまざまな角度から透視された観測対象の情報をもとに，初期条件となるモデルをたて，そのモデルに対し観測値を予想して，予想値と観測値とを比較しながら，両者が一致するようにモデルを改良していく．このときに，異なる方向からの複数の視線が観測対象の中で交差することが，曖昧性の少ない最終結果を得るのに必要である．この方法を太陽風のシンチレーション観測に適用するには，太陽から四方八方に吹き出している太陽風の全体を，できるだけ多くの角度からシンチレーションで観測することが必要である．

惑星間空間擾乱現象の 3 次元構造解析

　太陽コロナ中の CME 現象（コロナ質量放出，7.5.2 節）により生じた擾乱が惑星間空間を吹き抜けていく．これを，惑星間空間擾乱（Interplanetary CME; ICME とも呼ばれる）という．コロナ中の CME 同様に，惑星間空間を伝搬していく ICME についても未解明なことが多い．その理由は観測データが乏しいからである．探査機よる ICME の直接測定は可能であるが，同時期に観測を行っている探査機の数はごくわずかであり，その場所も地球近傍（1 天文単位付近の黄道面内）に偏っている．2005 年に双子の探査機ステレオ（STEREO）A, B が打ち上げられ，地球軌道上の異なる経度から同時に ICME の撮像観測が実施された．しかし，限られた観測条件や撮像データに含まれる視線積分の効果のため，ICME がいかなる姿をしているか，また太陽から地球軌道まで ICME がどのように伝搬しているかは，未だ多くの謎が残ったままである．シンチレーション観測の優れた点は，短時間で太陽風の広い範囲を探査できることである．このためにシンチレーション観測は，ICME のような過渡的な現象の研究に適しており，従来謎とされている ICME の全体構造や，その伝搬特性を明らかにすることが期待できる．

　シンチレーションを観測していると，突然その強度が増加することがある．これは，地球と電波源を結ぶ視線上を密度の濃いプラズマが横切っていったことを物語っている．観測例が，図 4.28 に示されている．図中の白丸の一つ一つが電

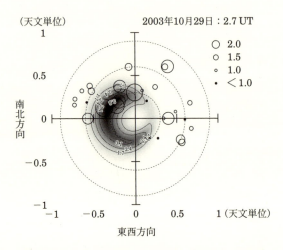

図 4.28 2003 年 10 月 28 日の ICME イベントによるシンチレーション強度増加．図中の点と白丸の一つ一つが電波源に対応し，シンチレーション現象の強さに比例して丸の半径が大きく描かれている．中央が太陽で，同心円は太陽から 0.3 天文単位の距離ごとに描かれている．灰色に塗られた等高線は，観測にもっともよくあう ICME モデル（Tokumaru *et al.* 2007, *J. Geophys. Res.*, 112, A05106）．

波源に対応し，シンチレーション現象の強さに比例して丸の半径が大きく描かれている．太陽から東（左）の方向の電波源の多くが強いシンチレーションを起こしており，太陽から放出された擾乱（CME）の伝搬方向と広がりを示している．

　この観測から ICME の立体構造を求めるには，101 ページで説明した視線積分の効果を取り除く必要がある．視線効果を取り除く方法として，モデルフィッティング法と時間依存トモグラフィー法と呼ばれる二つの手法が開発されている．モデルフィッティング法では，擾乱の立体分布を少数のパラメータで記述するモデルを作り，そのモデルから予想されるシンチレーション観測の結果を計算して観測と比較し，良い一致が得られるようにモデルを改良してゆく．

　一方，時間依存トモグラフィー法は，太陽風空間を小さなブロックに分け，各ブロックの太陽風パラメータをシンチレーションの観測結果に最適化することで，立体構造の復元を行う．この復元の仕方は，101 ページで紹介したトモグラフィー法とは異なることに注意してほしい．このトモグラフィー法が解析の対象

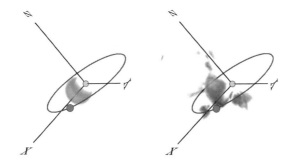

図 **4.29** 名古屋大学太陽地球環境研究所（現・宇宙地球環境研究所）の惑星間空間シンチレーション観測から決定された，2003年10月28日の ICME イベント立体構造．左図はモデルフィッティング法で求めたもので，右図は時間依存トモグラフィー法から求めたもの（Tokumaru *et al.* 2007, *J. Geophys. Res.*, 112, A05106 をもとに作成）．

とする太陽風は，その構造が時間的に安定しており，地球と電波源を結ぶ視線の位置が太陽の自転の間に大きく変化することで，さまざまな角度からの太陽風の情報を得ることができた．ICME の場合は短時間の現象であるので，この方法は使えない．そこで時間依存トモグラフィー法では，太陽自転による視線の位置の変化の代わりに，ICME が動径方向に移動することを利用して，さまざまな角度からの観測と等価な情報を得ている．図 4.29 の左図は，モデルフィッティング法で求めたもので，右図は時間依存トモグラフィー法で求めたものである．二つの解析方法の結果がよく一致しているのが分かる．立体構造が解析できると，ICME の総質量も知ることができ，人工衛星などの飛翔体観測では得られない ICME の 3 次元情報を求めることができるようになってきた．

4.5 粒子観測

4.5.1 太陽からの高エネルギー粒子の観測

　太陽から放出される粒子には，太陽風やニュートリノのような定常的な流れの他に，太陽フレアのような突発的な現象に伴うものが存在する．このような粒子

は，粒子加速（7.4節）と呼ばれる過程を通して，定常的な粒子よりも高いエネルギーを持っている．本節では，これらの高エネルギー粒子の観測に焦点をあてる．また，太陽からの粒子観測は，惑星間空間磁場，地球磁場，地球大気による影響を非常に強く受ける．ここでは観測技術のみでなく，太陽粒子観測独得の環境の影響についても考える．

　粒子加速は宇宙のあらゆるスケールで見られる現象であり，太陽フレアはそのほんの一例である．我々の天の川銀河の中では，たとえば超新星残骸でこのような現象が起きていると考えられている．しかし，太陽系外の天体で加速された粒子は，地球の観測地点に到達する前に銀河系内の星間空間磁場によって曲げられてしまい，地球にいる我々には，その粒子がどこからやってきたのかを知ることはできない．太陽からの粒子も太陽が作る惑星間空間磁場の影響をうけるが，太陽と地球の距離がその他の天体に比べて極端に小さいため，多少の散乱をうけても，太陽からきた粒子を識別することができる．さらに，太陽での粒子加速は突発的なものであるため，X線などの観測との比較から，どの現象にともなった粒子であるかを推定することができる．つまり太陽は，宇宙に普遍的に存在する粒子加速現象を研究するための，格好の実験室なのである．

　太陽からの粒子観測には実用的にも重要な意味がある．4.5.3節で述べるように，高エネルギー粒子は物質を透過する力を持っている．しかし，ただ通過するだけではなく，物質中に存在する電子にエネルギーを与えたり，あるいは原子核を破壊することもある．これは，電子回路を誤動作させたり，人体の健康に影響を与えうることを意味している．10.2節で述べられるように，太陽粒子の到来予測は宇宙天気予報の重要な課題となっている．

4.5.2　高エネルギー粒子の伝播

　粒子加速は電磁気的な力によって起きる現象のため，荷電粒子のみが加速される．太陽周辺での粒子加速は，太陽フレアやコロナ質量放出にともなって起きると考えられているが，どのようなメカニズムで，どこで加速がおきているかはまだ解明されていない．

　このようにスタート地点の詳細はまだ不明だが，とにかく加速された粒子が惑星間空間に飛び出してきて地球にやってくる．しかし，惑星間空間には，太陽を

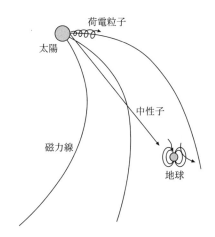

図 4.30 太陽からの高エネルギー粒子が地球近傍で観測されるまで．太陽近傍で加速された荷電粒子は，加速場所での磁力線に沿って惑星間空間を運動する．地球に到達した荷電粒子は，地球磁場の影響（地磁気効果）を受ける．一方，荷電粒子によって太陽表面で作られた中性子は，磁場の影響を受けずにまっすぐに地球にやってくる．

中心とする渦巻状の磁場（パーカー・スパイラル磁場）が存在しており，荷電粒子はこの中でローレンツ力を受けながら運動することになる．たとえば，地球近傍の磁場（約 3×10^{-5} ガウス）中を運動する，エネルギー 100 MeV の陽子（電荷 1.6×10^{-19} クーロン）のラーモア半径はおよそ 5×10^{8} m である．これは太陽地球間距離の約 300 分の 1 であり，粒子がまっすぐに地球にたどり着けないことが分かる．また惑星間空間磁場には小さな擾乱があるため，粒子は電磁気学の練習問題に登場するようならせん状の動きに加えて，ランダムな散乱を受けることになる．

粒子は発生地点の磁力線に沿って運動するため，この磁力線が地球方向に向かっている場合には，地球でたくさんの粒子が観測される．惑星間空間磁場は，太陽の自転にともなって渦巻状の構造をしており，地球から見て太陽表面の西側からのびる磁力線が地球近傍にやってくる．したがって，太陽表面の西側で起きた粒子加速にともなう粒子が，地球で観測されやすくなる．次に，地球に到達した粒子は地球磁場の影響をうけ，エネルギーが低いものは進路を曲げられて，再び惑星間空間へと飛びだしていく（図 4.30）．地球磁場をすりぬけた粒子や，磁

場の影響を受けない中性粒子は地球大気に突入するが，その大部分が大気中で吸収されて，地上に到達することはない．しかし，時には大気の吸収も通り抜けて地上の検出器で観測されるような，高いエネルギーの粒子がやってくることもある．このおおよその目安が 100 MeV である．したがって太陽からの粒子の観測は，地上と宇宙の双方から行わなければならない．これら二つの観測にはそれぞれに長所と短所があり，太陽からの粒子の研究のためには，両観測を有効に使いわける必要がある．

ところで，伝播という複雑な現象は荷電粒子だから起きる問題である．中性粒子ならば電磁気力をうけないため，磁場の影響がない．このような中性粒子として，加速された荷電粒子が太陽大気中の粒子とおこす核相互作用によって発生する中性子が考えられる．中性子は約 900 秒の寿命で陽子，電子とニュートリノに崩壊してしまう．たとえば 100 MeV の中性子を考えると，太陽地球間を飛んでも，30%の中性子が崩壊せずにやってくることが分かる．伝播経路の影響を受けない中性子の観測は，荷電粒子の観測からは得られない放射場所の情報を与えてくれる．

4.5.3　粒子観測の原理

我々が観測しようとしている粒子は非常に小さく，直接目でみることはできない．したがって，粒子と物質の相互作用を通じて電気信号を発生させ，その信号の大きさや発生頻度を記録して，粒子の物理量を導き出すことになる．ここでは，これらの観測の基礎を簡単にまとめる．詳しくは実験物理学，放射線計測の教科書を参照されたい．

荷電粒子は物質中を通過するとき，経路上に少しずつエネルギーを与えながら進んで行く．ここで粒子が失ったエネルギーのことを電離損失と呼ぶ．このとき，電離損失に比例した量の電気信号や蛍光発光をおこす物質を，よい検出器として使うことができる．蛍光発光をおこすシンチレータ，電離したガス中の電子を増幅するガス検出器，電子–正孔対を電気信号として読みだす半導体検出器などが用いられる．発光型の検出器では，光電子増倍管を用いて光を電気信号に変換するのが一般的である．

十分に厚い装置を用意すると，粒子は装置の中で全エネルギーを失い止まって

しまう．このとき，装置の信号の大きさを測定することで，粒子が持っていた全エネルギーを知ることができるわけである．もちろん，信号の大きさと粒子のエネルギーの間の関係（たとえば電荷量クーロンとエネルギー MeV の関係）は，前もって実験室で精密に決定しておかなければいけない．

荷電粒子がある一定の厚さの物質の中で失うエネルギー（dE）には，近似的に次のような関係がある．

$$dE \propto \frac{Z^2}{v^2} \tag{4.24}$$

この式から，ある物質層で失ったエネルギーと粒子の速度（v）が分かれば，粒子の電荷（Z）が分かることになる．粒子の速度は，距離を離した2層の検出器の通過時間の違いで知ることができる．

次に，薄い装置に粒子の通過位置を検知する能力をつけてみよう．簡単に述べたが，これは，装置と処理回路の精密加工，回路の増大にともなって大きくなる消費電力の抑制，情報量の増大にともなう処理コンピュータ能力の向上等，多くの技術革新を必要とする要求である．観測目的によってさまざまなやり方があるが，とにかく，面の中のどこを粒子が通過したかを測定できるとする．このような装置を距離をあけて2層用意することで，粒子の位置を2点で測定できる．この2点を結ぶことで，粒子の運動方向を知ることができる．このような粒子検出器を一般的に粒子線望遠鏡と呼ぶ．

これらが荷電粒子観測の基本技術である．観測の目的に応じて，装置の大きさや位置の精度といった条件を決定し，基本的な装置を組み合わせて製作していく．なんでもできる装置，というのは作りにくいため，目的に応じて研究者のアイディアを生かす必要がある．

観測原理の最後に，中性子の観測について述べる．中性子は電荷を持たないため，物質中をエネルギーを失わずに通過していく．ところが，確率的に原子核と衝突しその中の粒子をはじき出す．このとき，荷電粒子がはじき出されれば，上記の粒子検出原理で測定することが可能になる．原子核反応をおこすまでの平均的な距離は分かっているので，中性子を効率よく検出するためには，装置をこの厚さ程度の厚さにしておかなければいけない．また，中性子は原子核反応をおこすまでは何の痕跡も残さないため，装置全体を薄い荷電粒子検出器でつつんでお

き，ここに信号がないことを確認することで，選択的に中性粒子（ガンマ線観測にもこの技術が使われる）を選び出すことができる．この方法を反同時計測法（アンチコインシデンス）と呼ぶ．

中性子が何度も原子核反応をおこすだけの物質を用意しておくと，最終的に熱中性子と呼ばれる非常に低いエネルギーの中性子が作られる．この中性子がホウ素原子核に吸収される反応

$$B + n \longrightarrow Li + \alpha \tag{4.25}$$

にともなう α 粒子を検出することで，高い効率で中性子を検出することができる．これは中性子モニタと呼ばれる装置で用いられている原理である．ただしこの場合は，中性子のエネルギーや運動方向を測ることはできない．

4.5.4 衛星での粒子観測

宇宙での観測は，飛来する粒子を直接検出できるため，すべての物理量を精密に測定することができる．また粒子のみでなく，その瞬間の空間の情報（電場や磁場）を測定することができるため，電磁場と粒子がどのように関りあっているかを直接測定できる（その場計測）．宇宙の研究でその場計測ができるのは，太陽系内の研究だけである．

一方，人工衛星等に搭載できる装置の重量や消費電力には制限があるため，巨大な装置を利用するわけにはいかない．粒子のエネルギーを測定するには，全エネルギーを吸収する物質を用意する必要があるので，宇宙での観測では必然的に高いエネルギーの測定に限界ができてしまう．また，一般に高エネルギーになるほど粒子の到来数が減少するため，大きな装置を用意しなければ検出できない．したがって，高い位置分解能とエネルギー分解能を持つが高価で大面積に向かない装置（たとえば半導体検出器）が衛星観測に使用されることが多い．図 4.31 は，高い粒子判別能力を持った Wind 衛星と ACE 衛星による，2002 年に起きた二つの太陽フレアに伴う粒子の種類別のエネルギー分布である．粒子加速の起き方によって，加速される原子の種類やエネルギー分布が違うと考えられており，加速の原理を探るための重要な情報を与えてくれる．

現在では誰でもリアルタイムで，宇宙の高エネルギー粒子の量を知ることができる．アメリカの宇宙天気センターのホームページ（http://www.sec.noaa.gov/）

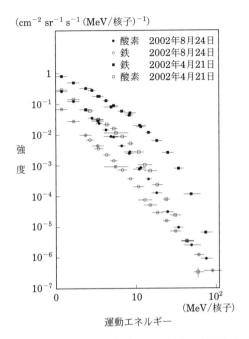

図 4.31 2002 年 4 月（四角）と 8 月（丸）に観測された，高エネルギーの酸素（黒塗り）と鉄（白抜き）のエネルギー分布．Wind 衛星と ACE 衛星による観測結果．異なる原子核のエネルギー分布が精密に測定されている．異なる日，異なる原子核でエネルギー分布が違うことが分かる．衛星観測ならではの精密測定の例である（資料提供: A.J. Tylka）．

にはつねに，GOES 衛星で観測された最新データが更新されている．GOES 衛星は，粒子のみでなく太陽 X 線や地球の雲の観測なども行っている．日本の気象衛星にトラブルが発生したときに，天気予報のためにアメリカからもらうデータはこの GOES 衛星からの画像である．

4.5.5 地上観測装置

太陽からの高エネルギー粒子が地上の装置で検出されるのは稀な現象であり，そのような事例は GLE （ground level enhancement）と呼ばれる．GLE の観測は，おもに中性子モニタで行われている．中性子モニタは 1957 年から 58 年の国際地球観測年と 1964 年の太陽活動極小期国際観測年に，地球に降り注ぐ宇

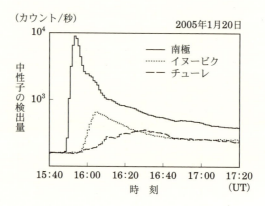

図 4.32 中性子モニタによる，2005 年 1 月 20 日のフレアに伴う GLE の観測結果．平常時からの粒子数の増加を時間変化として示してある．南極点，イヌービク（カナダ），チューレ（グリーンランド）の観測結果．観測地点によって変化のしかたが大きく異なるのが地磁気の影響である（データ提供: P. Evenson）．

宙線の量をモニタするために世界中に設置された．世界の 50 か所以上に同じ仕様の装置を設置するという，科学の世界でも非常に珍しい例である．現在でも多くの装置が稼働しており，インターネットでリアルタイムでデータを公開している研究者も多い．

すでに述べたように，中性子モニタは粒子のエネルギーや到来方向を測ることができない．しかし世界中に装置があるという利点を生かして，面白い解析ができる．それは地磁気を用いた方法である．太陽から飛んでくる荷電粒子は，十分なエネルギーを持たないと，地球磁場に曲げられて再び惑星間空間にはじきとばされてしまう．このエネルギー（正確にはリジディティーと呼ばれる値．運動量と電荷の比）の限界値や地磁気の方向は，地球上の場所によって異なるため，複数の地点での GLE に伴う信号増加量の観測から，到来した高エネルギー粒子のエネルギーと方向の分布を知ることができる．図 4.32 は，2005 年 1 月 20 日の太陽フレアに伴う GLE を複数の中性子モニタで観測した例である．同じ自然現象を観測しているのに，まったく違う時間変動をしているのは，地磁気効果のためである．

それでは，単独の装置で粒子のエネルギーや到来方向を測定することはできな

図 4.33 乗鞍岳に設置された太陽中性子望遠鏡. $64\,\mathrm{m}^2$ の巨大な観測装置で，中性子がたたきだした荷電粒子を検出する．

いのだろうか．この場合は衛星観測と同じように，電離損失を用いた装置を利用する．ただし，地上観測では大面積の装置を設置することができるため，シンチレータやガス検出器のような，大面積化が容易な装置を利用する．また，高エネルギー粒子は地球大気中の原子核と衝突をくり返し，地上に到達する粒子は中性子が主となるため，装置は中性子検出器である必要がある．たとえば，厚いプラスチックシンチレータ中での原子核散乱によって飛びだした荷電粒子を測定する，太陽中性子望遠鏡という実験装置がある．

最後に，地球大気の中でできる中性子ではなく，太陽で発生する中性子の観測について述べる．太陽中性子は，GLEを作るような高エネルギー荷電粒子の加速が太陽大気の中で起こり，そこでの衝突によってたたき出される中性子である．そのため，GLEの場合と同じようなエネルギー分布（ときによってGeVを越えるものもある）を持っている．中性子は磁場の影響をうけずにまっすぐに飛んでくるため，太陽での粒子放出の継続時間のみを反映して地球に到達する．ただし，中性子はエネルギーによって異なる速度で飛来するため，太陽での放出継続時間とエネルギー分布を切り分けるには，地球で正しくエネルギーを測定する必要がある．

名古屋大学太陽地球環境研究所（現・宇宙地球環境研究所）が東京大学宇宙線研究所乗鞍観測所に設置した太陽中性子望遠鏡の写真を図 4.33 に示す．ピラ

ミッド型の箱ひとつひとつに $1\,\mathrm{m}^2$ のプラスチックシンチレータが入っており，ここではじきだされた荷電粒子が検出される．下層は比例計数管（ガス検出器の一種）による粒子線望遠鏡になっており，また上部に比例計数管によるアンチカウンターを置くことで，選択的に中性粒子を検出している．シンチレータの発光量と下層を通過した厚さから，粒子のエネルギーを測定できる．

第5章

太陽の大気と活動領域

　太陽は，表面とその上部に広がるガスの立体的な構造や活動の様子を具体的に見ることのできる唯一の恒星であるが，この章ではいよいよ，この太陽外層大気構造（図5.1）に詳しく迫ってみることにしよう．まず光球から彩層，遷移層を経てコロナにいたる基本構造を解説し，その後，強い磁場が集中している活動領域や，そこから派生するプロミネンスなどについて述べる．

5.1　光球

　太陽を望遠鏡で拡大して白い板に投影してみると，やや黄色みを帯びた白い太陽の表面に，黒点や白斑等の模様も観察することができる（図5.2）．このように我々が直接目で見ることのできる太陽の表面を，光球と呼んでいる．光球の厚みは数百 km で，約 70 万 km の太陽半径に比べて非常に薄いが，我々が受けている太陽放射エネルギーのほとんどすべてが，この光球から放射されたものである．

光球のスペクトル

　高分散分光器で太陽光を波長スペクトルに分解すると，口絵4に示されているように，赤から紫にわたる連続光の中に無数の暗線が見られる．これらはフラウンホーファー線と呼ばれ，1814年に暗線の位置を最初に詳しく測定したドイツの光学機器職人フラウンホーファー（J. Fraunhofer）の名前を取ったもので

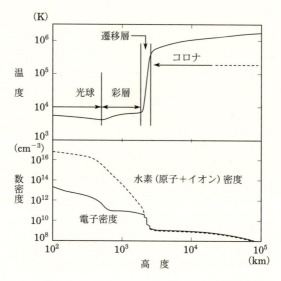

図 5.1　光球からコロナまでの，電子温度と電子密度の分布．高度は波長 500 nm での光学的厚さが 1 となる深さから測ったもの（光球と彩層は Vernazza et al. 1981, *ApJS*, 45, 635 のモデル C, コロナは Gabriel 1976, *Phil. Trans. Roy. Soc. London*, A281, 339 をもとに作成）．

ある．暗線の正体は，連続光が光球とその上の彩層を通過する際に，その中に存在するいろいろな原子やイオンに特有の波長で吸収されることによって作られる，吸収線である．したがってこれらの吸収線の波長や濃さ（暗さ）や幅を測定することによって，光球や彩層を構成する元素の量や，ガスの温度，運動速度などの物理量を知ることができる．すでに 3.1.1 節でドップラー速度の測定について述べたが，本巻では光球の吸収線の解析についてはこれ以上踏み込まない．

　吸収線を作る源となる線吸収は，原子やイオンの離散的エネルギー準位間のエネルギー差に相当する，特定の波長の光子だけが吸収されておこる．一方，光球の主たる吸収源である水素のマイナスイオンのように，原子やイオンが電離したり，自由電子にエネルギーを与える際に，広い波長範囲にわたって光を吸収する場合を連続吸収という．

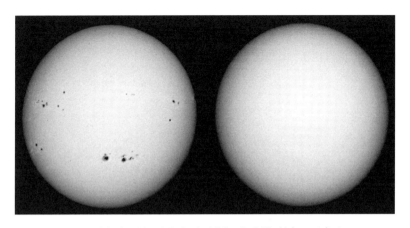

図 **5.2** 白色光で見た太陽表面．活動の極大期（左）には多くの黒点が見られるが，極小期（右）にはまったく見られない．中心から周縁にかけて暗くなっている周縁減光は，光球の温度構造によるものである．左側の太陽像の左縁近くに見られる白い斑点は白斑である（京都大学飛騨天文台）．

5.1.1 光球の平均温度

太陽放射エネルギーのほとんどすべてが光球から放出されているので，その光量の波長による分布や，光量の合計を測定することによって，光球の平均温度を計算することができる．

色温度

太陽光を分光器を通してスペクトルに分解すると，赤から紫までのいわゆる虹の 7 色に分けることができる．観測から求められた太陽放射強度の波長分布は図 5.3 の実線で示されているように，約 550 nm で極大になっており，エネルギーのほとんどは，可視光と赤外線および紫外線の領域で放射されている．一方理論的には，熱力学平衡にある物質（黒体）から放射される黒体放射強度 $B_\lambda(T)$ の波長分布は，式 (5.1) のプランク関数で与えられることが分かっている:

$$B_\lambda(T) = \frac{2\pi hc^2}{\lambda^5} \frac{1}{\exp(hc/k_B \lambda T) - 1}. \tag{5.1}$$

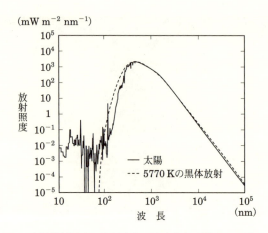

図 **5.3** 太陽放射照度の波長分布．地球大気の外で 1 平方メートルの面積に降り注ぐ 1 nm 当たりの放射照度（Lean 1991, *Rev. Geophys.*, 29, 505）．

ここで，λ は波長，h, k_B, c はそれぞれプランク定数，ボルツマン定数，光速度である．

図 5.3 の破線で示されているのは絶対温度 5770 度の黒体放射強度の波長分布であるが，これが観測と概ね一致していることが分かる．このように放射強度の波長分布から求められた平均温度を，色温度という．

有効温度

色温度が放射強度の波長分布から求められるのに対して，有効温度は太陽からの放射流束から求められる．ここでまず放射強度と放射流束の関係を確認しておくことにしよう．放射強度とは，太陽（星）表面の単位面積から単位立体角の広がりをもって，単位時間に放出される単位波長当たりのエネルギーであり，普通 $I_\lambda(\theta)$ で表す．ここで θ は放射光が太陽表面の法線に対してなす角度である（図 5.4）．一方，放射流束は太陽表面の単位面積からあらゆる方向に単位時間内に放射される光量であるが，ここでは外向きの流束だけを考えるので，$I_\lambda(\theta)$ を用いて

$$F_\lambda = \int_{\text{上半球}} I_\lambda(\theta) \cos\theta \, d\omega = \pi \int_0^{\pi/2} I_\lambda(\theta) \sin 2\theta \cdot d\theta \tag{5.2}$$

と表される．

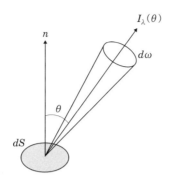

図 5.4 太陽表面上の面積 dS の法線 $\boldsymbol{n}$ に対して，角度 θ の方向で立体角 $d\omega$ 内に放出される放射強度を $I_\lambda(\theta)$ とする．

実際の太陽表面から放射される $I_\lambda(\theta)$ は角度 θ によって違うが，近似的にこれが角度によらないと仮定すると，式 (5.2) は積分できて，外向きの放射流束は簡単に次のようになる：

$$F_\lambda = \pi I_\lambda. \tag{5.3}$$

また上に述べたように，光球からの放射強度は黒体放射でよく近似できるので，I_λ を式 (5.1) の $B_\lambda(T)$ で近似して，全波長について積分すると，光球の単位面積から単位時間内に放射される放射流束は

$$F = \pi \int B_\lambda(T) d\lambda = \sigma T^4 \tag{5.4}$$

となって，光球温度の 4 乗に比例することが分かる．このように放射流束の値から求められる温度を有効温度と呼び，このときの定数 $\sigma = 5.67 \times 10^{-5}\,\mathrm{erg\,cm^{-2}\,s^{-1}\,K^{-4}}$ はステファン–ボルツマン定数と呼ばれている．

ところで，太陽（半径 $R_\odot$）の全表面から放射される放射エネルギー L は宇宙空間に広がって，1 天文単位 R_0 にある地球の場所では，単位面積当たりに降り注ぐエネルギーすなわち太陽定数 S として測定されるので，L と F および S の間には次のような関係式が成り立っている：

$$L = 4\pi R_\odot^2 F = 4\pi R_0^2 S. \tag{5.5}$$

したがって，太陽定数を測定することによって放射流束が求まり，式 (5.4) か

ら有効温度が求まるはずである．我々の生活に非常に重要である太陽定数の値は 19 世紀末から地球上で測定されて，1 分間に 1 cm^2 当たり約 2 cal であることは分かっていたが，最近の人工衛星による観測では，平均して，$S = 1.37 \times 10^6$ erg cm^{-2} s^{-1} という値が得られている．この値と，1 天文単位 $R_0 = 1.5 \times 10^{13}$ cm，太陽半径 $R_\odot = 7.0 \times 10^{10}$ cm を用いて計算すると，太陽の有効温度は約 6000 K であることが分かる．

5.1.2 光球の温度構造

太陽のような恒星は，中心部で起こっている核融合反応で生成されたエネルギーが，放射や対流で表面まで運ばれて輝いているので，中心から表面に行くに従って温度が下降している．光球でも外に向かって温度が下がっていると考えられるが，太陽では他の恒星と違って周縁減光の観測から，深さによる温度変化を実際に定量的に求めることができる．

周縁減光

太陽表面の明るさは図 5.2 を見ても分かるように，中心部から周縁に向かうほど暗くなっており，これを周縁減光という．減光の度合いは光の波長によって異なり，図 5.5 に与えられているように，たとえば 500 nm の波長では，中心付近では緩やかな変化しか見えないが，周縁近くで急激に減少して，中心から太陽半径の 99%外側の縁で，約 1/2 に暗くなる．5 μm の波長では，もっと緩やかにしか減光していないことも分かる．このような周縁減光が起こるのは，光球の温度が外側に向かって低下しているためであり，波長による減光の違いは，波長によって見通せる深さが変わるからである．これらのことは，放射輸送式を用いて以下のように理解することができる．

放射輸送式

図 5.6 のように，光球の底から外向きに測った距離 z と $z + dz$ との間の層を考えよう．この層の下面から，その法線に対して角度 θ で入射した強度 $I_\lambda(z, \theta)$ の光が，上面から $I_\lambda(z + dz, \theta)$ で出て行くとする．この層の単位体積当たりの吸収係数と放射係数を，波長 λ においてそれぞれ κ_λ と ε_λ とすれば，この層を通過する間に吸収される光量と追加される光量はそれぞれ，単位面積当たり

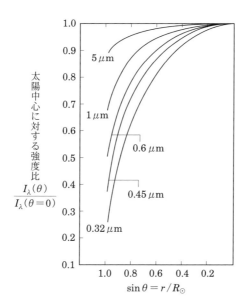

図 5.5 波長による周縁減光の違い．横軸は太陽半径 $R_\odot$ に対する中心からの距離 r の比．赤外の $5\,\mu$m では周縁減光は小さいが，紫外の $0.32\,\mu$m では非常に大きい（Pierce & Waddell 1961, *Mem. Roy. Astron. Soc.*, 63, 89）．

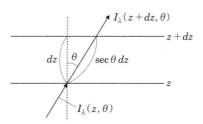

図 5.6 光球の深さ z から入射した強度 $I_\lambda(z,\theta)$ の光が，上層の $z+dz$ から強度 $I_\lambda(z+dz,\theta)$ で出て行く．

$I_\lambda(z,\theta) \cdot \kappa_\lambda dz \sec\theta$ と $\varepsilon_\lambda dz \sec\theta$ と表せるので,次の式が成り立つ:

$$I_\lambda(z+dz,\theta) - I_\lambda(z,\theta) = [\varepsilon_\lambda - I_\lambda(z,\theta) \cdot \kappa_\lambda]\, dz \sec\theta. \tag{5.6}$$

ここで $\cos\theta = \mu$ とおき,また光学的厚さと呼ばれる

$$\tau_\lambda = \int \kappa_\lambda dz \tag{5.7}$$

を用いると,次のような放射輸送式が得られる:

$$\mu \frac{dI_\lambda(\tau_\lambda,\mu)}{d\tau_\lambda} = I_\lambda(\tau_\lambda,\mu) - S_\lambda(\tau_\lambda). \tag{5.8}$$

ここで $S_\lambda(\tau_\lambda)$ は源泉関数と呼ばれ,次のように定義されているものである:

$$S_\lambda(\tau_\lambda) = \frac{\varepsilon_\lambda}{\kappa_\lambda}. \tag{5.9}$$

式 (5.8) を $\tau_\lambda = 0$(光球表面)と $\tau_\lambda = \infty$(光球深部)との間で積分すると,光球表面から放出される強度 $I_\lambda(0,\mu)$ は

$$I_\lambda(0,\mu) = \frac{1}{\mu} \int_0^\infty S_\lambda(\tau_\lambda) \exp\left(-\frac{\tau_\lambda}{\mu}\right) d\tau_\lambda \tag{5.10}$$

と表される.

周縁減光から光球の温度構造を求める

今,源泉関数 $S_\lambda(\tau_\lambda)$ を近似的に τ_λ の 1 次関数と仮定して,太陽中心輝度 $I_\lambda(0,\mu=1)$ で規格化したものを

$$\frac{S_\lambda(\tau_\lambda)}{I_\lambda(0,\mu=1)} = a_\lambda + b_\lambda \cdot \tau_\lambda \tag{5.11}$$

と表せば,これを式 (5.10) に代入して積分することによって,

$$\frac{I_\lambda(0,\mu)}{I_\lambda(0,\mu=1)} = a_\lambda + b_\lambda \cdot \mu \tag{5.12}$$

となる.この式の左辺は周縁減光の観測から測定できるので,a_λ と b_λ の値が決まり,式 (5.11) から源泉関数の深さ変化が求められる.

また,光球では密度が高く,放射とガスとのエネルギー交換が十分に行われているので,局所熱力学平衡が成り立っており,このような場合には源泉関数は,

その場所の温度に対応したプランク関数に等しくなることが分かっている．すなわち，

$$S_\lambda(\tau_\lambda) = B_\lambda(T) = \frac{2\pi hc^2}{\lambda^5}\frac{1}{\exp(hc/k_B\lambda T)-1} \tag{5.13}$$

と表すことができる．このようにして，式 (5.11) と式 (5.13) から，光球の温度 T が深さ τ_λ の関数として求められる．温度構造が分かると，垂直方向の力のつりあい（静水圧平衡）の条件から密度の分布も決められる．

5.1.3 光球の動的構造

これまでの節で述べてきたように，光球では全体としては放射平衡が成り立っているが，光球の下の対流層では，対流によって熱が運ばれているので，その対流の上部が光球まで顔を出している．実際，粒状斑，超粒状斑，中間粒状斑と呼ばれる対流の運動や，その分布の模様が光球で観測される．

粒状斑

小さな望遠鏡で太陽を投影して見ると，黒点や白斑と呼ばれる模様がところどころに見られる以外にはなにも見えず，太陽表面の大半はのっぺりとしている．ところが口径 20 cm くらいより大きい望遠鏡で拡大して見ると，気流のよい状態の下では，太陽全面にわたって小さな粒々の模様が見えてくる．粒状に見えるので粒状斑（granulation）[*1]と呼ばれている．図 5.7 は太陽表面の面積のわずか約 1 万分の 1 の領域を拡大したもので，粒状斑の粒と粒との間は粒状斑間隙（intergranule）と呼ばれる暗い溝で区切られている．

粒状斑の大きさは，最大 2000 km 近いものから 300 km くらいの小さいものまで，いろいろである．典型的なサイズは約 1000 km であり，隣り合う粒状斑の中心間の平均距離は約 1300 km である．平均的な寿命は約 6 分から 10 分間であるが，大きなものほど寿命も長い傾向がある．目立って大きくなる粒状斑は破裂型粒状斑（exploding granule）と呼ばれ，明るく膨張しながら真ん中に黒い穴ができて，そこから 2–5 個の小片に分裂する．

[*1] 粒々のひとつひとつをグラニュール（granule），その集合としての対流現象を granulation と呼んで区別する．

図 5.7 光球全面に見られる粒状斑．1個の平均的な大きさは約 1000 km．粒状斑の境界のところどころに見られる小輝点の大きさは約 150 km で，そこには強い磁場が集まっている（ひので衛星搭載の光学望遠鏡 SOT による）．観測波長は G バンド (430 nm)．

分光観測によって，フラウンホーファー線のドップラー偏移から粒状斑の上下運動速度を調べると，連続光で明るい部分（粒状斑）で吸収線が短波長側に，暗い部分（粒状斑間隙）で長波長側にずれていることが分かる．すなわち，明るく高温の中心部分が上昇して，周縁の低温で暗い間隙から下降しているわけで，これはまさに対流運動の特性とよく合っている．上昇と下降の相対速度は 1–$2\,\mathrm{km\,s^{-1}}$ である．この速度で，粒状斑のサイズの半分である 500 km を割ると，約 6 分となり，粒状斑の寿命に相当する．放射平衡の成り立っている光球で，対流運動が見られることは一見矛盾しているようであるが，対流層最上部で励起された対流が，光球まで侵入しているものと考えることができる．

対流の発生条件は 2.2, 2.4 節で述べた．粒状斑に対応する対流の発生は，水素の電離によるものと考えられている．すなわち，水素が電離し始めるとガスの比熱が大きくなるので，それに反比例して断熱温度勾配が小さくなり，対流が発生すると考えられる．実際，内部構造モデルの計算によると，表面から約

2000 km の深さで水素の電離は約 50%に達しているので,観測される最大の粒状斑がこのあたりの深さで発生していると考えることができる.

　我々が直接見ることのできる深さは,もっとも連続吸収の小さい $1.6\,\mu\mathrm{m}$ の波長で見ても,光球の底($\tau_{0.5\,\mu\mathrm{m}} = 1$ となる層)よりも 50 km 足らずまでであるので,光球の下で発生しているこのような対流の具体的な運動やエネルギー輸送の実態を直接見ることはできないが,日震学的観測や理論数値シミュレーションによる内部診断が最近盛んに行われるようになっている(3 章参照).

超粒状斑

　粒状斑は,高空間分解能の望遠鏡を用いれば連続光で見ることができるが,超粒状斑は連続光の明暗の模様としては見えず,3.1.1 節に述べたように,フラウンホーファー線を用いた速度場測定の手法により発見された.米国のレイトンたちは 1962 年から 1964 年にかけて,ウィルソン山天文台の 65 フィート太陽塔望遠鏡の分光太陽写真儀を用いて,太陽表面の 2 次元速度場の写真を撮影した結果,図 5.8 のように,同心円状に太陽面上を覆うきれいな速度場のパターンを発見したのである.

　さて,もう一度図 5.8 に戻って,太陽全面の速度場をよく見てみよう.太陽の中心付近はのっぺりとして模様が見えないが,中心から約 1/4 半径くらいより外側では,白黒の明暗のまだら模様が全面に見られ,その明暗の間隔は縁に近づくほど狭くなることに気付くであろう.ここで,白は我々に近づく方向,黒は遠ざかる方向の速度を表している.まず,中心付近で見えないということは,この速度場は太陽面に平行な水平運動であることを示している.また,白黒のペアのうち,白は太陽中心側で黒は縁側に位置していることに着目すれば,この水平方向の流れはその白黒模様の中心から湧き出して,互いに逆向きに流れ出している対流であることが分かる.その模様の大きさは約 30000 km で,粒状斑に比べて非常に大きいので,超粒状斑と呼ばれている.水平流の速さは約 0.3–$0.5\,\mathrm{km\,s^{-1}}$ で,一つの超粒状斑の寿命は 20 時間から 40 時間である.超粒状斑の上昇流と下降流の速度は非常に小さいので,なかなか検出されなかったが,最近の高精度の観測によると,超粒状斑の中心付近で約 $50\,\mathrm{m\,s^{-1}}$ の上昇流が,周縁付近で約 $100\,\mathrm{m\,s^{-1}}$ 程度の下降流が検出されている.このように観測される速度の垂直成

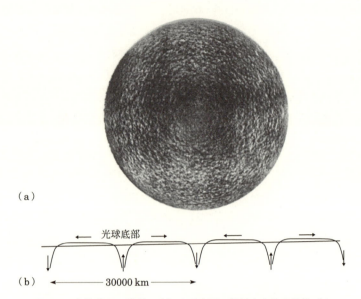

図 5.8　超粒状斑の発見．(a) 光球全面の視線方向速度場像（カリフォルニア工科大学ウィルソン山天文台）．太陽中央部はのっぺりしているが，その外側全面に白黒交互に細長い約 30000 km 程度の模様が見られる．最外縁部では白黒が接近するため，再びのっぺりして見えている．中央部で見えないことから，この速度場は水平なガスの流れを表していると考えられる．(b) 超粒状斑のモデル．光球では水平運動が主で，垂直方向の運動成分は非常に小さい．

分が水平成分に比べて非常に小さいのは，図 5.8 (b) のように，対流の上層だけがわずかに光球の底部に顔を出しているためと考えられる．超粒状斑の温度分布（すなわち明るさ分布）の検出も，同様な理由で非常に難しい．対流であれば，粒状斑と同じように中心で明るく周縁で暗いはずであるが，このようなはっきりした差異はまだ観測されていない．

一方では，後の節でも述べるように，超粒状斑と彩層網状構造（5.2.4 節参照）の間には，非常にはっきりしたよい相関が観測されている．すなわち，カルシウムイオンの H 線（396.4 nm）あるいは K 線（393.4 nm）の単色像で見ると，超粒状斑の境界に沿って明るい網目状の構造が見られ，Hα 線翼の単色像では，

そこからスピキュールと呼ばれるジェットが噴出しているのが観測される（図 5.19 参照）．また，光球磁場は超粒状斑の境界で顕著に強いことも明らかになっている．これは対流の流れで磁場が境界に掃き集められるためであると考えられている．

超粒状斑の発生には，ヘリウムイオン（He^+）の電離が効いていると考えられている．実際，内部構造モデルによると，約 20000 km の深さで 50%のヘリウムが 2 階電離して He^{++} となっている．

その他の対流

1980 年代に入って，粒状斑と超粒状斑の中間的なサイズを持つ対流として，中間粒状斑が発見された．この発見は粒状斑の場合とも超粒状斑の場合とも違って，垂直速度成分の検出によるものであった．ノベンバー（L.J. November）らは中性マグネシウムの波長 517.3 nm の吸収線を用いて作成した速度場から，粒状斑と超粒状斑や 5 分振動成分などの速度成分を差し引いた後に，平均して約 $60\,\mathrm{m\,s^{-1}}$ の垂直成分を持った 7000 km くらいの大きさの網目模様が残ることを発見して，これらを中間粒状斑と命名したのである．その後水平方向の速度は，粒状斑の動きを追跡するのに用いた局所相関追跡法によって，$500\,\mathrm{m\,s^{-1}}$ から $1\,\mathrm{km\,s^{-1}}$ の間の値が得られている．寿命は約 1–2 時間である．明るさのコントラストについてはまだはっきりしたものが得られていないが，これがやはり対流であるとした場合は，ヘリウム原子の電離に関係していると考えられている．実際，内部構造（5.2.4 節参照）のモデルによるとヘリウム原子の電離が 50 %に達するのは，約 6000 km の深さである．

最後にさらに重要なものとして，以前からその存在が予言されている大規模対流（giant convection）について述べておかねばならない．活動領域が発生しやすい経度（活動経度）が数か月間続くことはよく知られており，これがこの大規模対流によって制御されているのではないかと推察されている．また，太陽面上に規則正しい間隔をおいて並ぶ $H\alpha$ フィラメントの配置も，このような巨大セルの存在をうかがわせるものである．このような大規模対流の存在は，太陽の差動自転の起源や太陽の周期活動の原動力に関係していると考えられるので，非常に重要である．これを検出するために，超粒状斑や彩層網状構造をトレーサーとした水平速度の検出や，分光観測による視線方向速度の測定を太陽全面にわたって

行うなど多くの試みがなされてきているが，その確実な証拠となる安定した信頼できるデータは，まだ得られていないのが現状である．

5.2 彩層

5.2.1 概観

皆既日食は数ある天体ショーのなかでも，もっとも神秘的なものであろう．月と太陽が地球から見てほぼ同じ大きさに見えるということからしても，絶妙に演出されている．皆既日食があったからこそ，我々はコロナと彩層の存在を知ったのである．

月が光球を完全に隠した直後と，皆既が終わり光球が再び月の裏から姿を現す直前に，淡紅色に輝く層が十数秒間現れる．注意深い昔の日食観測者によって発見されたこの層は，その鮮やかな色彩から彩層（chromosphere）と名付けられた．この彩層の正体を調べるために，皆既の直後および皆既終了直前の分光観測が1940年代から1970年代初頭にかけて盛んに行われた．短時間だけ輝く彩層の分光スペクトルは閃光スペクトル（フラッシュスペクトル）とも呼ばれ，図5.9にその例が掲載されている．光球が残っているときに見えていた吸収線が，光球が月によって完全に隠される前後に，輝線へ見事に変身する様子を見ることができる．輝線の見えている時間はスペクトル線の種類によって大きく異なる．大多数を占める弱い金属線は数秒で見えなくなるが，水素の $H\alpha$ 線（6563 Å），$H\beta$ 線（4861 Å），ヘリウムの D3 線（5876 Å）などの強い輝線は 20–30 秒間くらい見えており，このことから彩層が光球より上に数千 km から 1 万 km 近くまで伸びていることが分かる．

このように，閃光スペクトル中の電離状態や励起状態の異なるさまざまな輝線の強度変化の測定から，彩層の温度や密度構造が次第に明らかにされた．またスペクトルの輝線輪郭の測定から，彩層の速度場の解析が進められた．さらに観測の分解能が向上するにつれて，彩層の中部から上部は一様な層ではなく，スピキュールと呼ばれる針状のジェットの集合体であることも明らかになってきた．

このスピキュールの針状の構造は，水素の $H\alpha$ 線のスペクトロヘリオスコープや狭帯域透過フィルターを用いれば，皆既日食外でも見ることができる．古くは

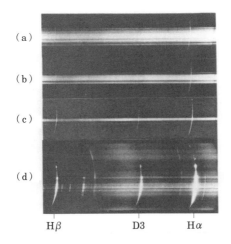

図 **5.9** 1970 年のメキシコでの皆既日食で撮影された，太陽彩層とコロナのフラッシュスペクトル（京都大学観測隊撮影）．(a)–(c) で光球の連続光が細くなり，(d) では皆既となって，彩層の輝線とコロナの輝線が同時に写っている．(a) では水素 Hα，ヘリウム D3 以外はまだ吸収線（暗線）で見られるが，皆既直前の (c) では，すでにほとんどすべての金属線も輝線となっている．

1871 年のセッキ（A. Secchi）のスケッチに，スピキュールらしい構造がすでに描かれている．図 5.10 は，その約 100 年後に，Hα リオ・フィルター（4.1.2 節）を用いて撮影された彩層の高分解像である．Hα 線の中心波長では，視線方向に多くのスピキュールが重なり合って分解されず層状に見えるが，Hα 線翼では，視線速度の大きいスピキュールだけが，ドップラー効果により分解して見えている．H$\alpha+0.9$ Å あるいは -0.9 Å で見えているものは，視線速度成分が約 20–50 km s^{-1} の高速度で噴出しているジェットである．このように，数千 km の幅を持つと考えられていた彩層はもはや層ではなく，その中部・上部はスピキュールの集合体であることが明らかになったので，これから本節では彩層とスピキュールを区別して考えることにする．とはいえ，スピキュールの発生機構やその根元の高さがまだ解明されていないので，彩層とスピキュールの境は必ずしも明確ではない．ここでは以下で述べる VAL の温度構造モデル（図 5.12）に従って，温度最低層からその上約 1500 km までの間を彩層と呼ぶことにしよう．

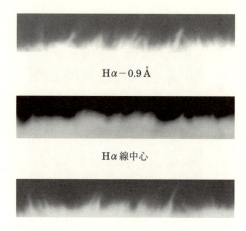

図 5.10 Hα フィルターで撮影された彩層の高分解像(京都大学飛騨天文台).Hα 線中心の波長では,多くのスピキュールが重なり合って層状に見えるが,中心から 0.9 Å 離れた波長では,視線方向に約 20–50 km s^{-1} の高速で運動しているスピキュールが分解して見える.

5.2.2 彩層の温度構造

5.1.2 節で述べたように,光球の温度は外側に向かって下がり続けていることが分かっているが,皆既日食の観測からは,光球の外側には数千度から 1 万度の彩層とスピキュールがあり,さらにその上に,温度が 100 万度を超える高温コロナが広がっていることも明らかになった.このため,光球から彩層にいたる温度の反転がどこでどのようなメカニズムで起こるのか,いい替えると,彩層とコロナがどのようにして加熱されているのかが,現在の太陽物理学の重要な問題の一つになっている.

中心輝度の測定から光球・彩層間の温度構造を求める

それでは実際に,光球の温度はどこまで下がっているのだろうか? また,その後彩層に向けてどのように上昇しているのだろうか? ここではまず,温度最低層を挟んで,光球から彩層への温度反転領域の構造を詳しく調べてみることにしよう.高さによる温度変化を求めるには,5.1.2 節で用いたように,太陽中

から周縁にいたる輝度変化を使う方法のほかに，中心輝度の波長変化から求める方法がある．以前は地上から観測できる波長領域は限られていたが，1960 年代後半から 1970 年代初頭にかけて，ロケットや人工衛星による大気圏外からの観測が可能となり，紫外線や極端紫外線の絶対強度のデータが得られるようになったので，光球から彩層にいたる温度構造の精密な決定が可能になった．

前節の式（5.11）と（5.12）より，

$$I_\lambda(\tau_\lambda = 0, \mu = 1) = S_\lambda(\tau_\lambda = 1) \tag{5.14}$$

であるので，波長 λ での太陽中心輝度 $I_\lambda(0, \mu = 1)$ を測定すれば，光学的厚さ $\tau_\lambda = 1$ の深さでの源泉関数 $S_\lambda(\tau_\lambda = 1)$ が求められる．さらに式（5.13）を用いれば，

$$I_\lambda(\tau_\lambda = 0, \mu = 1) = B_\lambda(T_\mathrm{b}) = \frac{2\pi hc^2}{\lambda^5} \frac{1}{\exp(hc/k_\mathrm{B}\lambda T_\mathrm{b}) - 1} \tag{5.15}$$

$$T_\mathrm{b} = T \quad (\tau_\lambda = 1) \tag{5.16}$$

となり，太陽中心輝度の測定から，$\tau_\lambda = 1$ の深さにおける輝度温度 T_b を求めることができるのである．また図 5.11 に示されているように，$\tau_\lambda = 1$ となる幾何学的な深さ z_λ は式（5.7）より，

$$\tau_\lambda = \int_{z_\lambda}^{\infty} \rho\, k_\lambda dz = 1 \tag{5.17}$$

で与えられる（k_λ は単位質量あたりの吸収係数，ρ は密度）．すなわち

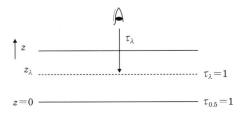

図 **5.11** 外層大気の高さ z の基準．波長 5000Å の光で見通したときの光学的深さ $\tau_{0.5}$ が 1 となる深さを $z=0$ と定義する．

$$z_\lambda = \int_0^1 \frac{d\tau_\lambda}{\rho k_\lambda} \tag{5.18}$$

となるので，吸収係数の波長変化と密度分布が与えられれば，式 (5.15)，(5.16)，(5.18) を用いて大気中の温度分布が求められる．

ただ密度分布は，静水圧平衡の仮定のもとで温度分布から決まるものであり，また大気中の各高さでの吸収係数も温度，密度分布に依存するので，簡単ではない．まず第 1 次近似の温度分布をもとに，密度や吸収係数を計算して z_λ を求め，その波長の中心輝度から求めた輝度温度から第 2 次近似の温度分布を求める．この手順を繰り返して，できるだけ多くの波長の中心輝度の観測値に適合した温度，密度の大気モデルを求めていくのである．現在もっともよく使われている標準モデルは，1973 年のスカイラブ衛星の観測データから得られたもの（図 5.12）で，論文の著者三人（J.E. Vernazza, E.H. Avrett, R. Loeser）の頭文字をとって VAL のモデルと呼ばれている．

図 5.12 に示されている温度は，彩層網状構造の内側領域の平均値を与えるものであり，網状領域の境界領域では，これらより約 200 度から数百度高温の値が得られている．高さの原点（0 km）としては $\tau_{0.5} = 1$，すなわち波長 $0.5\,\mu$m（5000 Å）での光学的厚さが 1 となる深さを取っている（図 5.11）．波長 $1.6\,\mu$m の赤外線を使うと，これより約 50 km 下のもっとも深い層を見ることができるが，通常はこの $\tau_{0.5} = 1$ の深さを光球の底部と呼ぶ．そこから約 500 km 外側で温度は約 4200 度まで下がり，その温度最低層から約 1500 km 上層で急激に温度が上昇しているのが見られる．この間の比較的平坦な温度上昇領域を彩層と呼ぶ．これより上は，コロナと接しているので，1 万度から 100 万度への急激な温度上昇が非常に薄い領域を通して起こっている．この領域を遷移層と呼んでいるが，ここではもはや定常的モデルは成り立たず，激しく変化する動的な物理を考えなければならない（5.3.3 節）．

図 5.12 のグラフの中に引かれている横棒は，水素の Hα 線とか，電離カルシウムの K 線，あるいは紫外線や赤外線，mm 波の連続光などが形成される大気の深さを示している．これらについては，5.2.4 節でもう一度考えることにする．

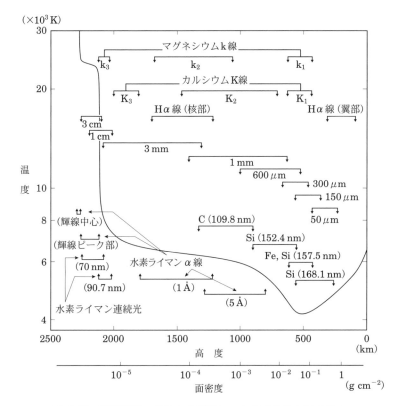

図 5.12 静穏領域の光球から彩層にいたる平均的大気モデル．温度分布のほか，いろいろな波長の連続光やスペクトル線が形成される深さも示している（Vernazza *et al.* 1981, *ApJS*, 45, 635）．

5.2.3 スピキュールの物理的性質

図 5.10 の写真に見られるように，スピキュールは彩層下部から針状に飛び出しており，ジェットのような形をしている．その直径は 400 km から 1500 km と大小さまざまであるが，平均すると約 600 km くらいの太さを持っている．長さは Hα 線で見ると約 6000 km から 10000 km まで伸びているものが多いが，なかには 20000 km に達するものもある．寿命は 5 分から 10 分くらいのものが多いが，15 分間くらい続くものもある．この間の上昇速度については，平均して約 25 km s^{-1} という観測が多いが，スピキュールの先端の高さを時間的に追跡し

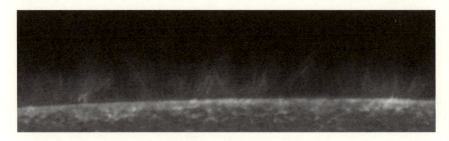

図 5.13　ひので光学望遠鏡カルシウム H 線フィルターで撮影された スピキュールの高分解写真．動画ではスピキュールの筋模様が横揺れする様子が見られる．

た高空間分解能の観測からは，弾道運動を示す結果が得られており，この場合打ち上げ初速は約 $80\,\mathrm{km\,s^{-1}}$ から $100\,\mathrm{km\,s^{-1}}$ でなければならない．また，最近の分光観測からも，このような大きな速度を示すスピキュールの存在が確認されている．このことはスピキュールが，彩層下部で何らかの原因で爆発的に加速されていることを示唆している．

「ひので」衛星のカルシウム H 線フィルターによる高分解観測では，図 5.13 のように，非常に細いスピキュール・ジェットから成っている彩層の姿をより鮮明に見ることが出来る．また，この高分解観測から，スピキュールを伝わる横揺れの波が初めて観測されたが，これはスピキュールに沿った磁力線を伝わるアルヴェン波が捉えられたものと考えられている．

スピキュール・ジェットの噴出によって，単位面積から毎秒流れ出す陽子数は $n_\mathrm{p} v q$ で与えられる．ここで n_p はスピキュール中の陽子の平均個数密度で，v はスピキュールの平均速度，q は太陽面上でスピキュールが占めている占有面積率である．この節の後半で述べるように，スピキュールは太陽表面上では図 5.15（134 ページ）や 5.16（135 ページ）に見られるような彩層網状構造の縁から噴出している黒い筋模様（ダーク・モトル，dark mottle）として観測され，その面積占有率から $q \simeq 6 \times 10^{-3}$ が求められる．これまでのいろいろな観測を総合すると，スピキュール中部から上部では水素はほぼ完全に電離しており，$n_\mathrm{p} \simeq n_\mathrm{e} \simeq 10^{11}\,\mathrm{cm^{-3}}$ である．また，上に述べたように平均速度として $v \simeq 2.5 \times 10^6\,\mathrm{cm\,s^{-1}}$ を採用すると，

$$n_\mathrm{p} v q \simeq 1.5 \times 10^{15}\,\mathrm{cm^{-2}\,s^{-1}} \tag{5.19}$$

となるが，これは太陽風で流出している陽子流量の100倍にも相当する量である．このことから，スピキュールの大半は噴出した後，同じ場所あるいは彩層網状構造の別の場所に落下するなど，再び太陽表面に戻ってきていると推測することができる．

次に，スピキュールによって運ばれる運動エネルギーの総和を計算してみよう．陽子密度に陽子の質量を乗じた質量密度は $\rho = 1.67 \times 10^{-24}\,(\mathrm{g}) \times n_\mathrm{p} \simeq 1.67 \times 10^{-13}\,(\mathrm{g\,cm^{-3}})$ となるので，単位面積当たりから毎秒コロナに流入するスピキュールの運動エネルギーは

$$K_\mathrm{s} = \frac{1}{2}\rho v^3 q \simeq 5 \times 10^3 \quad [\mathrm{erg\,cm^{-2}\,s^{-1}}] \tag{5.20}$$

となる．これは静穏コロナのエネルギー損失 $3 \times 10^5\,\mathrm{erg\,cm^{-2}\,s^{-1}}$（表8.1）より2桁小さいので，スピキュールの運動エネルギーではコロナを加熱できないことが分かる．

5.2.4 彩層網状構造

図5.14（134ページ）のように水素の Hα 線の中心波長でみると，まず右上と左側縁近くの黒点群とその周辺の明るいプラージュ（plage）が目を引くであろう．また，左下，右下と右上領域などに見られる黒い筋状の構造はダーク・フィラメントと呼ばれるもので，右側の太陽縁などに見られる紅炎（プロミネンス）と同じ種類の現象である．左側の黒点領域から右上の黒点領域を結ぶ帯域はうっすらと明るいが，これらは黒点領域が衰退したあとのプラージュである．このように，黒点領域（活動領域とも呼ぶ）とその周辺のプラージュ領域やフィラメントを除く領域を，静穏領域と呼ぶ．静穏領域は Hα 線中心の光では比較的のっぺりとしているが，図5.15の H$\alpha + 0.6$ Å像のように，Hα 線中心から離れた波長で見ると，静穏領域全面が黒い網目模様で覆われていることが分かる．これらは彩層網状構造，あるいは，彩層ネットワークと呼ばれるものである．

この網目模様を拡大した図5.16をよく見ると，草のような細い筋模様に分解される．この黒い筋模様は，彩層下部からコロナに向かって噴出しているスピキュールを，真上から撮影したものである．ここで注目してもらいたいのは，網

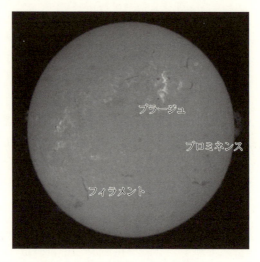

図 **5.14** Hα 線中心で見た太陽像．明るい模様はプラージュで，黒い筋模様はダーク・フィラメント．黒点領域のプラージュは磁場が強く特に明るく見える（京都大学飛騨天文台・SMART 望遠鏡）．

図 **5.15** 図 5.14 とほぼ同時刻に撮影された Hα+0.6 Å 像．活動領域やフィラメントの下以外では，黒い網目模様（彩層ネットワーク）で覆われている（京都大学飛騨天文台・SMART 望遠鏡）．

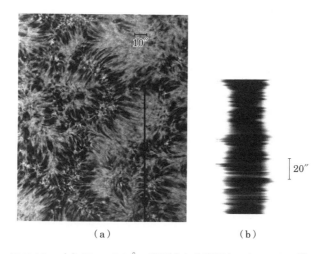

図 **5.16** (a) $H\alpha - 0.6$ Å で撮影された彩層ネットワークの微細構造.ネットワークが細い針のような構造(スピキュール)の集合であることが分かる.スピキュールの根元には小さい輝点が見られる.右下方の黒い線は分光器のスリットで,その部分の $H\alpha$ スペクトルが (b) に示されている.$H\alpha$ スペクトルは微細構造の集合であり,彩層ネットワークの縁(スピキュール)に相当する部分のスペクトル線幅は,ネットワーク内部に相当する部分のスペクトル線幅より広い(京都大学飛騨天文台・ドームレス太陽望遠鏡).

目模様に沿ってたくさん見られる明るい輝点である.黒い筋の根元に輝点が対応しているので,これらの輝点からスピキュールが噴出していると推測できる.しかしこのような高空間分解の写真は,地上では最良のシーイング条件のときにしか見られないので,輝点とスピキュールの時間的な変化を連続的に追跡することは容易ではない.また上昇中と下降中のスピキュールが混在しているので,これらを分離しながら,輝点とスピキュール・ジェット発射との詳細な因果関係を解明するためには,今後さらに複数の波長で高分解能の連続観測が必要である.

彩層網目構造は,電離カルシウム(Ca II)の H 線または K 線の単色像で,よりはっきりと見ることができる.図 5.17 は K 線の分光太陽単色像であるが,特殊な方法で撮影したものであるので,少し説明が必要である.まず分光太陽単色像とは,分光器で分光されたスペクトル線内の特定の波長の光のみで太陽像を走

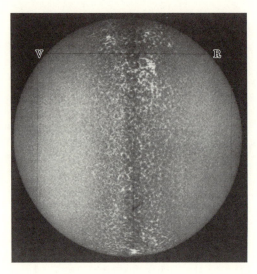

図 5.17 カルシウム K 線の分光単色像．太陽面を走査しながら同時に，K 線の輪郭に沿って波長も変化させながら撮影されたものである．したがって太陽像の中心線領域は K_3 の波長で，その両側は K_2 で，さらにその両側は K_1 の波長での単色像となっている（カリフォルニア工科大学ウィルソン山天文台）．

査して，単色像を得たものであるが，図 5.17 の場合は，太陽を走査しながら同時に，K 線の輪郭に沿って波長も変化させながら撮影したものである．H 線と K 線は図 5.18 のエネルギー準位図に示されているように，電離カルシウムの共鳴線であるので，非常に広い輪郭を持ち，太陽の可視光スペクトル中ではもっとも強い吸収線となっている．吸収線では，その中心に近い波長ほど吸収が強くなるので，大気の浅い層をみることになる．図 5.12 に示されているように，K_1 の波長の光では光球上部から温度最低層を，K_2 の波長では彩層下部を見ていることになる．5.2.2 節で述べたように，ここらあたりまでは十分密度が高く，熱力学平衡が成り立っており，放射がその場の温度をよく反映しているので，K_1 から K_2 にかけての吸収線強度の上昇は，温度最低層から底部彩層にいたる温度上昇を近似的に反映していると考えられる．一方，K_3 部の波長の光は彩層上部から出てきているが，ここではもはや熱力学平衡が成り立たず，吸収線中心部は真の吸収ではなく，散乱によって形成されるので，温度の上昇とは関係なく，再び

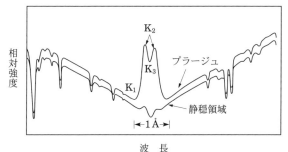

(a) カルシウム K 線の輪郭

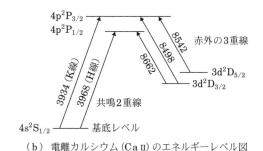

(b) 電離カルシウム（Ca II）のエネルギーレベル図（低エネルギー部のみ）

図 5.18 (a) カルシウム K 線の輪郭. 下側は静穏領域, 上側はプラージュのもの（White & Livingston 1981, *ApJ*, 249, 798）. (b) HK 線（共鳴 2 重線）と赤外の 3 重線の遷移に関わる電離カルシウム（Ca II）のエネルギーレベル.

強度が下がっている．このようにして H 線と K 線は，図 5.18 のように複雑な形をしているが，特に磁場の強いプラージュのところでは，H_2 および K_2 の強度が静穏領域に比べて高くなって観測される．

さて，図 5.17 は K 線内の波長を変えながら太陽を走査して撮影されているので，ちょうど太陽の中心部は K_3 の波長で，その両側が K_2 付近の波長でといったように次第に波長が変化しており，K 線内の各波長で観測される太陽表面の模様を連続的に比較して見ることができる．この像から，彩層網目状構造が K_2 の波長付近で非常にきれいに見られることがお分かりいただけるであろう．

ところで図 5.15 や 5.17 の網目構造を見て，前節で述べた超粒状斑のパターン

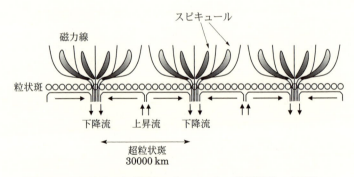

図 5.19　超粒状斑と彩層ネットワークとの位置関係．水平流で超粒状斑の縁に集められた磁場に沿って，スピキュールがコロナに向かって噴出している．

によく似ていると思った方は多いと思われる．実際まさにその通りで，彩層ネットワークと超粒状斑の位置は完全に一致しており，対流が沈み込んでいる超粒状斑の境界に，彩層ネットワークが対応している．さらに光球磁場の観測から，網目の境界では光球磁場が強く，ネットワーク内部では磁場が弱いことも分かっている．これらの事実から，超粒状斑の水平運動によって磁場が境界に掃き寄せられて強くなっていること，またそれらの磁場によるエネルギー解放のために，彩層では網目の境界が内側より温度が高く，カルシウム K 線で明るく見えていること，またそこからスピキュール・ジェットが放出されていることなどが統一的に理解できる．図 5.19 では，以上のような超粒状斑，彩層ネットワーク，磁場およびスピキュール相互の位置関係が模式的に表されている．このように，スピキュールの発生には磁場が重要な役割を演じていることは明らかである．

スピキュールの発生メカニズムとしてもっとも多く研究がなされているのは，衝撃波モデルである．波の発生源としては，粒状斑の速度パルスやランダムな回転運動，5 分振動，あるいは爆発的な圧力パルスなどが考えられている．しかしいずれの場合でも，初速 80–100 km s^{-1} で 10000 km 近くまで上昇するスピキュールを説明することができていない．次に有力なメカニズムとして磁気リコネクション（7.3 節参照）が考えられているが，彩層ネットワークで観測される磁場は単極がほとんどを占めていることが，この説の難点となっている．しかし，今後さらに高空間分解でかつ高精度の磁場観測が可能になれば，主要な磁極

の近くに微小な異極の磁場が存在したり，粒状斑の複雑な運動でねじられた磁場相互間でリコネクションが起こっていることなどが観測されて，輝点発生からスピキュール噴出にいたる過程が明らかになってくるかも知れない．

5.2.5 彩層ネットワーク内側の微細構造

5.2.4 節でネットワークの境界からスピキュール・ジェットが発生していることを知ったが，それではネットワーク構造の内部にはどのような微細構造が見られるであろうか．図 5.17 で，網目の内側に注目してみよう．短波長側の K_2 付近（K_2v と呼ぶ），すなわち真ん中を走る暗い溝模様の左側に，多くの小さな輝点が見えることに気付くであろうか？ これらは K_2 の長波長側でも見えるが，短波長側で顕著に見られ，カルシウム輝点または K_2 グレインと呼ばれているものである．また面白いことに，これらの輝点は，約3分周期で明るくなったり暗くなったりしていることも分かっている．

それでは $H\alpha$ 線では，ネットワーク内部に何が見えるのであろうか？ 図 5.20 のように $H\alpha - 0.6\,\text{Å}$ の波長で高分解能の写真を撮ると，多くの小さな暗点が見

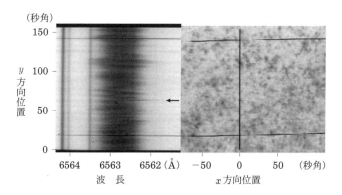

図 **5.20** $H\alpha - 0.6\,\text{Å}$ の単色像（右）で見られる彩層ネットワーク内部の $H\alpha$ グレイン．写真の中の縦線は分光器のスリットで，二つの横線は位置を決めるための基準線である．このスリットの部分の $H\alpha$ スペクトルが左の写真に示されている．矢印が示している，強く短波長側へずれた非常に細い筋が，グレインの典型的なスペクトルである（京都大学飛騨天文台・ドームレス太陽望遠鏡）．

られる．これらはやはり約3分周期で消長を繰り返しているので，Hα グレインと呼ぶことにしよう．図 5.20 の左側の分光写真では，短波長側に大きくずれた細い吸収線（矢印）が典型的な Hα グレインのスペクトルであり，大きな上昇速度を示している．

　カルシウム輝点と Hα グレインの関係を見ると，両者の変動は同期しており，Hα 線が大きな上昇速度を示すときにカルシウム K 線の幅がもっとも大きく，強い乱流が発生していることを示唆している．また Hα 線が大きな下降速度を示すときに，カルシウム K 線の強度が最大になる．これらの観測結果は，超音速の衝撃波が彩層に発生し，衝撃波のエネルギー解放によってカルシウム輝点が増光し，大きな乱流が発生していることを示しているといえる．

　一方，プラズマの放射過程と波動および衝撃波の力学過程を同時に解いた理論シミュレーションからも，光球の運動で励起された波が彩層で増幅されて，高度 1000 km 付近で衝撃波となることが確認されている．このモデルによると，上の観測結果は，先行する衝撃波の下降流に次の衝撃波が衝突して，より大きな衝撃波が形成され，これによってできた高温部分がカルシウム輝点であるということになる．まだこのモデルでは磁場を考慮していないが，カルシウム輝点や Hα グレインがネットワーク内部の微細磁気要素に対応しているという観測結果も出されている．そのため，今後磁場とカルシウム輝点および Hα グレインとの詳細な関係についての観測や，磁場を考慮した理論シミュレーションが，ネットワーク内部の彩層についても必要である．これによって，図 5.12 のような一様定常モデルでは理解できない，非定常な彩層の姿がより詳細な物理過程とともに明らかになってくるであろう．

5.3　遷移層

5.3.1　遷移層とは

　遷移層とは，およそ $T_e \simeq 10^4$ K 程度の彩層と $T_e \geq 10^6$ K のコロナを繋ぐ太陽大気層のことで，彩層–コロナ遷移層と呼ぶのが正確である．急激な温度勾配に象徴され，幾何学的には非常に薄い距離を隔てて，電子温度で 2 桁程度のジャンプがある．光球より高温の光学的に薄い大気層（コロナ下部，遷移層）のエネ

ルギー収支は

$$\nabla \cdot (F_{\rm r} + F_{\rm cond} + F_{\rm m}) = 0 \tag{5.21}$$

という式で記述される．ここで $F_{\rm cond}$ はコロナからの熱伝導エネルギー流速，$F_{\rm r}$ は放射損失，$F_{\rm m}$ は外層大気層に注入される熱以外のエネルギー流速（非熱的エネルギー，機械的エネルギーとも呼ぶ）を表している．このうち遷移層においては通常，観測的には，$F_{\rm cond} \simeq F_{\rm r}$ が成り立つので，遷移層に注入される非熱的エネルギー流速は無視できる．遷移層は，コロナから流入する熱伝導エネルギー流速を放射損失により処理している大気層である，ということができる．

5.3.2 微分エミッションメジャー

このような光学的に薄い高温希薄なプラズマの放射強度は，4.3.1 節で見たように，エミッションメジャーを使って書き表すことができる．プラズマの電子温度 $T_{\rm e}$ が一様であれば，寄与関数 $G(T_{\rm e})$（式（4.18）参照）は体積積分の外側に括りだすことができる．しかし，そうでなくても，寄与関数は $T_{\rm e}$ に対して鋭いピークを持つ関数であるので，寄与関数が最大になる温度 $T_{\rm m}$ におけるエミッションメジャーを推定することができる:

$$\begin{aligned} I = \beta \int G(T) n_{\rm e}^2 dV &\simeq \beta G(T_{\rm m}) \int n_{\rm e}^2 dV \\ &\simeq \beta G(T_{\rm m}) S \int n_{\rm e}^2 dh. \end{aligned} \tag{5.22}$$

遷移層では，彩層温度からコロナ温度までの種々の温度で形成される，種々の元素イオンの輝線放射が紫外線域に豊富に存在するので，これらの輝線を用いることにより，電子温度に対するエミッションメジャーの分布を知ることができる．図 5.21 はそのようにして求めた，静穏太陽のネットワークと超粒状斑中心領域のエミッションメジャーの温度分布である．

遷移層のように温度勾配の存在が明らかな場合には，以下のような微分エミッションメジャーの考え方を導入することができる．微分エミッションメジャー（DEM）の定義は次の式で与えられる:

$$n_{\rm e}^2 dV \equiv \xi(T) dT. \tag{5.23}$$

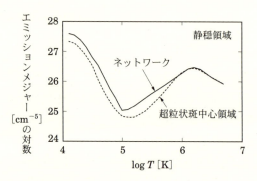

図 5.21 静穏太陽のネットワーク（実線）と超粒状斑中心領域（破線）のスペクトルを用いて求めた，エミッションメジャーの電子温度分布．ここでは $\Delta \log T = 0.1$ の範囲で積分している（Mariska 1992, *Solar Transition Region*, p.79）．

この定義式を式 (5.22) に代入すると

$$I = \beta \int G(T) n_e^2 dV = \beta \int G(T) \xi(T) dT \tag{5.24}$$

となって，エミッションメジャーの体積積分は，DEM に関する温度積分に変換される．特に遷移層プラズマの場合には，

$$dV = dSdh, \qquad \frac{dT}{dh} \equiv \nabla T \tag{5.25}$$

とおけば

$$I = \beta \int G(T) \frac{n_e^2}{\nabla T} dSdT \tag{5.26}$$

となり，DEM $= n_e^2 dS/\nabla T$ とすることができる．

通常の遷移層は，5.3.1 節で見たように，コロナからの熱伝導エネルギー流速を放射損失によりエネルギー収支をとっている領域と解釈できるので，その温度勾配は，式 (5.21) のように熱伝導流速が決めていると考えられる．熱伝導エネルギー流速（F_c）は

$$F_c \simeq \kappa T^{\frac{5}{2}} \frac{dT}{dh} \tag{5.27}$$

と書き表せ，もしこの値が遷移層内で一定であるとすると，式 (5.26) 中の ∇T

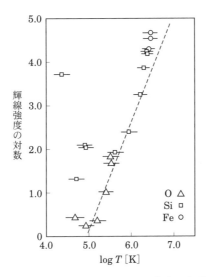

図 **5.22** 観測された輝線強度を，Si の存在比と熱伝導流速 $F_\mathrm{c} \propto \dfrac{dT}{dh}$ で規格化して，輝線の形成温度に対してプロットした図．$F_\mathrm{c} \simeq$ 一定，の破線に適合する（Dupree & Goldberg 1967, *Solar Phys.*, 1, 229）．

を評価することができ，DEM の温度依存性を観測と比較することができる．図 5.22 がその適用例で，Si の H に対する存在比を 3×10^{-5} とした場合，一定の熱伝導エネルギー流速として $10^6\,\mathrm{erg\,cm^{-2}\,s^{-1}}$ を得る．

5.3.3 非古典的遷移層

遷移層はかつては，コロナからの熱伝導エネルギー流速を放射損失により消費している静的な描像（古典的）であったが，1970 年台後半から，高波長分解能・高空間分解能を持つ紫外線分光観測により，遷移層が大変ダイナミックであることが分かってきた．

エクスプローシブ・イベント（爆発的輝線幅増加）とジェット

輝線幅爆発的増加，エクスプローシブ・イベント（explosive event）と呼ばれる現象は，輝線幅が短い時間のうちに爆発的な増加を示す現象で，アメリカ海軍研究所のロケット搭載真空紫外分光器 HRTS 実験により発見された．通常，遷

表 5.1 エクスプローシブ・イベントとスピキュール (Mariska 1992, *Solar Transition Region*, p.150).

物理量	エクスプローシブ・イベント	スピキュール
最大速度 ($km\,s^{-1}$)	108	25
寿命 (s)	60	300–960
大きさ (km)	1500	400–1500
視線方向の大きさ (km)	?	6500–9500
静穏太陽発生率 (s^{-1})	600	3300–1000
電子密度 (cm^{-3})	10^9	$3.4\text{--}16 \times 10^{10}$
質量 (g)	6×10^8	6×10^{11}
電子数流速 ($cm^{-2}\,s^{-1}$)	3×10^{13}	1.2×10^{15}
運動エネルギー (erg)	4×10^{22}	2×10^{24}
運動エネルギー流速 ($erg\,cm^{-2}\,s^{-1}$)	4×10^2	5×10^3

表 5.2 EUV ブリンカーとエクスプローシブ・イベントの特徴 (Bewsher *et al.* 2002, *Solar Phys.*, 206, 21 および Innes 2001, *A&Ap*, 378, 1067 より作成).

特徴	ブリンカー	エクスプローシブ・イベント
太陽全面発生率	$10\text{--}20\,s^{-1}$	$500\,s^{-1}$
平均増光量	70–80%	—
平均増光面積	$2\text{--}3 \times 10^7\,km^2$	$2.3 \times 10^6\,km^2$
平均速度	—	$150\,km\,s^{-1}$
平均寿命	16.4 min	60 s

移層で見られるプラズマの流れや振動は $10\text{--}40\,km\,s^{-1}$ 程度の速度が一般的であるが，エクスプローシブ・イベントは，2万度の彩層輝線から20万度の遷移層線において，青方にも赤方にも $100\,km\,s^{-1}$ 以上のドップラー速度を持つ現象として観測されるものである．

当初，ジェットと呼ばれる青方偏移の大きい($400\,km\,s^{-1}$)現象も見つかり，太陽風の起源になるものかとも考えられたが，現在では両者は同じ現象と考えられている．エクスプローシブ・イベントの特徴を表5.1にまとめる．表5.1から明らかなように，エクスプローシブ・イベントは，より一般的なスピキュールの部分集合にあたる現象である．

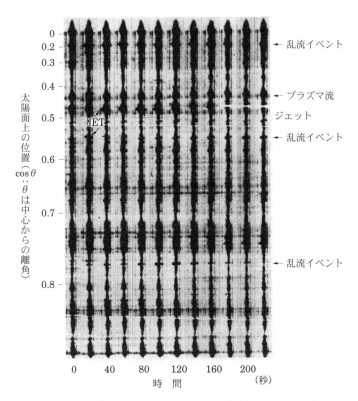

図 5.23 エクスプローシブ・イベント：C IV 輝線（λ154.8 nm）スペクトルの時間変化（左から右），上が太陽の縁（$\cos\theta = 0$）．通常のプラズマ流と，爆発的な輝線幅の増加を示す乱流イベントと，ジェットのスペクトル位置を矢印で示している．後二者は物理的に同等な現象で，いずれもエクスプローシブ・イベントと称されるようになった（Brueckner & Bartoe 1983, *ApJ*, 272, 329）．

ブリンカー

SOHO 衛星搭載の極端紫外線分光器 CDS は，ブリンカー（blinker）という現象を見つけている．ブリンカーはおもに O III, O IV, O V といった遷移層線（寄与関数最大温度が 10–25 万度）の増光として観測され，100 万度以上のコロナ輝線や 2 万度以下の彩層輝線では強度変化が小さい現象である．ブリンカーの最大光度は，増光以前に比べて 1.7–1.8 倍程度であり，その寿命は 400–1600 秒

である(表5.2 (144ページ)). 際立った速度構造は観測されない. ブリンカーはエクスプローシブ・イベントとは異なるものであると考えられるが, ブリンカーもエクスプローシブ・イベント同様, コロナ加熱を担えるだけのエネルギーを持ってはいない.

遷移層輝線の赤方偏移・非熱的な輝線幅増加

遷移層起源の輝線は, その中心波長が赤方偏移していることが普通である. また輝線の全幅(FWHM)から, その輝線の形成温度に対応する熱的ドップラー線幅を式(5.28)を用いて差し引いても, 余剰の非熱的な輝線幅(ξ_t)

$$\text{FWHM} = \left[4\ln 2 \,\frac{\lambda^2}{c^2}\left(\frac{2k_B T_i}{M} + \xi_t^2\right)\right]^{1/2} \tag{5.28}$$

を持つことが知られている. これらの速度は10–20 km s^{-1} なので, 紫外線の観測としては真に高分散のスペクトル観測が要求され, やっとSOHO衛星の紫外線分光器SUMERで行われたということができよう. 現状でのまとめは, 図5.24のようになっている.

まず第一にいえることは, 輝線の赤方偏移と輝線幅について, 静穏太陽, 活動領域とも, O IVの形成温度である2×10^5 K ($\log T = 5.3$)で最大値に到達することであり, この温度に相当する遷移層中層から, 彩層とコロナの両方に向かって減少している. 活動領域と静穏太陽の振る舞いの相対的な違いもいくつか認められている. すなわち, 赤方偏移に関していえば, 遷移層中下層において活動領域の方が顕著であるが, コロナに達すると, 活動領域では青方偏移の様相が認められるようになる. 一方, 超過輝線幅については, 高温になるほど, この成分が活動領域で顕著になっていることが分かる.

輝線幅の超過は, 波動を介してコロナへのエネルギー注入の過程と考えることができるので, コロナ加熱の機構を特定する上でも重要である. 今, 輝線を形成しているプラズマの密度がρであるとすれば, このプラズマの運動による機械的なエネルギー密度は,

$$E = \frac{3}{2}\rho v_{\text{rms}}^2 \tag{5.29}$$

と見積もることができ, プラズマが10 km s^{-1} 程度で運動している遷移層内で

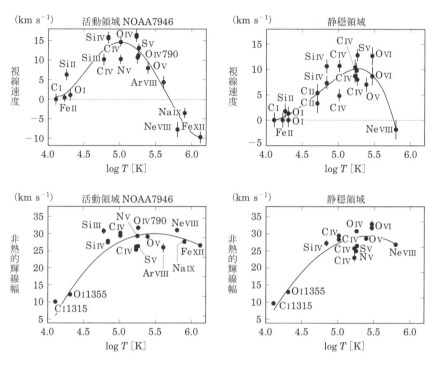

図 5.24 左: 活動領域 NOAA7946 の視線方向速度（上）と非熱的超過輝線幅（下），右は静穏太陽に関する同等のグラフ．SOHO 衛星の紫外線分光器 SUMER による観測（Teriaca *et al.* 1999, *A&A*, 349, 636）．

は，内部エネルギーに比べても無視できない程度のエネルギーとなっていることが分かる．

波動によるエネルギー流速は $\phi = 2EC$ と表される．ここで C は波動の伝播速度であり，音波（S）とアルベーン波（A）の場合について考えると，

$$\phi_S = 3\rho v_{\rm rms}^2 \left(\frac{5}{3}\frac{P}{\rho}\right)^{1/2} \tag{5.30}$$

$$\phi_A = 3\rho v_{\rm rms}^2 \frac{B}{(4\pi\rho)^{1/2}} \tag{5.31}$$

となる．B は磁場強度である．完全気体の式から，

$$\phi_\mathrm{S} = 3\left(\frac{5}{3}\frac{\mu m_P}{k}\right)^{1/2} v_\mathrm{rms}^2 \frac{P}{T^{1/2}} \tag{5.32}$$

$$\phi_\mathrm{A} = 3\left(\frac{1}{4\pi}\frac{\mu m_P}{k}\right)^{1/2} v_\mathrm{rms}^2 \left(\frac{P}{T}\right)^{1/2} B \tag{5.33}$$

と変形できるので，遷移層において，エネルギー流速（ϕ），圧力（P）や磁場強度（B）が大きく変化しなければ，v_rms^2 は $T^{1/2}$ に比例することになる．静穏太陽のコロナ加熱に必要なエネルギー流速（$10^6\,\mathrm{erg\,cm^{-2}\,s^{-1}}$），遷移層圧力（$P=0.2\,\mathrm{dyn\,cm^{-2}}$），磁場強度（$B=10$ ガウス）を代入すると，温度範囲 $T\simeq 10^4$–3×10^5 K で観測される超過輝線幅の振る舞いを説明することが可能である．

このようなダイナミックな遷移層の姿に加えて，これまでの観測から，遷移層の中にはいまだ空間的に分解できていない微細構造があり，観測結果を解釈する際には，微細構造の空間的な充填率（フィリング・ファクターという）を考慮しなくてはならないことが示唆されている．たとえば前掲の HRTS は，スペースシャトルによるスペースラブ–2 実験にも搭載された口径 30 cm の望遠鏡で，その空間分解能は 1 秒角を切る性能を持っている．遷移層プラズマの代表として，C IV の輝線で太陽縁上空のスピキュールを観測し，その見かけの形状（太さ $\simeq 2400$ km）と輝線強度から，断面のフィリング・ファクターとして 10^{-2}–10^{-5} という非常に小さな値が得られている．したがって遷移層は，太陽外層大気の 1 次元モデルに現れるような幾何学的に薄い平行平面大気ではなく，図 5.25 に示すように，3 次元的に微細磁束管が入り組んだ，複雑なプラズマの集合であるということがいえよう．

2006 年に打ち上げられた「ひので」衛星に搭載されている極端紫外線撮像分光装置（EIS）は，遷移層からコロナの温度領域でさまざまなイオンが発する輝線の線輪郭を高い空間分解能（2–3 秒角），早い時間分解能（活動領域：$\leqq 10$ 秒，静穏領域：$\leqq 1$ 分）で観測することができる．「ひので」の可視光磁場望遠鏡（SOT）で見られる彩層スピキュールのうち，寿命が短く（10–100 秒）高速（50–150 km s^{-1}）の上昇流を伴う一群のものの熱的な時間変化を，EIS 観測波長域内に見えるコロナ輝線（Fe XIV; 鉄の 13 階電離イオンの発光）を用いて観測すると，これらのスピキュールが彩層上空のコロナまで伝わっていることが明らかになった．また彩層からコロナまでの伝播の様子は，SOHO 衛星に搭載さ

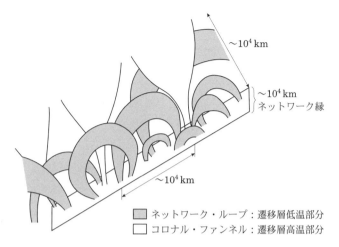

図 5.25 遷移層の 3 次元構造・概念図（Dowdy, Jr. *et al.* 1986, *Solar Phys.*, 105, 35）.

れている太陽紫外光放射測定装置（SUMER）による遷移層起源の輝線群の観測により，この彩層からコロナへ質量・エネルギー輸送に重要な貢献がなされていることが確認されている（図5.26参照）．少なくとも一部の現象は往々にして準周期的な変化が観測されるので，以前から観測され磁気音波伝播と解釈されていた現象をこの上昇流が担っているものと考えられる．

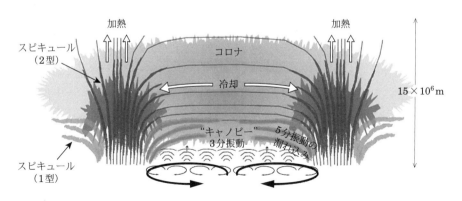

図 5.26 遷移層ネットワーク・ネットワーク間の概念図（McIntosh & De Pontieu 2009, *ApJ*, 707, 524）.

5.4 コロナ

5.4.1 コロナとは

20世紀初頭までは，太陽コロナは皆既日食の際にのみ観測できるきわめて珍しい対象だった．すでに述べたように，1960年代に始まる人工衛星からのX線観測により，コロナに関する我々の知識は格段に進展した．

図5.27に，X線コロナ画像，可視域連続光画像，視線方向磁場像，そして太陽表面から遠方のコロナ画像を示した．これらのデータは，ようこう衛星とSOHO衛星により大気圏外から取得されたものである．連続光画像の太陽黒点近傍では，磁場画像でN極とS極の対があるが，そこに対応するコロナがX線画像で明るくなっていることが分かる．また，X線コロナ画像では，中央から下側にかけて，暗い構造が広く分布していることも分かる．この明るい部分は活動領域コロナ，また暗い部分はコロナホールと呼ばれている．コロナグラフにより取得された画像には，遠方まで筋模様が延びていることが見てとれるが，これはコロナが太陽の重力を振り切って遠方まで到達していることを示している．1991年から現在にいたるまで，天候に左右されることなくこのような質の高いデータが高い頻度で得られるようになった．

コロナは，温度約6000度の光球の外側に位置している，100万度をこえる希薄なガスである．この温度にもなると，太陽を構成する主成分である水素原子は，ほとんどがプラス電荷を持つ原子核とマイナス電荷を持つ電子とに分かれて，ばらばらになってしまっている．コロナがこのように高温であることが明らかになったのは，コロナで観測される輝線が，高い電離度のイオンからの放射であることが同定されたからである．

1869年の皆既日食の観測を皮切りに，次々にコロナ中に輝線スペクトルが発見された．そしてドイツのグロトリアン（W. Grotrian）とスウェーデンのエドレン（B. Edlén）の研究により，637.4 nmの赤色のコロナ輝線が，鉄の9階電離（九つの電子がはぎ取られた状態）のイオンからの放射であることが，1942年にまず同定された．これに端を発して，それまでにコロナ中で観測されていた輝線が次々と，鉄，ニッケル，カルシウム，アルゴンなどの高階電離したイオンからの放射であると同定されていった．

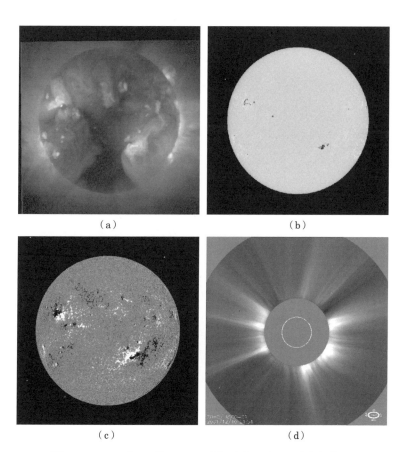

図 5.27 2001 年 12 月 10 日の太陽. (a) ようこう衛星搭載の軟 X 線望遠鏡によるコロナ画像, (b) SOHO 衛星搭載の MDI 装置による連続光画像, (c) SOHO 衛星搭載の MDI 装置による視線方向磁場像（白が N 極, 黒が S 極), (d) SOHO 衛星搭載の LASCO C2 コロナグラフによる白色光コロナ画像（中央の白円が太陽の大きさ).

皆既日食中に可視光領域で見ることのできるコロナからの光は，いくつかの異なる物理過程を通して我々の眼に届いている．その過程の違いによって，Kコロナ，Fコロナ，Eコロナと呼ばれている．コロナからの光をスペクトルに分解すると，

- 光球からの光のような吸収線を持たない，連続光からなる成分（ドイツ語でKontinuierliche Korona），
- 光球と同じようにフラウンホーファー吸収線を持つ成分（Fraunhofer Korona），

そして，

- ある狭い波長範囲だけに局在した輝線成分（Emission Korona），

と三つに分けることができ，それらが順にKコロナ，Fコロナ，Eコロナを特徴付けている．図5.28は，それぞれの成分のコロナの輝度と，地上から観測する場合に背景となる空の輝度を示している．高度の低い場所での空の輝度は，この図では10^{-3}程度となり，コロナを観測することはできない．この図に示された輝線コロナの輝度は，輝度の大きい輝線の中心波長付近に限定したときのものである．可視光領域で観測されるコロナ輝線の幅は0.1 nm程度で，強度の大きい輝線数はたかだか20程度であるので，波長方向に積分した光の総量として考えれば，可視域のコロナ輝線強度は連続光コロナからの光の総量に比べて2桁程度小さくなる．

　Kコロナからの光は，コロナが高温であるために電離して高速に運動する，自由電子のトムソン散乱により散乱された光球起源の光であり，太陽の半径方向と直交する方向に強く偏光している．この後に説明するFコロナからの光の偏光度は小さいので，Kコロナを選択的に観測するには偏光強度（pB; polarization brightness）を測定して分離する．トムソン散乱によるKコロナの強度は，散乱体としての自由電子の密度に比例する．この関係を使って，Kコロナ強度からコロナ中の電子密度を決めることができる．

　Fコロナと呼ばれている成分からの光は，黄道面に浮遊するダストの熱放射やダストによる太陽光の散乱光で，黄道光の太陽側への延長成分であると考えられている．これらのダストは，Kコロナのように高温に加熱されているわけではな

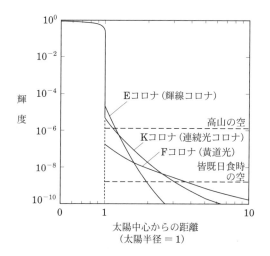

図 5.28 太陽像中心の輝度を単位とした可視光領域のコロナの輝度．E コロナのグラフは輝線の波長での強度を模式的に示したもの．横軸は太陽半径 $R_\odot$ を単位とする（Allen 1973, *Astrophysical Quantities*, 9 章をもとに作成）．

いので，100 万度に加熱されている外層大気をコロナと定義するとすれば，狭義には名前とは異なりコロナとはいえないので，単に黄道光と呼ぶべきであろう．K コロナの輝度が光球面からの距離とともに減少する割合に比べて，F コロナの輝度は距離とともにゆっくりと変化するため，光球面から太陽半径の数倍ほど上空になると，この成分が主となってくる．地球近傍での黄道光の強度は，図 5.28 の縦軸の単位でいうと 1×10^{-13} 程度である．地球方向から太陽近傍で観測される F コロナ成分の光の偏光度は，太陽–地球間にあるダストの前方散乱の寄与が大きくなるため K コロナと異なりほとんど 0 である．

E コロナからの光は，高温のコロナ中にある高階電離した原子が放射する光であり，波長方向に光のエネルギーを積分した場合の寄与は小さいが，輝線領域に限定すれば，高度の低いコロナにおいては K コロナなどに比べて寄与が大きい．可視光領域では，検出されている強度の大きいコロナ輝線はたかだか 20 程度であるが，より波長の短い紫外線，極端紫外線，軟 X 線領域では多数の輝線が観測されている．個々の輝線強度は電子密度の 2 乗に比例するので，E コロナの明るさは K コロナにくらべて光球からの距離とともに急速に暗くなる．

5.4.2 100万度のコロナ

輝線の同定を通して,コロナが100万度を超える温度であることが分かったと簡単に述べた.それはそのとき以前にコロナ輝線の輝線幅が,コロナグラフの発明者リオなどにより測定されており,その輝線発生源の原子が同定されれば,輝線幅を原子の熱運動によるドップラー効果で広がったと解釈することで導き出せたからである.

このほかにも,コロナが100万度を超える高温であることは,いろいろな観測結果や理論的な考察から理解することができる.たとえば,Kコロナの光には光球で観測されるような幅の吸収線が見えないが,これはトムソン散乱過程の主役である電子が,$5000\,\mathrm{km\,s^{-1}}$程度の速度で運動しているために,光球からの吸収スペクトル部分がかき消されてしまうためである.カルシウムのH線,K線などの幅の広い吸収線の場合は,コロナ中でも吸収線の深さが浅くはあるが観測される.1m程度の波長を持つ電波が太陽コロナから放射されていることや,X線が太陽から常時放射されていることも,コロナが100万度を超える高温であるためである.

637.4 nm の輝線を放射する鉄の9階電離イオンや,530.3 nm の輝線を放射する鉄の13階電離イオンが電離平衡状態で存在できるためには,100–200万度の温度が必須となる.静水圧平衡状態とみなせる場合には,KコロナやEコロナの強度の高さ方向の変化からスケールハイト[*2]を求めることで,温度を求めることができる.また,地球近傍で$300\text{–}400\,\mathrm{km\,s^{-1}}$と観測される低速太陽風や,$700\text{–}800\,\mathrm{km\,s^{-1}}$の高速太陽風が加速される基本的な理由は,コロナが100万度を超える高温であるからである.

5.4.3 コロナと磁場構造

コロナ中の高度の低い位置に両端が,そして高度の高い位置に中点があるようなアーチ状,もしくはループ状の構造が太陽コロナにあることは,皆既日食時の観測や,1930年代以降に開発されたコロナグラフによる観測からよく知られていた.しかし,これらの構造が何に起因しているかは,磁場構造との比較がなされるまで理解されなかった.それでも,観測されるコロナのループ形状の足元の

[*2] 強度が1/eになる距離(eは自然対数の底).5.5.3節参照.

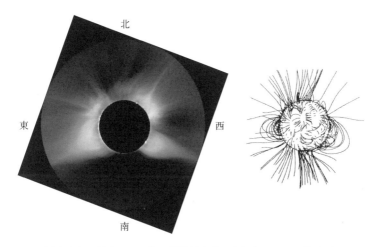

図 5.29 （左）1966 年の皆既日食時の白色光コロナの様子（アメリカ・高高度観測所（High Altitude Observatory）による）と（右）光球磁場から計算されたポテンシャル磁場（Altschuler & Newkirk 1969, *Solar Phys.*, 9, 131）.

位置の延長線上に，光球上で観測される N 極，S 極の磁場の対が観測されることから，コロナ中のループ構造は，光球面の正負の磁場をコロナを経由してつないでいる磁力線と密接に関係しているものであろうと推察されていた．太陽光球面全面で測定された磁場強度分布を境界条件にして，

$$\nabla \times \boldsymbol{B} = 0 \tag{5.34}$$

というポテンシャル磁場近似のもとで，それより上層の磁場構造 $\boldsymbol{B}$ を計算することができる．皆既日食で見られるコロナでは，遠方の構造が開いた磁場構造になっているが，これは太陽風が磁場を外に引き出すためであると考えられている．この効果を近似的にとり入れて磁場構造を計算するために，太陽光球面から R_s の高さ（流源面と呼ぶ）ですべての磁場は動径方向に平行になるという境界条件をつけてポテンシャル磁場を求め，これを皆既日食で観測されたコロナの構造と比較したものが図 5.29 である．$R_\mathrm{s} = 2.5\, R_\odot$ という近似が一般的に用いられている．

　細かい点を除き，このようにして計算されたコロナ中の磁場（流源面モデルと呼ぶ）の形は，観測されたコロナの構造をよく表現していることが分かる．コロ

ナの複雑な構造が，光球とコロナをつなぐ磁場構造を反映しているということである．これは，コロナがどのようにして生成されているかを考える上で重要な事実である．

皆既日食中に観測されるコロナの構造は，月に隠される部分の外側である．大気圏外で極端紫外線や X 線で太陽の撮像観測ができるようになると，黒点近傍の明るいコロナの構造と，光球磁場から推定されるポテンシャル磁場が直接比較できるようになった．ここから，X 線画像で確認できるループ構造が，明らかに異極を結んでいる構造であること，おおよそポテンシャル磁場で近似できること，計算される磁場構造に対してその一部がコロナで明るく輝いていること，黒点上空ではコロナが極端に暗いこと，などが分かった．

ループ構造の形状についていうと，厳密にはポテンシャル磁場では表現しきれておらず，さらに複雑な取り扱いが必要になってくる．一般的には，コロナ中でローレンツ力が働かない，フォースフリー（force–free）磁場

$$(\nabla \times \boldsymbol{B}) \times \boldsymbol{B} = 0 \tag{5.35}$$

が実現していると考えられている．コロナの構造との比較から，活動領域などでは，ポテンシャル近似よりはコロナの構造をよりよく表していると考えられているが，コロナループの幅を再現できていないなど，まだ発展途上の研究分野でもある．

多くのコロナループは，光球からの高度が数十万 km くらいまでの間にあるが，このくらいの高度までは，プラズマの熱運動による圧力よりも，計算された磁場の圧力のほうが大きい状態（低プラズマ β 状態）となっている．このため，コロナの高温プラズマはループ状をした磁場にとらえられていることになり，観測されるループの形は近接する磁場構造を忠実に反映していると考えられている．

5.4.4 コロナループ

コロナ中には，図 5.30 に見られるように，単純なアーチ型のもの，S 字形状に大きく湾曲したもの，頂上が尖ったものなど，また大小さまざまなループ構造がある．これらのコロナループの足元の一方には N 極が，そしてもう一方には S 極が光球上にあり，コロナループはそれらをつないだ磁気ループである．黒点近傍の活動領域内では，その中に分布した N 極と S 極の間をつなぐループ構造

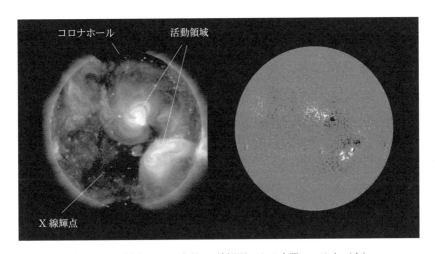

図 5.30 （左）ひので衛星 X 線観測による太陽コロナと（右）SDO 衛星による視線方向磁場（白は N 極で黒が S 極を表す）．活動領域では，異極間を結ぶコロナループ構造が見てとれる．

が顕著であり，コロナの構成要素がコロナループの集合体であることを印象づけている．数十万 km 離れた活動領域の間を結ぶような，大きなループ構造も珍しくはない．

このような磁気ループはどのように形成されるのだろうか．活動領域のループ構造や，太陽の広い緯度域で発生する数万 km 程度のループ構造などでは，光球下から上昇してきた磁気ループがコロナに達した後に加熱されて，コロナループという姿で現れる．より大きなループとなってくると，そのスケールのものが直接上昇してくるのではなく，磁場の浮上過程，もしくは浮上後にコロナ中で磁力線がつなぎかわって，より大きな構造が作られていると考えられている．とくにコロナ中での構造変化は絶え間なく起こっており，新たなループ構造の発生は珍しい現象ではない．このような構造変化が，太陽全面のコロナのいたるところで起こっている普遍的な現象であることが分かったのは，頻度の高いコロナの撮像観測が可能になった「ようこう」衛星の X 線観測からである．

図 5.31 には，TRACE 衛星，SOHO 衛星，ようこう衛星で得られたコロナ像を示す．ここで示した TRACE 衛星と SOHO 衛星の極端紫外線像は，極端紫外線領域の中では強い鉄の 8 階，9 階電離イオン起源の輝線を含む波長帯

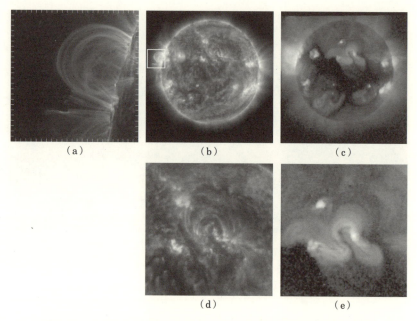

図 5.31　1999 年 11 月 6 日のコロナ. (a) TRACE 衛星極端紫外線 Fe IX/X 17.1 nm 帯画像（画像周辺の目盛りスケールは 10000 km 単位）, (b) SOHO 衛星極端紫外線 Fe IX/X 17.1 nm 帯画像（左端の白枠は TRACE 画像領域に対応）, (c) ようこう X 線画像. (d) と (e) はそれぞれ (b) と (c) の中央上部分を拡大したもの.

(Fe IX/X 17.1 nm) で取得されたものであり，50 万度から 130 万度くらいまでの温度のプラズマの様子を示している．これに対して，ようこうの X 線観測は 150 万度以下のプラズマ成分に対する感度が低いので，本質的に異なった成分のコロナを観測している．このことは，図 5.31 の (d) と (e) を見れば明らかであろう．より高温の X 線画像 (e) ではループ構造が顕著であるが，低温のコロナの成分を見ている極端紫外線画像 (d) では，ループ構造のほかに画像全体にわたって小さなぶつぶつとした点状の構造が見て取れる．この小さな構造は，光球のネットワーク磁場構造に対応し，コロナにのびていく磁力線構造の中で，コロナ下部からの放射によるものであり，その一部は X 線ループ構造の足元部分に位置している．よく見ると，極端紫外線画像中に見られるループ構造は，X 線ループ構造が占めている空間を避ける形であることが分かるだろう．コロナ中に

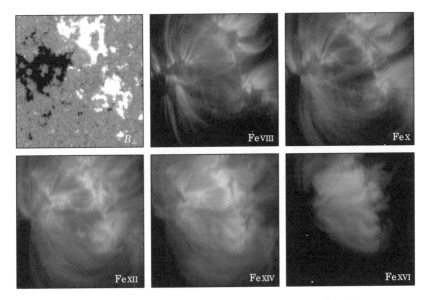

図 5.32 SOHO 衛星で観測された光球視線方向磁場（左上）と「ひので」衛星の極端紫外線観測による活動領域コロナ．コロナの画像は，それぞれ 7 階，9 階，11 階，13 階，15 階電離した鉄の輝線の分光観測で得られたもので，それぞれおよそ 60 万度，100 万度，150 万度，200 万度，300 万度の構造からの放射を表している．図の枠の目盛りは 10 秒角（太陽面で約 7000 km）．

あるループ構造は，さまざまな温度を持ったものの集合体と考えればよく，実際に温度感度の異なる輝線を使ってコロナを撮影すると，異なる構造を見出すことができる．このことは，さまざまな電離度の鉄のイオンからの放射を観測した「ひので」衛星の極端紫外線分光観測データ（図 5.32）を見るとよく分かる．

活動領域で常時観測されるコロナループの電子密度は $10^9\,\mathrm{cm}^{-3}$ 程度，電子温度は 100 万度から 500 万度の範囲にある．同じ閉じた磁場構造をした活動領域外のコロナループでは，温度範囲が 100 万度から 200 万度に狭くなり，電子密度は $10^8\,\mathrm{cm}^{-3}$ 程度となる．活動領域で発生するフレアループとなると，電子密度 $10^{10}\,\mathrm{cm}^{-3}$，電子温度は 1000 万度をこえるようになる．このように，さまざまな温度のループ構造ができるのは，それぞれのループ構造に対するコロナの加熱率の違いであると考えられており，加熱率を決める要素は何なのか，というコ

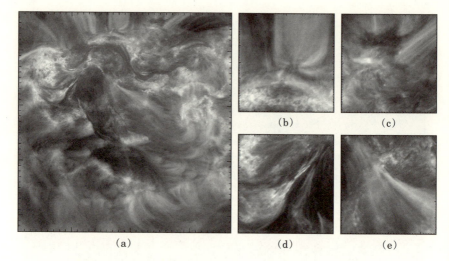

図 5.33 (a) 米国の HiC 観測ロケット実験により 2012 年に取得された，波長 19.3 nm 帯の極端紫外線画像（NASA MSFC による）．(b) から (d) は，(a) の一部を拡大したもの．空間分解能 0.3 秒角の望遠鏡で観測されたコロナには，これまで観測されなかった微細構造が捉えられている．図の枠の最小目盛りは，(a) は 10 秒角，(b) から (d) は 1 秒角．

ロナ加熱の本質を探る研究が活発に行われている．図 5.31 (a) の TRACE 衛星の極端紫外線画像から分かるように，コロナの構造は細かい．高い空間分解能を持った観測装置による，コロナの基本構造とその運動についての本格的な研究はまだ始まったばかりである．ひので衛星によるコロナの極端紫外線分光観測からは，電子密度の 2 乗に比例するエミッションメジャーの観測値と輝線強度比より求められるコロナの電子密度とを合わせることで，3 秒角程度の装置解像度で観測されるコロナループの空間占有率が 5–10 % であることが示された．コロナの撮像観測の進歩は目覚ましく，1 秒角の空間分解能と太陽直径の四分の一程度の視野角を持つ TRACE 衛星のコロナの観測は，2010 年から同程度の空間分解能と太陽全面を視野とする SDO 衛星の高感度のコロナ観測へと引き継がれ，また 2012 年には 0.3 秒角の空間分解能でコロナの撮像観測（HiC 観測ロケット実験）が実施された（図 5.33）．これらの空間分解能の向上により，コロナループを貫く磁力線の横方向の振動が，画像中の見かけの運動として捉えられるように

なった．活動領域で観測されるコロナループでは，その速度振幅は $1\rm~km\,s^{-1}$ と小さく，これが表面から届いた磁気流体波としても，そのコロナ加熱への寄与は小さい．コロナループの横方向の速度振幅が小さいことは，ひので衛星の分光観測でも見出されている．

　これらの閉じたループ内で，何らかのメカニズムによるループの加熱と，放射と熱伝導による冷却がつりあった平衡状態のとき，ループに沿ってある温度分布が実現する．ループ全体が一様に加熱されるときには，ループの頂上が最高温度になる．ループ頂上付近の加熱が強ければ頂上付近での温度勾配がきつくなり，いっぽう足元での加熱が強ければ頂上付近の温度勾配は平らになり，足元近傍で大きな温度変化が現れる．

　スカイラブによる X 線観測が実施されていた時代では，おもにループ全体が一様に加熱されるモデルとの比較で観測結果が解釈され議論されていた．その後の科学衛星から精度の高い観測データが得られるようになって，観測データから加熱領域の位置を探す試みがなされた．ようこうの X 線観測では，ループ頂上付近により大きな加熱源がある，500 万度程度の高温ループが報告されている．一方，TRACE 衛星で観測される 100 万度から 200 万度程度のコロナループについては，加熱領域がループの足元に集中していると考えることで観測結果がよく説明されるという報告がある．

　ひので衛星の X 線望遠鏡，TRACE や SDO の極端紫外線望遠鏡が実施した頻度の高いコロナの画像観測により，ループの下部から上部に向かって輝度が高くなる現象が普遍的に捉えられるようになった．これがコロナループ足元からの上昇流であることが明確に分かったのは，ひので衛星の極端紫外線分光観測で輝線の青方偏移として検出されてからである（図 5.34）．この上昇流域で観測される輝線の短波長側には，輝度は小さいがより高速の成分が見出され，速いものはコロナの音速程度に達する．このような速度場は，コロナループの足元付近での集中加熱によって発生するが，そのような状況を生み出す加熱機構については，観測結果だけから絞り込むことはできていない．

5.4.5　コロナホール

　コロナホールとは，コロナからの放射が極端に少ない領域のことで，太陽全体のコロナ像を見ると穴のように見えるためにこのような名前で呼ばれている（図

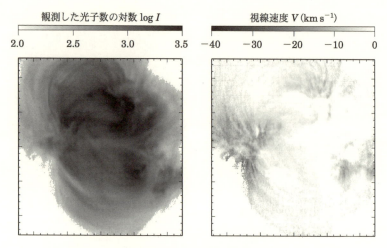

図 5.34 ひので衛星の極端紫外線分光観測より得られた(左) 13 階電離した鉄イオンからの輝線の放射強度と(右)輝線のドップラーシフトから得られた視線方向速度(青方偏移のみ表示).図の枠の最小目盛りは 10 秒角.

5.30 参照).この存在について最初に報告されたのは 1950 年代のことで,地上のコロナグラフによる観測から,太陽極域にコロナの強度が極端に小さい領域が存在することが発見され,そのときすでに「穴」に相当するドイツ語が使用されている.

その後,1960 年代の観測ロケットに搭載された極端紫外線領域や X 線領域の撮像観測から,太陽面全体のコロナの様子が取得され,太陽面に広がった暗いコロナの領域があることが発見されるとともに,極域の太陽面上にも放射の少ない領域があるということが再認識された.この時期から「コロナホール」という名前が一般的に使われるようになっている.

その後,極端紫外線や軟 X 線の観測装置が観測衛星に搭載されるようになると,より詳細なコロナホールの研究が行われるようになった.コロナホールについての初期の研究成果の多くは,スカイラブ宇宙ステーションに搭載された観測装置から得られている.

コロナホールは,輝度で比較する限り,光球や彩層ではその周囲との差が見られない.コロナ域でコロナホールが暗く見えるおもな理由は,強度が電子密度に

比例する可視域連続光コロナでは，電子密度が他の領域に比べ 1/3 から 1/10 程度になっているためである．また強度が電子密度の 2 乗に比例する輝線コロナでは，周囲より密度が低いことに加えて，周囲の閉じた構造に比べ主成分であるプラズマの電子温度が低いために，100 万度をこえるコロナ輝線では放射が極端に弱くなるからである．

　SOHO 衛星の紫外線・極端紫外線域の観測装置である SUMER や CDS による輝線観測から，コロナホールの電子温度については，いろいろな輝線を使って詳しく再調査された．その結果いずれの方法でも，もっとも存在量の多いプラズマの温度は，コロナホールの下部では 80 万度から 90 万度程度であるという結果になっている．静穏領域コロナと呼ばれている閉じた磁場構造で同じ方法を使用すると，130 万度程度になる．80 万度程度の温度帯に感度がない「ようこう」の X 線観測から求められたコロナホールの電子温度は 200 万度程度であり，この温度のプラズマの量は SOHO 衛星で観測された主成分の 1/10 以下になっている．ようこう衛星が観測したコロナホール内のプラズマからの放射は，存在量の少ない，より高温の成分からのものとして理解される．

　磁場という点で比較すると，コロナホールは数万 km 程度の比較的小さな構造は他の領域と変わらないが，数十万 km というスケールで見れば，単極で惑星間空間に対して開いた磁力線構造をしている．9 章で述べられるように，極域とつながるコロナホールからは，地球軌道位置で秒速 800 km のスピードに達する高速太陽風が吹き出している．SOHO 衛星や「ひので」衛星の極端紫外線分光観測から，極域にあるコロナホールのコロナ下部では，惑星間空間に向かってプラズマが外向きに流れ出していることが，ドップラー速度の青方偏移としてはっきりと示され，惑星間空間に流れ出している太陽風とのつながりが理解されてきている．このコロナ下部から流れ出す速度が，他の領域に比べて，磁場の強いネットワーク構造位置で速いという点は，太陽風の加速機構を考える上で注目に値する．

　活動領域の縁部近くに現れるコロナホールから，プラズマが高速に流出していることが「ひので」衛星の X 線撮像観測と極端紫外線分光観測より新たに明らかになった．この観測とグローバルなコロナ域の磁場構造や惑星間空間での太陽風速度の観測と合わせることにより，活動領域近傍のコロナホールが低速太陽風の流源と同定された．さらに，これを支持する強力な証拠が，ひので衛星の極端

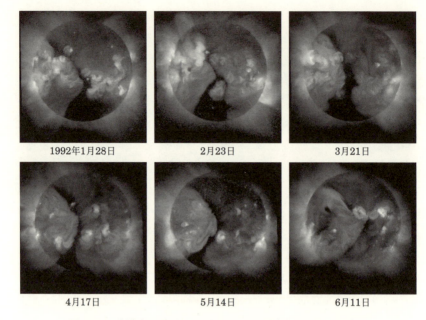

図 5.35 赤道まで延びたコロナホール．黒点などに比べ剛体的な回転をしているため，緯度方向の形状が長い間保たれている（ようこう X 線画像）．

紫外線分光観測で得られている．高速風と低速風では惑星間空間で観測される元素組成比が異なることが知られているが，ひので衛星のコロナの分光観測から，低速太陽風の流源候補とされたコロナホールの元素組成比が，惑星間空間で観測される低速風の組成比となっていることが示されたからである．

太陽活動極大期から極小期に向けて，極から赤道にかけてコロナホールが延びていく時期がある．スカイラブが観測した 1973 年の有名なコロナホールでは，6 太陽回転（約 6 か月）の間存在し続けたが，光球の構造を追跡して得られる差動自転速度に比べ，はるかに剛体的な回転をすることが発見された．ようこう衛星の X 線観測でも図 5.35 に示すように，活動極小期に向かう 1992 年に同様の構造が観測され，やはり剛体的な回転をしていることが分かっている．コロナホールや他の構造の自転速度を一緒に緯度の関数としてプロットしたものは後で図 6.5 に示されるが，コロナホールのような大規模磁場構造は，回転が剛体的で

あるのみならず，中緯度から高緯度域では回転速度が光球上の黒点や他の磁場構造と比べて速い．

これに対し，より小さな構造は差動自転をしており，赤道付近にまで延びたコロナホールの境界では，回転速度の異なる成分の間で磁力線のつなぎかえ（7.3節）が起こっている．赤道付近のコロナホールの東側（図では左側）の境界では，静穏領域コロナの4倍程度の発生頻度で，遷移層温度の輝線で輝くジェットが観測されており，回転速度の異なる磁場構造間のつなぎかえの結果と理解されてきている．

コロナホールが直接観測できるようになる前に，地球磁気圏を研究する研究者たちは，地球から見た太陽の自転速度の27日で回帰する地磁気嵐の源を太陽の表面に探し求めたが，コロナホールが認識されるまでは，太陽上の謎の領域として認識されるにとどまった．スカイラブの観測がなされた時期に，高速太陽風の吹き出し口がコロナホールであることが確立して，この謎の領域の正体が明らかになった．太陽極小期に地球近傍で高速太陽風が観測されやすいのは，極小期にはグローバルな太陽磁場構造が赤道方向に延びた構造になっており，この時期に南北両極に大きく拡大しているコロナホールからの高速風が，とらえやすくなるからである．

5.4.6　ストリーマー

CME現象（7.5.2節）のように短時間で変化するものを除くとすると，ストリーマーはもっとも明るく遠方まで認識することのできるコロナの構造である．このため，皆既日食で観測されるコロナの形状は，ストリーマーの分布を強く反映している（図5.37参照）．ストリーマーの高度の低い部分は，N極とS極を結ぶ閉じた構造をしているが，$2R_\odot$程度の高度になると，太陽風の影響により，薄いシート状の構造（電流シート）を挟んで遠方にのびる線状の構造となる．この「流れ」を表しているような形がその名前の由来である．およそ$2R_\odot$程度の高度でシート状の構造はもっとも細くなり，それよりも遠方になると，より広がるという発散形の構造をしている．

ストリーマーの下部が，異なる磁極の境界をまたぐようにあることや，上部に電流シートを持つことから分かるように，ストリーマーは磁気的な境界位置に形

図 **5.36** 極端紫外線で観測される極域プルーム．暗いコロナホールの中で動径方向に延びていく構造が見て取れる（SOHO衛星の極端紫外線望遠鏡 EIT の 17.1 nm 帯の画像）．

成される．この磁気的に中性な境界は，ストリーマーが巨大な構造であることから分かるように，太陽全体の磁場構造と関係している．光球面磁場からポテンシャル近似で $2.5R_\odot$ の高さの N 極と S 極の境界を求めると，磁気的に中性な境界は 1 枚の面形状をしていて，これは磁気中性面と呼ばれている．ストリーマーはこの境界上に観測される．

5.4.7 極域プルーム

極域のコロナホール領域から噴出しているように見える明るい羽毛状の構造は，極域プルームと呼ばれている．極域プルームは，温度 100 万度程度で形成される極端紫外線域の輝線で，もっともコントラストが高い状態で観測することができる．図 5.36 は，SOHO 衛星の極端紫外線望遠鏡（EIT）の 17.1 nm 帯で撮影された太陽コロナを示している．暗いコロナホールから上方に，放射状に延びている構造が極域プルームである．皆既日食時には，可視光で同様の構造が観測される．

この線状の構造は，太陽の光球から惑星間空間へと延びていく磁場構造がコロナで観測されたものである．極域プルームの根元には，コロナホールの磁極と同じ極性を持った，3000–10000 km の大きさの単極磁場構造が光球で観測される．コロナホールの磁場と同様に，そこから極域プルームは惑星間空間に向かって開いた磁場構造をしているわけだが，コロナホールとは異なり明るい構造として観測される．これは極域プルームの密度が周囲のコロナホールより高いためである．極域プルームの温度は，周囲のコロナホールと近い 80 万度程度だが，厳密にはわずかにコロナホールよりも低いことが分かっている．

図 **5.37** （左）太陽活動極大期近く（1980年2月16日）のコロナと（右）極小期近く（1994年11月3日）のコロナ（High Altitude Observatory による）．活動周期の異なる位相でストリーマー構造の発生域が大きく異なっている．

5.4.8　11年周期活動内のコロナの構造変化

19世紀に皆既日食隊が組まれて，系統的にコロナの観測が始まってコロナの強度が測定されるようになると，コロナの形状が，11年を周期とする太陽の周期活動にともなって変化することが分かってきた．図5.37に示されるように，周期活動の極大期には全体に丸いコロナが，そして極小期には赤道方向に延びた楕円形状のコロナが観測されるのである．この特徴は，基本的には太陽の磁場構造が太陽活動周期内で大きく変化するからである．

$2R_\odot$ くらいの高さのコロナに着目すれば，小さな磁場構造からの影響は薄まり，コロナの明るさはおもにストリーマーの分布によって決まる．ストリーマーの項で述べたように，ストリーマーは磁気中性面に沿って存在する．このN極とS極の境界面は，周期活動の極小期には赤道近くに位置し，極大期にむけて自転軸に対し徐々に傾いていき，極大期には極を通るようになる．そして極小期に向けて徐々に傾いていき，また極小期に赤道近くに戻ってくる．これにともなって，皆既日食で観測されるコロナの構造は，極小期では赤道方向に延びたストリーマーが目立った扁平な形をする．極大期には，磁気中性面に沿った方向から見れば極方向に伸びたコロナが観測されるし，磁気中性面に向かうような方向から見れば，全周にストリーマーが観測されてコロナは円形になる．

光球より数十万km程度の高さまでにある，閉じたコロナループ構造の一部

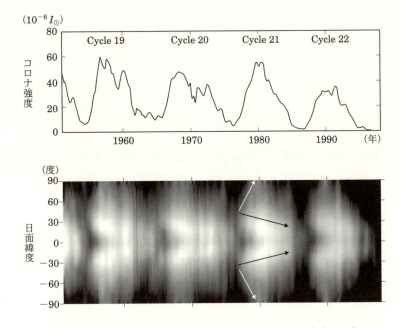

図 5.38　（上）全周を平均したコロナの平均強度．光球の中央強度 $I_\odot$ の 10^{-6} を単位とする．（下）コロナグラフにより長期間取得されたコロナの強度．光球から 50 秒角上空を 13 階電離した鉄の輝線（波長 530.3 nm）で観測したもの（国立天文台乗鞍コロナ観測所）．

は，黒点に代表される活動領域近傍に現れる．図 5.38 に示すように，横軸に時間，縦軸に緯度としてコロナの輝度分布をつくると，二つの特徴的な分布に気がつく．一つは，黒点が現れる緯度帯に黒点と同様な蝶形の分布を見ることができることである．このコロナの輝度平均の時間変化を見ると，コロナの輝度が黒点数のように周期的に増減していることが分かる．この輝度変動は，コロナが磁場の存在を通して 100 万度まで加熱されていることと，活動領域の磁場の総量が黒点数のように約 11 年間に増減することから生じている．

　もう一つの特徴的な輝度分布は，太陽活動極小期に，緯度 60 度付近から極に向かって移動していくように見えるものである（図 5.38 の白矢印参照）．この時期には，光球磁場でも同じように極に向かう磁場構造が観測されるが，これが極に到達すると極磁場の極性が逆転する．この極に移動する構造の存在は，1940

年代の地上コロナグラフ観測から知られていたが，ようこう衛星やひので衛星のコロナ画像観測から，この構造が数十万 km もの巨大ループ構造の極側の足元に相当することが明らかにされている．

コロナの 11 年周期変動は，長期間にわたる X 線撮像観測のデータではっきりと見ることができる．口絵 9（上）では，ひので衛星により 2007 年から 2017 年まで 1 年おきに取得された X 線画像を並べたもので，コロナの明るさや構造が，活動周期とともに大きく変化していることが見て取れる．口絵 9（中央）は，対応する太陽表面磁場の変化を表したもので，磁気活動の活発化とコロナの明るさが対応していることが分かる．

5.4.9 コロナ磁場の測定

ゼーマン効果によるコロナ磁場の直接測定は，1960 年代にハーヴェイ（J.W. Harvey）により鉄の輝線である Fe XIV 530 nm の偏光測定が試みられてから，長い間にわたってなされたが，コロナ輝線の円偏光信号は容易には検出されなかった．こうしたなか，2000 年になってハワイ大学のリン（H. Lin）らが，近赤外領域のコロナ輝線 Fe XIII 1075 nm を使った偏光観測から，初めてコロナ輝線の円偏光信号を検出した．このとき測定された磁場は 10 ガス程度のものである．円偏光信号レベルが小さいので測定は難しい．定常的な観測を目指して，より口径の大きな望遠鏡（ハワイに建設中の口径 4 m の DKIST 望遠鏡; 2019 年に稼働予定）を使ったコロナ磁場の測定が予定されている．

コロナ画像からコロナループの振動を検出して，コロナの磁場強度を推定することも最近ではできるようになった．TRACE 衛星の極端紫外線観測から，フレアによって発生する擾乱が，フレア近傍にあるコロナループの振動を励起する現象が発見された．この振動はキンクモード（コロナループの折れ曲がり変形による振動）と特定され，ループの振動の周波数，ループの長さ，ループ内外の電子密度から磁場強度が求められた．その結果は，$1\text{--}4\times10^5$ km のループ長に対して 10–40 ガウスである．

5.5 黒点の形成から消滅まで

前節まで見てきたように，光球の粒状斑，彩層のスピキュールやコロナループなど，観測精度が上がるにつれて，太陽全面はいたるところ微細構造に覆われてお

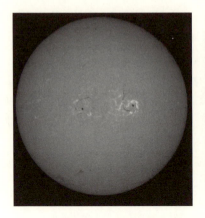 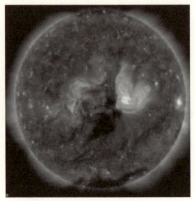

図 5.39　活動領域.（左）Hα 太陽全体像（京都大学飛騨天文台・SMART 望遠鏡による），（右）軟 X 線太陽全体像（ひので衛星 XRT による）．いずれの写真でも明るく輝いている領域が活動領域である．それ以外の領域を静穏領域と呼ぶ．また，軟 X 線像で特に暗い領域をコロナホールと呼んでいる．

り，絶えずダイナミックに変動していることが分かってきた．しかし太陽表面には，これらに比べて桁違いに大きなエネルギーを放出する，フレアやプロミネンス爆発などが発生する特別に活動的な領域がある．図 5.39 の Hα 線と軟 X 線像のなかで，特に明るく見えるのがそれらであって，このような領域を活動領域と呼ぶ．活動領域では磁場が強く，その中心にはたいていの場合黒点が見られる．

図 5.40（左）は磁場強度の分布を測定した図で，白は磁場の N 極で，黒は S 極である．楕円で囲んだ活動領域には，強い磁場が N 極と S 極の対で存在することが分かるであろう．右側の連続光像と比べると，実線で囲んだ領域には黒点が，破線領域には白斑が見られる．このように，磁場の強い領域すなわち活動領域には，たいてい黒点か白斑が見られる．ちなみに，図 5.40（右）の太陽中心付近の点線で囲まれた領域には黒点も白斑も見えないが，これらは衰退中の古い活動領域か，生まれて間もない若い活動領域かのどちらかである．活動領域以外の，静かで磁場の弱い領域を静穏領域と呼ぶ．また静穏領域のなかでも軟 X 線像で特に暗く見える領域はコロナホール（5.4.5 節参照）と呼ばれている．

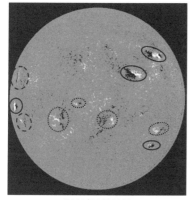 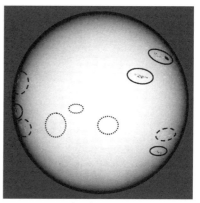

2001年3月10日 　　　　　　　2001年3月10日

図 **5.40** 活動領域の光球．(左) 太陽光球の視線方向磁場で，白は N 極磁場，黒は S 極磁場を表す．(右) 活動領域の黒点と白斑領域（いずれも SOHO 衛星による）．楕円で囲まれた領域が活動領域で，いずれも強い双極磁場領域に対応している．実線楕円内には黒点が見られ，破線内には白斑が見られる．太陽中心付近の点線で囲まれた三つの双極領域には，顕著な黒点も白斑も見られない．これらは衰退中の古い活動領域か，あるいは発達中の若い活動領域で，太陽の縁近くにあれば白斑が見られるはずである．

5.5.1 活動領域の誕生

活動領域はどのように誕生して，どのようにして大きく成長するのであろうか？ 図 5.41（172 ページ）にその例が示されている．図の左側の列は Hα − 5.0 Å の波長で撮影されたもので，光球の様子を表している．右の列は Hα 線中心像で，彩層上部を見ていることになる．

写真 (a) には，まだ光球に何の変化も現れていないが，彩層にはすでに 2 本の黒い小さな筋模様と，その両端の明るい斑点が見られる．これはアーチ・フィラメント・システム（arch filament system; AFS）と呼ばれているもので，両端は異なる磁極を持っており，黒い筋はこれらをつなぐ磁力線を表している．これより約 1 時間後の (b) になると，彩層の AFS はさらに成長しているが，光球でも非常に小さな二つの黒い点（ポア: pore）A, B とその間を結ぶ細い黒い筋（ダーク・レイン: dark lane）が見られるようになっている．最初から約 6

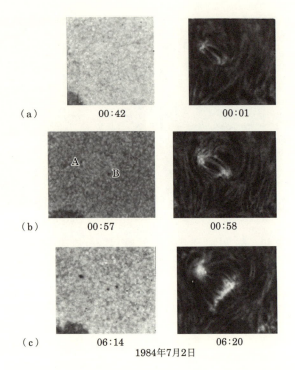

図 5.41 双極黒点領域の誕生と彩層アーチ・フィラメントの発達．(左) 連続光像，(右) Hα 像．連続光像では 00:57UT (b) に初めて，ポア A，B とそれを結ぶ黒い筋模様が現れているが，(a) の Hα 線中心像では，それより 1 時間早い 00:01UT に，すでにアーチ・フィラメントと呼ばれる彩層の磁力線構造を示す黒い筋がはっきりと見える（京都大学飛騨天文台・ドームレス太陽望遠鏡）．

時間後の (c) では，小黒点は 3 個となって黒みも増し，双極黒点の間隔が広がっている．AFS は数本の黒い筋模様に成長しているのが見られる．

このように面白いことには，光球で黒点が見える前に，それより上層の彩層ではすでに，AFS とその両端の明るい斑点が現れているのである．これは，光球の下から浮上してきた磁束管の上端が彩層に顔を出すことによって AFS として見えるが，光球での磁束が十分に強くなり温度が冷えて黒点として見えるまでには，さらに 1 時間から 2 時間かかるということを示している．磁束管は光球を

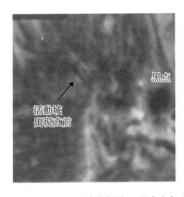 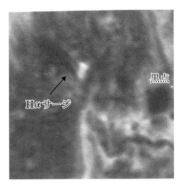

図 5.42 活動領域の誕生を知らせる Hα サージの発生．1983 年 6 月 1 日 20:15UT（左）には活動領域の兆候はないが，20:47UT（右）から活発な Hα サージ活動が見られ，この 4 時間後には新活動領域誕生を示す AFS が現れた（京都大学飛騨天文台・ドームレス太陽望遠鏡）．

通って彩層に上がってくるので，黒点としては見えなくても，光球磁場の増加が AFS より先に観測されるはずであるが，そのときの磁場はまだ弱いので，かなり高精度の磁場観測装置でないとその初期を検出することはむずかしい．

また最近の詳しい観測によって，活動領域誕生の前に，プラズマ・ジェットが噴出されることも分かってきた．Hα サージと呼ばれるジェット噴出が，AFS に先行して最初に見られるのである．図 5.42 の写真は，Hα サージが活動領域の最初の兆候であることを示している．このようなジェット噴出は，浮上磁束管がその周辺や上部に前から存在していた磁場と，磁力線のつなぎかえ（リコネクション）をおこすことによって生ずると考えられている．

5.5.2 黒点の発達と崩壊

図 5.41 で見たように，黒点は異なる磁極を持つ双極の小黒点（ポア：pore）として誕生するが，これらの小黒点が同じ磁極同士で合体して，大きな黒点群に成長していく．図 5.43 にその典型的な例が示されている．図 5.43 上側の写真は活動領域誕生後 2 日目のものであり，多くの小黒点が N 極 S 極に分かれて合体しつつある様子が見られるが，まだ半暗部は形成されていない．次の日の下側の写真では，すでに一人前の黒点として成長している．中心部の真っ黒い部分を暗

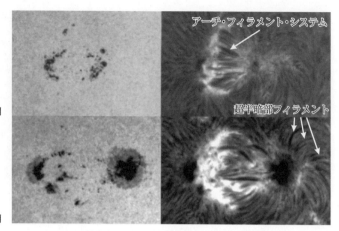

図 5.43 黒点の成長過程（上段は誕生後 2 日目，下段は 3 日目）．（左）連続光で撮影した黒点の成長．（右）同時刻に撮影された Hα 像．AFS 磁気ループが双極黒点を結んで浮上している様子が見られる．上段の誕生後 2 日目の黒点群にはいまだ半暗部は見られないが，下段の 3 日目には，微小黒点が集まって丸い先行黒点と数個の後行黒点にまとまり，半暗部も発達しているのが分かる．また，Hα 像では超半暗部フィラメント構造も見える（京都大学飛騨天文台・ドームレス太陽望遠鏡）．

部，その周囲の黒味の淡い部分を半暗部と呼ぶ．

黒点群は太陽の自転とともに西側[*3] に移動するので，双極ペアの西側（右側）を先行黒点，東側を後行黒点と呼ぶ．通常は図 5.43 の例のように先行黒点の方がより大きく発達する．口絵 3 は，ひので衛星で観測された，きわめて解像度の高い黒点の画像である．

図 5.43 右側の Hα 像では，双極黒点をつなぐ磁力線に沿った，多くの黒い筋模様（AFS ループ）を確認することができる．AFS ループの根元は明るく輝いており，AFS プラージュと呼ぶ．

このような観測から分かるように，活動領域は対流層から浮き上がってきた磁束管によって作られ，その磁束管の光球での切り口が黒点であり，彩層からコロ

[*3] 太陽の緯度経度の基準となる太陽の自転軸は，天の南北方向に対して 1 年の間で ±26° の範囲で角度を変える．これに従って太陽の赤道も天の東西とのなす角を変えるが，地球の北半球にいる人が南中時の太陽を見たとき，右手が太陽の西である．

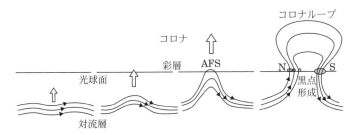

図 **5.44** 磁束管の浮上と黒点の形成．対流層で強められた磁束管が，磁気浮力によって太陽表面に浮上して，活動領域を形成する．磁束管の光球における切り口が黒点である．図 5.42 と図 5.43 で見られるように，まず Hα 線でサージと AFS として観測され，その後黒点が形成される．またコロナでは，AFS が進化して高温コロナループが形成される．

ナに浮き出た部分が Hα アーチ・フィラメント・システム（AFS）であり，さらにコロナループへと進化していくのである．図 5.44 ではこれを模式的に示している．

5.5.3 磁気浮力

磁束管は対流層下部で，ダイナモ機構によって生成されると考えられている（6 章参照）が，このような磁束管はなぜ表面まで浮上してくるのであろうか．これに対する回答はパーカーによって最初に与えられた．

図 5.45 のように断面積 A，長さ L の磁束管を考え，その内部と外部の圧力，密度，温度をそれぞれ p_i, ρ_i, T_i，および p_e, ρ_e, T_e とする．また，磁束管の磁場

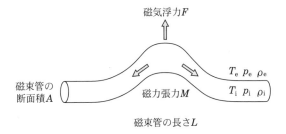

図 **5.45** 浮上磁束管に働く力．磁束管内部の圧力，密度，温度を p_i, ρ_i, T_i，外部のそれらを p_e, ρ_e, T_e とする．

強度を B とする．このとき，磁束管内外の圧力のつりあいから次の等式が成り立つ：

$$p_\mathrm{e} = p_\mathrm{i} + \frac{B^2}{8\pi}. \tag{5.36}$$

したがって，$p_\mathrm{i} < p_\mathrm{e}$ であるので，磁束管内外の温度がほぼ等しければ，$\rho_\mathrm{i} < \rho_\mathrm{e}$ となり，磁束管の内部は外部に比べて軽いので，浮力が生じるのである．これを磁気浮力と呼ぶ．

磁気浮力 F は，$F = Lg(\rho_\mathrm{e} - \rho_\mathrm{i})A$ で表されるが，それに対して浮上を止めようとする磁気張力 $M = (B^2/8\pi)A$ が働くので，浮上する条件 $F > 2M$ は，

$$Lg(\rho_\mathrm{e} - \rho_\mathrm{i})A > 2\frac{B^2}{8\pi}A \tag{5.37}$$

となる．次に状態方程式 $p = k_\mathrm{B}T/(\mu m_\mathrm{H})\rho$ （μ は平均分子量，m_H は水素原子の質量）を式 (5.36) に代入すると，

$$\rho_\mathrm{e} = \rho_\mathrm{i} + \frac{\mu m_\mathrm{H}}{k_\mathrm{B}T}\frac{B^2}{8\pi} \tag{5.38}$$

であるので，式 (5.38) を式 (5.37) に代入すると結局，

$$L > \frac{2k_\mathrm{B}T}{\mu m_\mathrm{H}g} \tag{5.39}$$

を得る．$H = k_\mathrm{B}T/(\mu m_\mathrm{H}g)$ はいわゆるスケールハイトであるので，スケールハイトの2倍以上の長さを持つ磁束管は不安定となり，ここでは考えていない対流などその他の抵抗力に邪魔されなければ，浮上することになる．また浮上し始めると，磁束管内部のガスが下にずり落ちることによって，磁束管はさらに軽くなり，図5.44のように光球表面上まで浮上して，AFSや黒点やコロナループなどとして観測されるのである．

光球上に浮上した磁束管は，周囲の磁場や自分自身との磁力線のつなぎかえによって急速に形を変えながら，拡散したり再沈下するので，それに伴って黒点も縮小消滅する．ほとんどの黒点の寿命は2週間より短いが，大きい黒点のなかには，太陽が2回転する間，すなわち2か月間くらいも引き続いて同定できる長寿命のもの（回帰黒点）もある．通常は後行黒点が早く拡散するので，先行黒点のみが残り，その東側に，拡散した後行磁場による白斑やプラージュが続いてい

る活動領域も多く見られる．同じ活動領域の中に次々と新しい黒点が生まれることが多いので，活動領域の寿命としては数か月続くものもある．

5.5.4 黒点の分類

黒点は図 5.43 や 5.44 で示したように双極で現れるのが基本であるが，同じ場所に次々と複数の双極黒点が現れる場合には，両磁極が入り乱れて複雑な磁場配置の黒点群に発達する．このようなさまざまな磁場配置の黒点群を整理するために，次のようなマウント・ウィルソン（Mt. Wilson）分類がよく使われている．

- α 型黒点群　N, S どちらか一方の極性を持つ黒点だけが見られる群．誕生直後の黒点群や，上に述べたように衰退途上で後行黒点が消滅したような群に多い．
- β 型黒点群　N, S 両極の黒点が先行，後行に分けられて，その間に 1 本の磁気中性線を引くことができる，図 5.43 のような典型的な双極黒点群．
- γ 型黒点群　両極が入り乱れているので，双極黒点群と分類できない，複雑な黒点群．
- $\beta\gamma$ 型黒点群　全体としては双極になっているが，複数の双極が絡み合って複雑な磁場配置になっているために，連続した一本の磁気中性線を引くことができない黒点群．
- δ 型黒点群　異なる磁極を持つ黒点暗部同士が非常に接近していて，半暗部を互いに共有している黒点群．

5.5.5 黒点の温度・密度構造

黒点が黒く見えるのは，その強い磁場によって内部の熱を運ぶ対流運動が抑えられて温度が低いために，そこから放射されている放射強度が周囲の光球に比べて弱いためである．それではどの程度低いのだろうか？　黒点の温度も 5.1 節で述べた方法で，連続光の測定から求められる．全波長を積分した光度は光球の約 15%であり，式（5.4）で定義される有効温度は約 3700 度と求められる．実際，黒点の分光スペクトルには，恒星の分光分類で K 型あるいは M 型の特徴を表す，CH, CN, TiO など低温で強くなる多くの種類の分子の吸収線が観測される．

黒点の深さによる温度構造についても，5.1.2, 5.2.2 節で光球や彩層底部につ

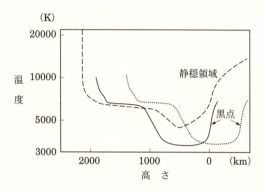

図 5.46 黒点暗部の温度構造．縦軸は温度，横軸の高さは静穏領域の大気モデルに基づいて，500 nm の波長での光学的厚さが 1 となる深さを 0 km としている．実線と破線はそれぞれ，黒点と静穏領域の温度分布である．実際は黒点の中では密度が低いので，静穏領域より深くまで見える．同じ幾何学的深さで比較するために，黒点の温度分布を 500 km 深い方にずらせたものが点線である（Maltby *et al.* 1986, *ApJ*, 306, 284 をもとに作成）．

いて求めたのと同じく，黒点輝度の太陽中心から縁にいたる変化や波長変化の観測から求められる．特に光球に対する黒点暗部のコントラストすなわち輝度比は，波長によって驚くほど大きく異なる．すなわち可視域では数％から 10％程度であるが，370 nm の紫外域ではわずか 1％まで輝度比は減少して，コントラストが非常に高くなる．逆に 2.5 μm 付近の赤外域では輝度比が約 60％と大きく，コントラストが弱くなるのである．

これらの観測結果から求められた，黒点暗部の温度構造が図 5.46 に示されている．比較するために静穏領域の温度分布も破線で示してある．この図の横軸は，500 nm （= 0.5 μm）の波長で光学的厚さが 1 （$\tau_{0.5} = 1$）になる深さを $h = 0$ km として，そこからの高度差で表している．しかしここで注意しなければならないのは，磁場が強い黒点内では，式 (5.38) から分かるように密度が低いので，$\tau_{0.5} = 1$ となる幾何学的な深さが，光球に比べて約数百 km 深くなっているということである．そこで同じ深さで比べるために，黒点の温度分布のグラフ（実線）を 500 km 深い方にずらせたものが，図 5.46 の点線である．これから分かるように，500 nm 付近の可視光で見通している部分の黒点の温度は，周囲の

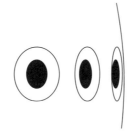

図 **5.47** 太陽縁付近で見られる黒点のウィルソン効果．太陽縁に近づくにつれて，太陽中心側の半暗部が狭く見える．

光球より約 1 万度も冷たくなっていることになる．

ところで，黒点の中では周囲の光球より深くまで見えるということは，黒点が周囲に比べて凹んで見えるはずである．実際はどうであろうか？ 太陽面上では平面的に見えるが，図 5.47 のように大きな黒点が太陽の縁に近づくと，太陽中心側の半暗部が太陽縁側の半暗部より狭く見えるのである．この事実はウィルソン（A. Wilson）によって 1769 年に発見されたので，ウィルソン効果と呼ばれている．

図 5.46 でもう一つ注目すべきことは，黒点上方では周囲より温度が高くなっており，彩層からコロナへの急激な温度上昇が早く始まっていることである．実際，$H\alpha$ 線やカルシウム K 線で見ると，黒点の真上には上部彩層に相当するスピキュールがほとんど見られず，彩層が周囲より凹んで見え，コロナへの遷移層も低くなっている．

5.5.6 黒点の磁場構造

黒点の磁場はゼーマン効果を用いて測定される（4.1.3 節参照）．磁場の傾きは，安定した黒点が太陽中心から太陽縁へ移動する際に，視線方向の磁場成分の変化を測定することによって求められる．また，偏光度を測定することによっても求めることができる（4.1.3 節参照）．これによると，丸く大きな黒点では，暗部の中心付近の磁場は太陽面にほぼ垂直になっているが，周辺部の半暗部では，朝顔の花が開くように次第に傾いているという結果が得られている（図 5.48）．これは光球下部では，強いガス圧によって磁場が押し詰められて立っているが，上層

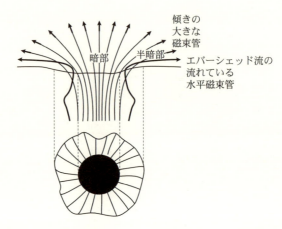

図 5.48 黒点磁場の構造.（上）鉛直断面図.（下）水平断面図.暗部の磁場は，ほぼ鉛直である．半暗部では，ほぼ水平な磁場とやや傾いた磁場が入り混じっている．エバーシェッド流は，水平磁場に沿って黒点から外向きに流れ出している．

ではガス圧が急激に弱くなるので，磁場が開いていると考えればよい．しかし詳しく見れば，実際の黒点磁場構造はダイナミックに変動していることが分かる．

半暗部では，放射状の筋模様に沿って，速度数 $km\,s^{-1}$ におよぶ外向きのガスの流れが存在することが知られており，それをスペクトル線のドップラー効果を用いて最初に測定したエバーシェッド（J. Evershed）にちなんで，エバーシェッド流と呼ばれている．エバーシェッド流がほぼ水平な流れであるのに対して，半暗部の磁力線は水平からある程度傾いていて，流れの方向と一致しないことが長い間謎であった．しかし最近の高空間分解能かつ高精度の磁場観測によって，半暗部の磁場の傾きは決して一様に揃っているわけではなく，水平に近いものと，水平からかなり傾いたものとが複雑に入り組んでおり，エバーシェッド流は水平な磁場成分に沿っていることが分かってきた．

エバーシェッド流の原因を説明するおもな考え方としては，サイフォン流説と運動磁束管説を挙げることができる．前者は，磁束管の両端のガス圧の差によって生じた定常的な流れで説明しようとするものであるが，黒点側でなぜガス圧か強いのかという基本問題には答えられていない．また，最近の高分解能観測で明らかになった，半暗部の筋模様に沿った明るい粒模様（半暗部輝点）の動きな

どをみると，定常的なモデルをあてはめることは難しい．それに対して後者では，何らかの不安定性で半暗部の下から磁束管自体が上昇してくると考え（図5.48），それによって同時に磁束管に沿ったガスの運動も作り出されるというものである．この上昇磁束管の黒点暗部側の先端部分の動きが半暗部輝点の内向きの動きとして見え，またそこから外側では磁束管は水平となり，その中を冷えたガスが外向きに落ちて行くのが，エバーシェッド流として見えていると考えている．これらの磁束管が次々に上昇してくる原因とメカニズムの詳細については依然として不明であるが，この上昇磁束管とその周りに林立する黒点磁場とのリコネクションによって発生している半暗部彩層マイクロジェットが，ひので衛星のカルシウムH線画像で発見されたことは，興味深いことである．

このように，黒点暗部と半暗部の境界領域における上昇磁束管の運動は，黒点の成長・活動や崩壊と密接に関わっていると考えられるので，この領域の三次元微細磁場・速度場構造の時間変化をさらに詳細に解明することは，黒点の本質的な理解にとって重要である．

それでは，半暗部の外側の磁場はどのようになっているのであろうか？ 図5.43から分かるように，連続光では半暗部とその周りの光球との境界ははっきりしているが，Hα線像では，その境界を覆い隠すように，もっと長い黒い筋状の模様が放射線上に広がっているのが見られる．これらは超半暗部フィラメントと呼ばれているもので，黒点から広がった磁場に沿ったガスの流れに相当している．分光スペクトルや多波長単色像観測によってHα線の波長偏移を測定すると，超半暗部フィラメントでは，連続光で見る半暗部とは反対に，黒点の中へ向かってガスが約 20–30 km s^{-1} で，時には 50 km s^{-1} もの速度で流れ込んでいることが分かる．

一方，高分解能の磁場画像を数時間にわたって動画として見ると，半暗部の外縁から，大きさが2秒角くらいの磁場の粒が放射状に次々と流れ出して拡散して行くのが見られる．これらは移動磁気要素（moving magnetic features; MMF）と呼ばれる現象であり，若い黒点以外では多かれ少なかれどの黒点にも見られるが，特に崩壊過程のものに顕著に見られる．それらの速度は 1 km s^{-1} 程度で，個々の粒は1–2時間程度で消えるものが多いが，数時間まで追跡できるものもある．単極のものもあるが，NS磁極が対で流出していくものが多いので，図

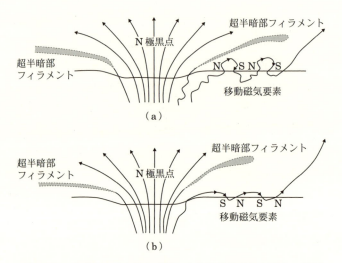

図 5.49　半暗部の非定常な磁場の変化と移動磁気要素との関係を示すモデル．

5.49 (a) のように，半暗部の端の磁力管が，超粒状斑の流れによってはぎ取られて拡散していく現象であると考えられている．しかしこの場合は親黒点と同じ磁極が黒点に近い側に見えるはずであるが，最近の観測からは，それと逆の順番で双極対が拡散していくものが多いという結果が出ており，図5.49 (b) のように，半暗部の磁束管の外側で，エバーシェッド流ガスの重みでできた U 字型の凹みが伝播しているものと考える説もある．

いずれにしても，半暗部の非定常な磁場の変化と移動磁気要素の関連を調べることは，黒点の成長過程をさらに詳しく調べることと同様に重要で，これによって活動領域の源泉である磁束管の浮上，磁気リコネクション，拡散，再沈下などの磁場活動の実態が明らかになってくるであろう．

5.6　小さな磁場構造

5.6.1　微細磁束管と白斑

静穏領域の超粒状斑ネットワークの彩層深部をつぶさに観測すると，スピキュールの根元に微小な輝点が見られる．そこでの光球磁場はそれらの輝点と対

応する形で，離散的な点状の磁束分布となっている．この点状の磁場を微細磁束管，あるいは太陽大気の磁気要素と呼んでいる．個々の微細磁束管は，その直径が 150 km 程度（見かけの角度で 0.2 秒角）あるいはそれ以下であり，約 1000 ガウスの磁場強度を持つ．

このような微細磁束管はどのように発見されたのであろうか．この小さな構造は，近年のような高い空間分解能のもとで直接観測されて見出されたのではなく，じつは 1970 年代の磁場の偏光観測から間接的な方法で見つけられた．当時は観測の空間分解能がそれほど高くなく，0.2 秒角の構造は分解することができなかった．また，磁場観測も視線方向磁場強度のみが測定できる状況であった．先に述べたように，磁場が存在すると，ゼーマン効果により太陽スペクトルの吸収線は波長方向に分離し，また偏光を示すようになる．太陽の視線方向磁場観測では，このうちの左円偏光と右円偏光の強度差（ストークスの V 強度）が磁場強度に比例するという近似（弱磁場近似）のもとで，磁場強度を求める方法が一般的であった．太陽表面を細かな格子に分割して，各ピクセル[*4]で観測された V 強度から，そこでの磁場強度が求められる．そのとき，観測された磁束が各ピクセル内で一様に分布しているものとして，磁場強度を求めていた．そのような観測，磁場強度導出の結果，太陽表面では磁場強度が 0 ガウスから黒点の 3000 ガウス程度までの値を示すことが分かった．

ところが，ゼーマン効果に対する感度が小さな（ランデ因子（4.1.3 節参照）が小さな）吸収線を用いて同様に磁場強度を求めてみると，同じピクセルであるにもかかわらず，系統的に大きな値が求まることが分かった．これは，ピクセル内に一様に磁束が分布していると考えると説明がつかないことである．そこで，磁束がピクセル内で一様ではなく，ピクセル内の一部のみに磁束が集中していて，残りの部分は磁束がないという説が提案された．また，ランデ因子が大きな吸収線の V 振幅は，磁場強度が大きくなると弱磁場近似では磁場強度に比例せず，上限値しか求まらなくなるということを考慮して，磁場に対する感度の異なる二つの吸収線の観測結果が見直された．その結果，太陽表面の磁束は，約 1000 ガウスの磁場強度を持つ微細な磁気要素に集中しており，その要素の外側

[*4] 初期の観測では，現在のような 2 次元検出器（CCD など）はなかったので，ピクセルと呼ぶのは適切でないが，現在ではピクセルと呼ぶほうが分かりやすい．

は磁場がないと仮定するとうまく説明できることが見出された．平均的な磁場強度がさまざまな値を示すのは，ピクセル内にそのような磁気要素が多数あるかどうかによるためであることが分かった．

さらに，可視連続光で白斑領域を観測したとき，きわめて観測条件が良いときには，直径 150 km 程度以下の微細な輝点（ファキュラー・ポイント）に分解されることが観測された．これも微細な磁束管に対応するものと考えられている．白斑領域は，あるひとつの極性の微細磁束管が集積した領域になっており，光球では微細磁束管に対応して微小な輝点の集合体として見える．白斑領域では，ファキュラー・ポイントは粒状斑に挟まれた狭いすき間に位置していることがほとんどであり，粒状斑の流れによって微細磁束管が粒状斑間のすき間に運ばれたものと考えられている．

このファキュラー・ポイントの集合体である白斑領域は，太陽の自転によって太陽面上の位置が変わってゆくとき，そのコントラストが大きく変化することが昔からよく知られていた．可視連続光で観測すると，太陽円盤の中心ではほとんどコントラストがないのに，太陽の縁にくると明るく高いコントラストで見える．この白斑の中心–周辺コントラスト変化は解釈が困難で，謎のひとつとされてきたが，微細磁束管内部での対流の抑圧，周辺の光球からの放射加熱などの効果を総合的に取り入れて説明が可能となってきた．黒点が暗いのはなぜかというもうひとつの謎とあわせて，5.6.4 節で解説される．

最近では，G バンドと呼ばれる波長 430 nm 付近の 1 nm 幅程度の透過幅を持つフィルターを透して撮像することによって，白斑領域，黒点周辺で 150 km 程度の微細な構造が観測されており，その時間発展が研究されている．G バンド波長帯では CH 分子の吸収線が多数あり，温度最低層付近の場所による温度の違いが，高いコントラストの明暗で見えることを利用しているものである．温度が高いところでは分子が解離し，したがって吸収線強度は小さくなり，フィルター像では明るく見えるというわけである．図 5.7 に見られるように，輝点が粒状斑の粒々模様の周辺に集中しているのがよく分かる．

以上のような直径が 150 km 程度あるいはそれ以下の微細な構造が，磁束の集中した磁束管であることは，偏光した光をもちいて高い空間分解能像を観測したときにはじめて確認された．磁場が存在する 150 km 程度のサイズの小さな点の

ところでのみ，ゼーマン効果によって光が偏光していることが確かめられ，磁束管の存在が直接的に確かめられた．

　黒点周辺の光球磁場構造も高い空間分解能で観測すると，離散的な微細磁束管が単位となっており，それらが離合集散して複雑な磁場分布を示している．極性の異なる微細磁束管が混在する形で分布するような場所では，活動現象がしばしば観測される．これは，極性の異なる微細磁束管が接触して磁気リコネクションが起こり，エネルギーが解放されるためであると考えられている．このような領域の磁束分布の時間的な変化をみると，異なる極性が互いに打ち消しあって徐々に消えていくように見えるので磁束のキャンセレーションと呼ばれている．

　こうして，太陽表面上では，磁場は微細な磁束管が単位となって分布していることが観測的に確かめられてきた．では，なぜこのような微細な磁束管が太陽表面上で作られるのであろうか．より大きなサイズあるいはより小さなサイズの磁束管は安定して存在しないのだろうか．1000ガウス程度という一定の磁場強度になるのはなぜだろうか．このような疑問が浮かんでくる．

　これらの問題は，現在の最先端の課題であって世界中で観測理論両面から研究されている．現在もっとも受け入れられている考え方は，対流崩壊という機構によって，微細なサイズの強い磁場強度の磁束管ができるというものである．磁束管内のガスは対流的に不安定であるために，いったん磁束管内のガスが落ち込みだすと，外部のガスに比べて温度が低くなり，そのため管内ガス圧が低下し，磁束管は外部ガス圧によって圧縮され磁場が強くなる．この圧縮によって内部のガスの落ち込みは加速され，磁束管内のガスがどんどん排出されてしまい，磁束管はその磁気圧のみで外部ガス圧を支えるところまで圧縮されるという機構である．この機構に加えて，複数の粒状斑の流れの結節点に磁束が掃き寄せられて圧縮されることも寄与している．掃き寄せられた磁束が対流崩壊を起こして強い磁束管が形成されると現在では考えられている．実際，数値シミュレーションでそのような微細な構造ができることも確認されつつある．

　図5.50は2次元シミュレーションの例である．2つの粒状斑の間（横方向座標が1400km付近）に微細な磁束管ができている様子が示されている．図5.50の上図では温度分布が濃淡模様で表され，細い実線で描かれた磁力線が中央部に集中している様子が描かれている．図5.50の下図では，矢印が各点でのガスの

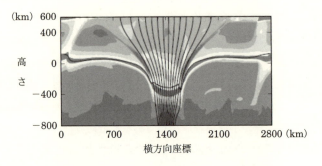

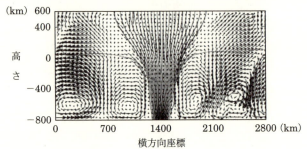

図 5.50 磁気対流のシミュレーション (Leka & Steiner 2001, *ApJ*, 552, 354).

流れを表しており，粒状斑の対流運動によって磁束が掃き寄せられていることがよく分かる．

5.6.2 短命活動領域

　差し渡しサイズが 30000 km 以下と小さく，寿命が 1 日程度の N 極と S 極からなる双極磁場構造を，太陽光球面で数多く観測することができる．この構造は短命活動領域 (ephemeral regions) と呼ばれ，太陽光球面の磁場観測の空間分解能や磁場の感度が大きく向上した 1970 年代のはじめ頃から，その性質が詳細に調べられた．初期成果の多くは，米国キットピーク天文台の観測データをもとにして得られている．

　このキットピーク天文台の磁場データの解析から分かった短命活動領域の特徴は，

(1) ほとんどの場合で黒点を形成しないこと，

(2) 一つの磁気ペアの全磁束は 10^{19}–10^{20} Mx [*5]程度だが，太陽全体での磁束の総量は 11 年周期を示す活動領域のものを凌駕すること，

(3) 黒点よりも極域までにわたり幅広い緯度で発生すること，

(4) 11 年周期活動中の短命活動領域の総数変化は，極大期が極小期の 2 倍程度になるが，黒点が代表する活動領域と異なり 11 年周期性を強く示さないこと，

(5) N 極と S 極を結ぶ磁場の向きがヘール–ニコルソンの法則（6.1 節参照）に従ったものは割合として少なく，全体としてはランダムな方向となっていること，

(6) いろいろな大きさの短命活動領域の発生頻度分布が，活動領域の発生頻度分布の延長上にあるように見えること，

などである．

短命活動領域の研究の初期には，短命活動領域の総数が活動極大期で最大になること，双極磁場の向きがヘール–ニコルソンの法則に従うものの数が若干多いこと，大きさ（磁束量に）に対する発生頻度分布が活動領域と連続的につながるように見えることが重視されて，短命活動領域は，双極磁場である活動領域のサイズの小さいものではないかと考えられた．これが意味することは，太陽上の磁場は，小さいものから大きいものまで，11 年周期を作り出すダイナモ機構により生成されているということである．

キットピーク天文台による観測よりも観測頻度が高い太陽全面の磁場観測が，1996 年から SOHO 衛星搭載の MDI という装置で定常的に行われるようになった．この装置で観測される短命活動領域の一例を図 5.51 に示す．異なる磁極を持つ塊が，徐々に広がっていく様子が分かるだろう．この太陽全面磁場データより，光球面下から浮上した小さな双極磁場を多数取り出すと，太陽全面に広く発生していることが分かった．

この領域の磁束に対する発生頻度分布は，図 5.52（189 ページ）のようになる．磁束の頻度分布でも，活動領域の分布を磁束の小さいほうにのばしていくと，短命活動領域の分布とつながるように見える．しかし，3×10^{19} Mx より

[*5] Mx は磁束の単位で，ガウス・cm^2 に等しい．

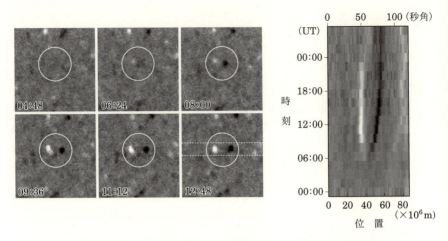

図 5.51 SOHO 衛星搭載の MDI 装置により観測された短命活動領域の一例（白丸の中の白黒の対）．図中の白は N 極，黒は S 極を表す．12:48 UT の図中にある破線部分の磁場を，縦方向を積分して時間順に縦方向に並べたものが右図である．発生時から白黒のペアの間隔が広がっていき，その後磁束が小さくなっていくことが見てとれる．この例では，N 極の磁束量は 2.4×10^{19} Mx，S 極では -3.5×10^{19} Mx である．

小さい短命活動領域では，極小期から極大期までの発生数の変動幅が平均値の±25％程度と小さく，また磁極の向きもランダムである．一方，より磁束の大きなものについては，活動領域と同様の性質をより強く示している．これらを考慮すると，少なくとも短命活動領域とみなされた双極磁場の起源については，活動領域の 11 年周期変動と独立な磁場成分の存在を考えなければならなくなってきている．つまり 11 年周期を発生させるダイナモ機構のほかに，光球下部のかなり表面に限定した領域ではたらいて，小さなスケールの双極磁場を生成する局所的ダイナモ機構の必要性が示唆される．

　数多くの偏光データを積分して磁場の測定限界を下げると，これまでに述べた短命活動領域よりもさらに小さい磁束を持った，より短命の双極磁場構造が見えてくる．これらは超粒状斑の内側で発生するため，ネットワーク内磁場と呼ばれ，1970 年代半ば頃にキットピーク天文台の観測で発見された．その発生から消滅にいたる詳細の過程については，その後の米国ビッグベア太陽観測所のビデオマ

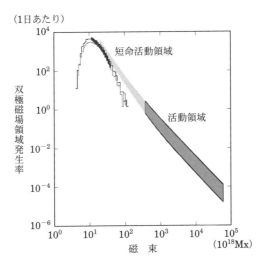

図 **5.52** 双極磁場領域の磁束量に対する1日あたりの太陽面での発生数分布（Hagenaar *et al.* 2003, *ApJ*, 584, 1107 をもとに作成）.

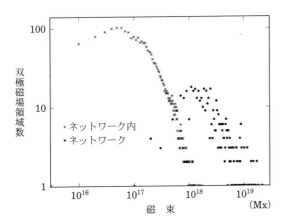

図 **5.53** 磁束量の小さい双極磁場領域の磁束量に対する頻度分布（Wang *et al.* 1995, *Solar Phys.*, 160, 277）.

グネトグラフによる観測で詳細に調査されている．この双極磁場成分の磁束は，図 5.53（189 ページ）に示されるように 10^{16}–10^{18} Mx 程度である．ネットワーク内磁場は超粒状斑の中央で発生して，超粒状斑の境界に向かって $0.4\,\mathrm{km\,s^{-1}}$ 程度の速度で移動していく．発生したネットワーク内磁場は，数時間程度の寿命で周囲にある異極の磁場と打ち消しあったり，同極のものと合体したりしていく．

このネットワーク内磁場は，ひので衛星の光球ベクトル磁場観測によって，それまでにない 0.3 秒角の解像度と磁場観測精度で調べられている．長時間安定した高い解像度の連続磁場観測を通して，ネットワーク内磁場から供給される磁束により，超粒状斑の境界に位置するネットワーク磁場が 1 日程度で置き換わっていることが分かった．それまでの理解では，短命活動領域が持ち込む磁場がネットワーク磁場の起源とされていたが，より小さな磁束をもった大量の双極子磁場がその主要な供給源の役割を担っていたのである．ひので衛星の磁場観測は，太陽 11 年周期中に変動する活動領域や短命活動領域とは異なり，ネットワーク内磁場の磁束総量や発生頻度分布が 11 年周期の中で一定であることも明らかにした．このことは，より小スケールで，また短時間スケールではたらく局所的ダイナモ機構の存在を強く示唆している．ひので衛星の磁場観測は，磁場を含んだ光球大気の数値シミュレーションではたらく局所的ダイナモ機構が作り出す磁場の特徴と矛盾がないが，太陽観測から局所ダイナモ機構の存在を明確にするには，ひので衛星の数倍の解像度をもつ観測が必要と考えられている．

5.6.3　X 線輝点

太陽コロナを X 線で観測すると，太陽全体に直径 30000 km 程度の小さい輝点を数多くみることができる（図 5.54）．この輝点は，1960 年代後半に実施されたロケット搭載の X 線望遠鏡で初めて発見され，X 線輝点（X-ray bright point; 以下 XBP）と呼ばれている．極端紫外線領域の輝線観測からは，遷移層やコロナの輝点としても観測される．また XBP は，波長 20 cm の電波で見ると「輝点」に，1083 nm のヘリウムの吸収線の観測では「暗い点」として観測される．静穏領域内やコロナホール内の区別なく XBP は観測されるが，発生場所による特徴には差がないことが分かっている．XBP の寿命については，スカイラブに搭載された X 線望遠鏡により，その寿命が 1 日よりも短いことが明らかになった．

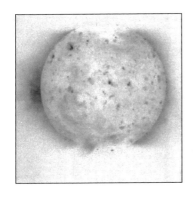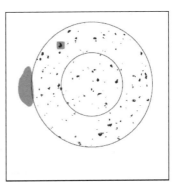

図 **5.54** （左）ようこう X 線観測による 1996 年 6 月 1 日の太陽コロナ（明るいところを黒く，暗いところを白くしたネガ像）．（右）左図より抽出された X 線輝点．グレーの領域は活動領域．

XBP の直下の光球磁場を見ると，N 極と S 極の対が観測され，磁束は 10^{19}–10^{20} Mx と短命活動領域の磁束量程度である．双極磁場構造が直下の光球で観測されたために，研究初期段階には小さなループ状の磁場構造がコロナに浮上した結果だと思われたが，この双極磁場構造の時間変化を追っていくと，N 極と S 極は互いに接近して消滅していくものが大半を占めることが分かった．このため，異なる磁場構造（たとえば二つの小さなループ状構造）の N 極と S 極が互いに接近し，コロナ中で磁気リコネクション過程を経てコロナで輝き，その磁気エネルギーが消滅していると考えられている．太陽面全体での XBP の総数が 10^3 個にもおよぶため，XBP を形成する磁束の量は，活動領域の磁束量を凌駕している．

多数の XBP の発生位置を追跡することで，黒点と同様に太陽の回転速度の情報を得ることができる．XBP の位置追跡から得られる太陽の回転速度は差動回転を示すが，面白いことに，コロナ中の構造である XBP から求めた差動回転速度は，精度よく求められる赤道から緯度 60° 程度まで，光球磁場の時間変化を使って得られるものと酷似している．このことは，光球面で互いに接近する異極の磁場と，それらの磁場とつながる磁力線がコロナで出会い，磁気リコネクションを通して輝くコロナが互いの相対位置を保ちつつ移動していることを示している．そして，この差動回転速度と日震学から得られる 0.97 太陽半径位置の対流

層内での差動回転速度が，赤道から緯度 60° にわたって一致することが指摘されていることも興味深い．

複数のロケット観測と 10 か月のスカイラブ実験での X 線観測から，XBP の総数が太陽 11 年周期と逆相関になるという，衝撃的な結果が主張されたことがあった．これについては，10 年にわたって観測を続けた「ようこう」衛星の X 線観測から否定され，XBP 数は太陽 11 年周期によらずほぼ一定であることが報告されている．このことは，極端紫外線域で実施された SOHO 衛星の長期観測からも確認された．短命活動領域（5.6.2 節）のところでも述べたが，この結果は，小さなスケールの磁場が，11 年周期を示す活動領域とはその磁場の起源が異なることを意味しているという点で，きわめて重要である．

5.6.4 黒点が暗く，白斑が明るいのはなぜか

5.5.5 節に述べられているように，黒点が黒く見えるのは，その強い磁場によって対流運動が抑えられるため，運ばれてくる熱エネルギーが少ないからである．放射エネルギーは温度の 4 乗に比例する（ステファン–ボルツマンの法則，式 (5.4)）ので，おおざっぱに黒点の温度を 4000 度，周りの光球の温度を 6000 度とすれば，黒点の部分には $(4000/6000)^4 = 0.2$，すなわち周囲の光球の 2 割しかエネルギーが来ていないことが分かる．

5.6.1 節で，白斑は小さな磁場の管であることを見たが，では白斑はなぜ明るく見えるかを考えてみよう．白斑の持つ磁場は 1000 ガウス程度で，黒点の 2000–4000 ガウスの磁場と比べれば弱いが，やはり熱対流は抑えられ，太陽内部から供給されるエネルギーは減っていると考えられる．

これも 5.5.3 節に述べられていることだが，磁場は磁気圧をおよぼすため，磁束管の内と外を比べると，内側のほうがガスの圧力が低く，温度を同じとすれば，密度も内側が低い．したがって磁束管の内側は外側に比べてより透明であり，上から見たときに深い層まで見通すことができる．一般に太陽の表面層では，深いところほど高温なので，深くまで見えるということは，温度を高く見せるほうに寄与する．このくぼみの量はわずかなので，直径が 1 万 km 以上もある黒点においては無視できるが，大きさが 100–200 km しかない微細磁束管では，無視できない影響がある．また，磁束管の内部がより透明であるということは，

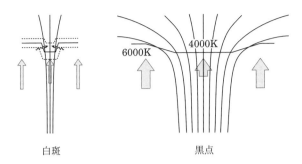

図 **5.55** 白斑（左）と黒点（右）のエネルギーの流れ．黒点では，対流の抑制により温度が下がり暗く見える．白斑では，対流エネルギーの減少分を，周りの熱いガス（点線部分）からの放射が補っている．

光がそこを通って逃げやすいということでもある．太陽表面近くでの，光子の平均自由行程は約 100 km なので，大きさが 100–200 km の微細磁束管では，内部に向かって光子が流れ込んでくる．

　これら三つの効果のうち，黒点の場合は対流の抑制がもっとも効果が大きく，したがって温度が下がり暗く見えるが，白斑の場合は，対流の抑制に比べて，磁束管の中はより深いところの熱い層が見え，かつ周りから光子の供給があることにより，三つの効果がほぼ打ち消しあって，周りと同じような明るさに見える．微細磁束管を斜めから見た場合には，くぼんだ磁束管の熱い壁がよりよく見えるようになるため，周りより画然と明るく見える．白斑が太陽の縁近くで際立って見えるのはこのためである．

　まとめると，黒点のような大きな磁場の管は暗く，白斑のような小さな磁場の管は，真上から見るとほぼ周りと同じ明るさで，斜めから見ると明るい，ということになる（図 5.55）．

5.7　プロミネンス

　日食の際，太陽の縁に赤く光る構造が浮かんで見えることがある．これがプロミネンス（prominence）である．紅炎とも呼ばれる．その正体は，コロナ中に存在する 5000–1 万度の "低温" プラズマである．水素の Hα 線を強く放射するので赤く見える．周りのコロナは 100 万度以上の超高温状態にあるので，プロ

ミネンスはコロナに比べるとずっと"低温"といえる．あたかも地球の雲のように浮かんで見えることが多い．密度は $10^{11}\,\mathrm{cm^{-3}}$（水素原子）程度である．地球大気の密度は平均的に $10^{20}\,\mathrm{cm^{-3}}$（空気分子）程度だから，地球大気に比べれば超高真空である．しかし周りのコロナの密度 $\sim 10^9\,\mathrm{cm^{-3}}$ に比べると 100 倍くらい高密である．

プロミネンスには，大きくわけて 2 種類ある．一つは静穏型プロミネンス，もう一つは活動型プロミネンスである．静穏型プロミネンスは数週間ずっと大体同じ形を保ち，全体の構造はほぼ静止状態にある．ただし，プロミネンス中のガスはゆっくりと（数 $\mathrm{km\,s^{-1}}$ くらいで）流れ落ちている．典型的なサイズは長さが 20 万 km，高さが 5 万 km，幅が 6 千 km 程度で，薄い板を立てたような形をしている．一方，活動型プロミネンスは運動状態にあり，数分から数時間で形を変えるか消滅する．運動の速度は数 $\mathrm{km\,s^{-1}}$–$2000\,\mathrm{km\,s^{-1}}$ と幅広い．形はさまざまである．

$\mathrm{H}\alpha$ 単色光で見た太陽全体像（図 5.14）をもう一度見てみよう．太陽の縁で少し外側にはみ出た構造がプロミネンスである．太陽面上をよく見ると，ところどころに黒い筋状の構造が見える．これはダーク・フィラメントと呼ばれ，プロミネンスを真上から見たものである．プロミネンスは光球の光を散乱して真っ暗な背景に対して明るく光っているが，ダーク・フィラメントは明るい光球の光を散乱・吸収して暗く見える．この図中のほとんどのプロミネンス/フィラメントは静穏型である．図 5.56 には，太陽の自転とともに，明るいプロミネンスがいかにして暗いダーク・フィラメントに変わっていくかが示されている．

太陽には強い重力があるので，コロナ中に浮かんでいるには重力に反発する力が働いていなければならない．その反発力は磁気力（$\boldsymbol{J} \times \boldsymbol{B}$ 力）であると考えられるが，静穏型プロミネンスの形から磁力線の形を想像するのは容易ではない．

5.7.1 分類

活動型プロミネンスには，次のようにいくつか種類がある．

- 噴出型プロミネンス
- スプレイ
- サージ（ジェット状プロミネンス）

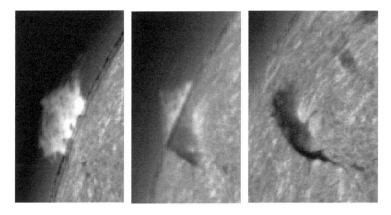

図 5.56 プロミネンスからダーク・フィラメントへの移り変わり（ニュージャージー工科大学ビッグベア太陽観測所）.

- ループ・プロミネンス（ポストフレアループ）
- アーチ・フィラメント（浮上磁場領域）
- スピキュール
- コロナ・レイン

これらのうち，アーチ・フィラメントは浮上磁場領域の構造，スピキュールは彩層の基本構造であり，両者は普通プロミネンスと分類されないが，物理的には似た構造なのでここでも記すことにした．また，コロナ・レインは高温コロナが冷えて（数千–1万度），凝縮して低温高密プラズマとなり，重力のために磁力線に沿って流れ落ちる現象のことをいう．これも物理的にプロミネンスに似ているので，ここに記した．

5.7.2 噴出型プロミネンス

噴出型プロミネンスとは，静穏型プロミネンスが突然不安定化して上昇・消滅するもので，フィラメント消失（フランス語で sudden disappearance を意味する disparition brusque = DB という呼び名がよく使われる）ともいう．図 5.57 に，乗鞍コロナ観測所で撮影された有名な噴出型プロミネンスの例をお見せしよう．太陽半径くらいの巨大な噴出型プロミネンスである．上昇速度は数 $100\,\mathrm{km\,s^{-1}}$，総質量は1億–10億トン（10^{14}–$10^{15}\,\mathrm{g}$）と見積もられる．

図 5.57 噴出型プロミネンスの典型例(国立天文台乗鞍コロナ観測所).

表 5.3 さまざまなガス噴出現象とフレア現象との関係.

低温ガス噴出		高温ガス噴出	フレア現象
サージ		X 線ジェット	サブフレア
スプレイ		X 線プラズマ噴出	フレア
(活動領域)	プロミネンス噴出	X 線プラズマ噴出	フレア
(静穏領域)	プロミネンス噴出	コロナ質量放出	巨大アーケード

　図をよく見ると,細い筋状構造はらせん状をしているように見える.実際,らせん構造を思わせる微細構造を示す噴出型プロミネンスは数多い.噴出型プロミネンスが発生すると,フレアやコロナ質量放出が発生することが多い.さまざまなガス噴出現象とフレア現象の関係を表 5.3 にまとめておこう(巨大アーケードやコロナ質量放出については 7.1 節参照)[*6].

[*6] 表 5.3 はあくまでおよその対応関係を示しているにすぎないことに注意.たとえば,X 線プラズマ現象はコロナ質量放出をともなうことがしばしばある.

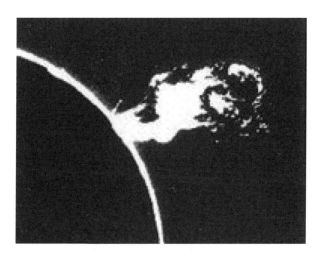

図 5.58　スプレイの典型例（アメリカ・高高度観測所マウナロア太陽観測所）．

5.7.3　スプレイ

　スプレイとは，フレアからガスが爆発的にばらばらに飛び散りながら噴出していく現象をいう．図 5.58 にはスプレイの典型例を示す．スプレイの特徴は，噴射スプレーのように比較的広い立体角に広がる形と，その速いスピードである．数分のうちに，500–1200 km s^{-1} まで加速される．多くは太陽の脱出速度（約 600 km s^{-1}）を超える．噴出型プロミネンスとの形態上の違いは，噴出型プロミネンスはもともとプロミネンスまたはフィラメントが存在しており，それが噴出したものであるのに対し，スプレイは，フレア前にはプロミネンスもフィラメントもなかった（見えなかった）ところからガスの噴出が起こったもの，という違いである．

　運動についての違いは，スプレイは短時間（数分）のうちに加速が終了するのに対し，噴出型プロミネンスはゆっくりと数 10 分－数時間かけて加速が進行する，という点である．ただし，観測例が増え，また，詳しく観測できるようになると，次第に噴出型プロミネンスとの境界が曖昧になってきた．噴出型プロミネンスの高度・時間関係を多くの例に対しプロットすると，短時間で加速されるものから長時間かかって加速するものまで，連続分布する．いまや，スプレイと噴出型プロミネンスの間に明確な境界線を引くのは困難である．

図 5.59　サージの典型例（京都大学飛騨天文台）．

5.7.4　サージ

サージは，フレアまたは，フレアに達しない小爆発から，細く絞られたジェット状の形でガスが加速される現象であり，ジェット状プロミネンスとも呼ばれる（図 5.59 参照）．速度は数 10 – 数 100 km s^{-1} で，スプレイとの違いは形と速度にある．一方，噴出型プロミネンスとの違いはスプレイと同じく，噴出前にプロミネンスもフィラメントも存在していない，という点である．脱出速度以下なので，多くはもとの経路をたどって落下する．稀にループの一方から反対側へ噴出するものもある．ジェットの形は磁力線に沿っており，足元には異なる磁極，あるいは浮上磁場領域が存在することが多い．これらの磁場分布より，加速機構としては磁気リコネクション説（7.3 節参照）が有力である．

5.7.5　ループ・プロミネンス

ループ・プロミネンスとは，フレア後期に発生するループ状のプロミネンスである．ポストフレアループとも呼ばれる．図 5.60 がその典型例である．フレアの Hα ツーリボン（7.1.8 節と図 7.2 参照）をつなぐようにして明るい Hα

図 **5.60** ループ・プロミネンスの典型例（京都大学飛騨天文台）．

（輝線）ループが出現し，リボンの広がりとともに，ループの足の間隔は広がり，次々と高いところにループが形成される．その見かけの上昇速度はおよそ数 $\rm km\,s^{-1}$–数 $10\,\rm km\,s^{-1}$ である．X 線で見ると，このループ・プロミネンスの上空に，温度が 1 千万度程度の X 線カスプ型ループ（先のとがった形状のループ，口絵 5（左）参照）が存在する．また極端紫外線で見ると，1 千万度のカスプ型ループと 1 万度の Hα ループとの間に，100 万度のループ構造が見える．これらの構造から，フレアによる彩層蒸発でコロナに供給された高温高密フレアループのプラズマが冷えて（1 千万度 $\longrightarrow$ 100 万度 $\longrightarrow$ 1 万度），ループ・プロミネンスが形成されたことが分かる．冷たくなったプラズマは，磁気ループに沿って重力により絶えず流れ落ちている．その速度は数 10–100 $\rm km\,s^{-1}$ 程度になる．

5.7.6 プロミネンスの磁場

プロミネンスの磁場モデルについて少しコメントしておこう．基本的には，プロミネンスは磁場によって支えられた磁気的静水圧平衡構造と考えられるが，磁力線の形がまったくの謎である．これまでのモデルで代表的なものは図 5.61 (a) のキッペンハーン–シュリューター（KS）モデル（R. Kippenhahn と A. Schlüter による）と，図 5.61 (b) のクッペルス–ラードゥ（KR）モデル（M.

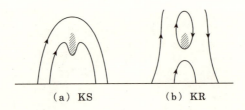

図 5.61 プロミネンスのモデル．(a) キッペンハーン–シュリューター (KS) モデル，(b) クッペルス–ラードゥ (KR) モデル．

Kuperus と M.A. Raadu による）である．いずれも，磁力線の凹みのところに冷たい濃いプラズマをハンモックのようにのせている，というモデルである．実際は 3 次元なので，なかなかややこしい．図 5.61 (b) を 3 次元化すると，らせん（ヘリカル）状の磁場となる．噴出型プロミネンスはしばしばらせん状の形状を示すので，良さそうに見えるが，はたして噴出前からららせん状かどうか，という点が現在論争の的になっている．らせんの形は，噴出中に磁気リコネクションによって形成される可能性があるからだ．

上記の二つのモデル（KS と KR）は，プロミネンス中の磁場の向きが逆である．KS モデルでは，磁場の向きは回りの磁場の向きと同じなので，正規極性，KR モデルでは逆向きとなるので，逆極性といわれる．実際の磁場観測によれば，静穏領域にある巨大な静穏型プロミネンスでは逆極性が多く，活動領域内の小さなプロミネンスでは正規極性が多いという．

図 5.61 のような磁場構造は，視線方向の磁場の強度が 0 の場所（磁気中性線: neutral line）にできやすい．実際，太陽面上のダーク・フィラメントの分布を調べると，磁気中性線に沿って形成されている．そのためダーク・フィラメントは磁気中性線フィラメントと呼ばれることもある．

静穏型プロミネンス/フィラメントは，形成後数週間たてば必ず噴出することが知られている．磁場構造が未解決なので，プロミネンスの噴出機構が未解決なのは不思議ではない．そもそも構造が不安定となるのか，それとも平衡の消失なのかもまだ分かっていないし，不安定性であるとしても，らせん状の磁場が示すキンク不安定性[*7]なのか，電気抵抗の効果による不安定性（たとえばテアリング不

[*7] よじられた磁場の管が折れ曲がる不安定性．よじられたゴムひもがコブを作るのと似ている．

安定性（7.3.5 節参照））なのか，まだよく分かっていない．これらはフレアやコロナ質量放出の発生機構と共通の問題であり，現代太陽物理学の中心課題である．

5.7.7　プロミネンスの成因

　プロミネンスの磁場構造は謎につつまれているが，プロミネンスを構成する低温高密プラズマの起源については，以下のような物理過程が考えられる．プロミネンスは 100 万度のコロナ中に存在する低温プラズマであるから，その起源は 2 通りしかない．一つは 100 万度の高温プラズマが冷えて凝縮する場合，もう一つは下方の彩層の低温プラズマが直接持ち上げられる場合である．静穏型プロミネンスやループ・プロミネンスは前者，スプレイやサージは後者に対応すると考えられる．ただし稀に，サージで噴出された低温プラズマが磁力線のくぼみにひっかかって，静穏型プロミネンスが形成される例も観測されている．

　100 万度の高温プラズマが冷えるのは，一種の熱不安定性によると考えてよく，コロナ加熱の逆過程と考えればよい．平衡状態では，加熱（未知）= 放射冷却 + 熱伝導，というつりあい状態にある．コロナ中では熱伝導は磁力線に沿った方向にしか起こらないが，熱不安定性を安定化する効果がある．加熱率が下がる（温度が下がる）か，磁力線の長さが長くなるかすれば，熱伝導による安定化が弱まり，熱不安定性が発生する．こうして，温度 $T = 100$ 万度のコロナ・プラズマ（密度 $n = 10^9 \, \mathrm{cm}^{-3}$）は放射冷却時間

$$t_\mathrm{rad} \simeq \frac{2nkT}{n^2 \lambda(T)} \simeq 5 \times 10^3 \left(\frac{T}{10^6 \mathrm{K}}\right)^{3/2} \left(\frac{n}{10^9 \, \mathrm{cm}^{-3}}\right)^{-1} \quad [\mathrm{s}]$$

のうちに数千万度から 1 万度にまで冷えてしまい，プロミネンス低温プラズマが生成される，というわけである．

第6章

周期活動とダイナモ機構

　太陽大気中のさまざまな活動現象は，その多くが磁場によって支配されている．ではその磁場の起源はなんなのだろうか？　原料となるガス雲から太陽が生まれるときに引き込んだ磁場は，すでに拡散・排出してしまっていて，そのままの形で現在まで残っているとは考えられない．よってなんらかの方法で，磁場を生成・維持しなければならない．そのメカニズムとして考えられているのがダイナモ過程である．ダイナモとは，ガスの運動によって磁力線を引きのばしたり捩ったりして増幅し，ガスの運動エネルギーを磁場エネルギーに転換する機構のことである．

6.1　観測事実

　太陽黒点の観測は，太陽のみならず天文学のなかでも，もっとも長い歴史を持つ．その系統的な記録はガリレオの時代にさかのぼり，17世紀以来のものが残っている（図6.1）．太陽黒点数の増減について法則性を見出したのは19世紀のシュワーベ（S.H. Schwabe）であった．その後のくわしい解析により，太陽面上に現れる黒点数は約11年の周期で増減を繰り返していることが分かっている．黒点の多い時期を活動極大期，少ないときを活動極小期という．一つの周期は，ある極小期からその次の極小期までと定義される．

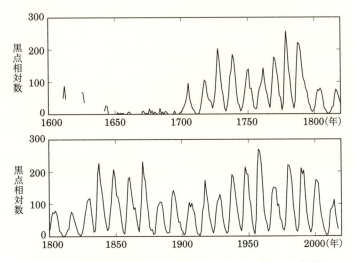

図 6.1 太陽黒点相対数の時間変化．1700 年以前のまだ系統的観測がなかった頃の断片的データは Eddy（1976, *Science*, 192, 1189）による．

　この黒点の周期変動は，基本的にはほぼ規則正しい周期を刻むのであるが，それ以外の周期，不規則な変動もみられる．17 世紀中ごろからおよそ 70 年間，黒点がほとんど観測されない時期があり，この期間はモーンダー（E.W. Maunder）極小期と呼ばれている．また，極大期における最大黒点数も周期ごとに異なっており，約 80 年程度の周期を読み取ることもできる．

　黒点は，その出現緯度にもおもしろい特徴を持っている．図 6.2 は，横軸に時間，縦軸に黒点の出現緯度を描画したものである．11 年 1 周期のあいだに，黒点の出現緯度が，南北の中緯度帯から赤道に向かって近づいていくのが分かる．この現象はキャリントン（R.C. Carrington）-シュペーラー（G. Spörer）の法則と呼ばれる．またこの図は，昆虫のチョウを横向きにならべたように見えるので，モーンダーの蝶形図（butterfly diagram）と呼ばれる．

　黒点は，ほぼ東西にならんで対になって現れる．西側の黒点（先行黒点）のほうが東側の黒点（後行黒点）より一般に大きく長寿命である．ヘールは，この対が正確に東西方向ではなく，先行黒点側のほうが赤道に近い，つまり黒点対を結ぶ軸が緯度線に対して傾角を持っていることを報告している．実際にはジョイ

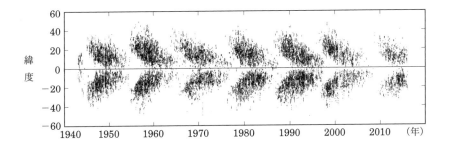

図 **6.2** 太陽黒点出現緯度の時間変化を表す「モーンダーの蝶形図」(国立天文台).

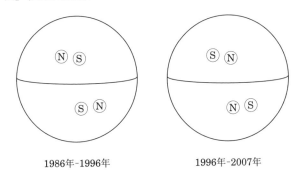

図 **6.3** 太陽黒点の極性の変化(ヘール–ニコルソンの法則).右側(西側)の黒点が先行黒点,左側(東側)の黒点が後行黒点である.

(A.H. Joy)がこの傾角についてすでに言及していたとされるため,この現象はジョイの法則と現在では呼ばれている.

黒点が,太陽内部に根元を持つ磁力線の束が表面に現れた切り口であることは,その強いゼーマン効果による吸収線分離から確かめられている(5.5.6 節参照).ヘールは,黒点の磁場を最初に観測(1908 年)したのであるが,さらに進んで磁極の周期性も発見した.先行・後行黒点の磁極は N 極 S 極たがいに対になっている.ヘールたちが発見したのは,太陽活動のひと周期の間に現れる先行黒点の磁極は NS のどちらか一方であること,そして北半球で N 極であれば必ず南半球では S 極であること,また,その次の周期ではこの NS の関係が逆転すること,である(図 6.3).これらの磁極に関する法則性を称してヘール–ニコル

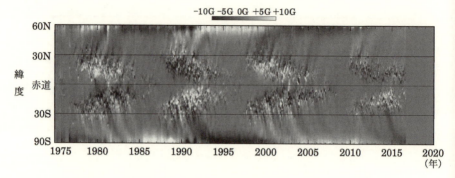

図 **6.4** 太陽磁場の蝶形図．極磁場が 11 年ごとに極性を変えること，その反転の時期は活動極大期であることが分かる (Hathaway 2015, *Living Rev. Solar Phys.*, 12（4）)．

ソン（S.B. Nicholson）の法則と呼ぶ．太陽活動は，その磁極極性まで考慮するとじつは11年周期ではなく，その2倍の22年周期なのである．

観測の感度があがると，太陽磁場は黒点に集中しているだけではなく，太陽面全面にわたって分布していることが分かってきた．このような弱い磁場は一般磁場と呼ばれる．なかでも極域は，それぞれがほぼ一様な磁極を持ち，南北では対になる磁極を有している．バブコック（Harold D. Babcock）は，極域磁場が活動極大期にその極性を反転することを見つけた（1959年）．黒点磁場と一般磁場は，そのタイミングは半周期ずれているものの，どちらも極性を反転するということで，強弱の磁場がひとしく周期活動を示すわけである（図6.4）．

以上まとめると太陽磁場は次のような特徴を持つ：

（1） 11年で黒点の増減を繰り返す（シュワーベの法則）．

（2） 黒点の出現緯度分布は，中緯度から赤道面へ移動する（キャリントン–シュペーラーの法則）．

（3） 先行後行黒点を結ぶ軸は，東西から傾いている（ジョイの法則）．

（4） 黒点磁場の極性は，南北半球で対構造を持ち，その構造はひと周期の間は保たれるけれども，周期ごとに反転する（ヘール–ニコルソンの法則）．

（5） 極域一般磁場の極性は，黒点とは半周期ずれて反転する．

理論モデルは，太陽磁場が持つこれらの特徴をすべて矛盾なく説明しなければ

ならない．

6.2 古典的ダイナモ

ダイナモとは，ガスの運動によって磁力線を引きのばしたり捩ったりして増幅し，ガスの運動エネルギーを磁場エネルギーに転換する機構のことである．太陽の場合，対流層での熱対流運動と自転とがそのエネルギー源となっている．

6.2.1 運動学的ダイナモと MHD ダイナモ

ダイナモ理論は，磁場とガスとの相互作用をどう扱うかによって，大きくふたつに分かれる．与えられた速度場のもとで磁場がどのように発展していくかのみを解いて，速度場への反作用を考えないのが「運動学的ダイナモ」である．一方，速度場と磁場とを同時に解いて，その相互作用を矛盾なく取り入れるのが「MHD ダイナモ」あるいは「力学的ダイナモ」である（MHD とは magnetohydrodynamics すなわち磁気流体力学のこと）．磁場とガスの運動とは本来相互作用するので，MHD ダイナモとして扱うのがよいのであるが，もしもガスの運動エネルギーが十分大きく，磁場からの反作用が問題にならないくらいに小さいときに，運動学的ダイナモが成り立つ．このとき時間発展をあつかうのは磁場の誘導方程式

$$\frac{\partial \boldsymbol{B}}{\partial t} = \nabla \times (\boldsymbol{V} \times \boldsymbol{B}) + \eta \nabla^2 \boldsymbol{B} \tag{6.1}$$

のみとなる．ここで $\boldsymbol{V}$ は速度場，$\boldsymbol{B}$ は磁場で，磁気拡散係数 η は定数と仮定した．系の典型的な長さと速度を L, V とすると，誘導方程式の右辺第 1 項と第 2 項の比は

$$R_\mathrm{m} = VL/\eta \tag{6.2}$$

で表され，これを磁気レイノルズ数と呼ぶ．ガスの流れによる磁場の増幅効果（第 1 項）が拡散効果（第 2 項）を上回っていれば，R_m は大きな値になる．

運動学的ダイナモでは，速度場 $\boldsymbol{V}$ が時間空間の関数として与えられているため，誘導方程式は $\boldsymbol{B}$ についての線形方程式になり，解析的な取り扱いが容易である．一方 MHD ダイナモの場合，磁場の誘導方程式と同時に，ガスの運動方

程式を連立させて解く必要がある．しかもこの方程式は両者とも非線形であり，多次元多成分の連立非線形方程式となり，解析的にとりあつかうことはほぼ不可能になる．いわゆる「古典的ダイナモ」としていわれるのは，これらのうち前者の運動学的ダイナモである．

6.2.2　軸対称な MHD 方程式とカウリングの反ダイナモ定理

6.2.1 節でも述べたように，ダイナモ問題（に限らず MHD の問題）は扱う変数が多いので，できるだけ対称性をとりいれて問題を簡単化したい．太陽は自転しているので，最初に考えられるのは軸対称性の仮定であろう．これをそもそもの出発点から否定してしまう理論が存在する．それがカウリングが 1933 年に示した，反ダイナモ定理である．その内容は「定常かつ軸対称では，磁場は維持できない」というものである．

この定理を証明するために軸対称 MHD 方程式をまずは導こう．簡単のため，流体は非圧縮と仮定する．磁場の成分を，方位角 ϕ 方向成分 B_ϕ と子午面内の成分 $\bm{B}_\mathrm{p}$ とにわけて考える．前者は「トロイダル磁場」，後者は「ポロイダル磁場」と呼ばれる．ベクトルポテンシャル $\bm{A}$ を導入すると，ポロイダル磁場は $\bm{B}_\mathrm{p} = \nabla \times (A_\phi \bm{e}_\phi)$ と表現できる．ただし $\bm{e}_\phi$ は ϕ 方向の単位ベクトルである．誘導方程式（6.1）の各成分を書き下すと（ここで r は円筒座標，非圧縮と仮定）

$$\frac{\partial A_\phi}{\partial t} = -\frac{\bm{V}_\mathrm{p}}{r} \cdot \nabla (rA_\phi) + \eta \left(\nabla^2 - \frac{1}{r^2} \right) A_\phi \tag{6.3}$$

$$\frac{\partial B_\phi}{\partial t} = r(\bm{B}_\mathrm{p} \cdot \nabla) \frac{V_\phi}{r} - r(\bm{V}_\mathrm{p} \cdot \nabla) \frac{B_\phi}{r} + \eta \left(\nabla^2 - \frac{1}{r^2} \right) B_\phi \tag{6.4}$$

となる．ここで $\bm{V}_\mathrm{p}$ は子午面内でのポロイダル運動速度である．この方程式のうち，ポロイダル磁場の発展方程式（6.3）の右辺をみると，第 1 項がポロイダル運動による磁場の輸送，第 2 項が磁気拡散をあらわしている．もしもポロイダル磁場分布の中に，正負反対向きの磁場が接するような場所が存在したとする．そういう場所で磁気拡散が効くと，磁場の熱化（ジュール加熱またはオーム拡散ともいう）が起き，磁場は消滅してしまう．第 1 項による磁場の輸送の効果により，この磁気拡散の効果は多少影響をうけるが，拡散過程は非可逆なので，ポロイダル磁場は一方的に減少していく．つまりダイナモ活動が維持されないことに

なる．トロイダル成分については，式 (6.4) の右辺第 1 項があるために，トロイダル成分はポロイダル成分から作り出され，一方的に減ることはない．

さてカウリングの反ダイナモ定理の証明にうつろう．背理法を用いる．軸対称・定常な磁場を考える．ポロイダル成分磁場だけを考えると，軸対称性により，その磁力線は必ず閉じているはずである．ということは子午面内に必ず，ポロイダル磁場がゼロの点が存在する．いいかえると，そこではトロイダル磁場しか存在しないはずである．これを 3 次元的にみると，回転軸をとりまくリング状の磁力線になるはずである．この磁力線に沿った経路で，オームの法則

$$\frac{4\pi\eta}{c^2}\boldsymbol{J} = \boldsymbol{E} + \frac{\boldsymbol{V}}{c} \times \boldsymbol{B} \tag{6.5}$$

を積分して，ベクトル解析のストークスの定理を適用すると

$$\oint \frac{4\pi\eta}{c^2} J_\phi ds = \int (\nabla \times \boldsymbol{E}) \cdot d\boldsymbol{S} + \oint \left(\frac{\boldsymbol{V}}{c} \times \boldsymbol{B}\right) \cdot d\boldsymbol{s} \tag{6.6}$$

となる．ここで右辺第 1 項はゼロとなる．ファラデーの法則より $\partial \boldsymbol{B}/\partial t = -c\nabla \times \boldsymbol{E}$ でかつ，定常の仮定から $\nabla \times \boldsymbol{E} = 0$ となるからである．さらに積分経路が磁力線と平行なことから，右辺第 2 項もゼロになる．磁気拡散 $\eta \neq 0$ とすると $J_\phi = 0$ である．これはアンペールの法則 $\boldsymbol{J} = c/(4\pi)\nabla \times \boldsymbol{B}$ を考慮すると，ポロイダル磁場が存在することと矛盾する．したがってそもそもの仮定が誤っており，軸対称・定常では磁場を維持できないことになる．カウリングの定理は，ダイナモ理論が必ず「非軸対称」または「非定常」（あるいはその両方）であることを要求する．

6.2.3 差動自転と Ω 効果

太陽表面を観測していると，その自転速度が一様ではないことが分かる（図 6.5）．これは「差動自転」と呼ばれており，赤道付近がもっとも速く 26 日程度で一回転するのに対し，極付近では 37 日かかる．この観測にもとづいて提案されたのが，Ω ダイナモ効果である（図 6.6）．いま，太陽内部を一様なポロイダル磁場が貫いている状況から考えてみる．赤道付近が速くまわっていることから，磁場が赤道付近だけ速く回る．すると中緯度付近で磁場が強くねじられ，トロイダル成分が生成されることになる．これは先の式 (6.4) における，右辺第

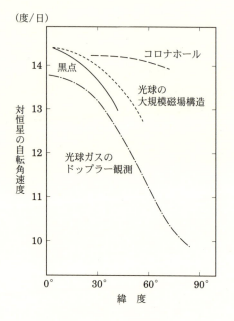

図 **6.5** 太陽の差動自転.

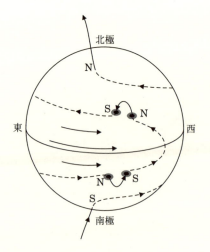

図 **6.6** Ω 効果の模式図.

1項の効果と考えることもできる．この考えは，地球磁場の成因を研究する上で知られていたのを太陽に適用したものである．

6.2.4 バブコック–レイトンのモデル

バブコック（Horace W. Babcock，極磁場の反転を発見した Harold D. Babcock の息子）とレイトンは，1960年代前半に経験的な磁場反転のモデルを提案した．差動自転による引き延ばしによって，ポロイダル磁場からトロイダル磁場を作る．トロイダル磁場の一部が太陽表面に向かって磁気浮力で上昇するが，その際にコリオリ力をうけて回転する．するともととは反対向きのポロイダル成分が生成される．表面に現れたポロイダル磁場が，極域に向かって拡散していき，やがては，大域的なポロイダル磁場の向きが反転するというものである．

6.2.5 パーカーの $\alpha\Omega$ ダイナモ

カウリングの反ダイナモ定理を克服するためには，定常・軸対称性という仮定のどちらかを緩和する必要がある．そこでパーカーが考えたのは，以下のような非軸対称な運動の効果である（図6.7）．

トロイダル磁場が，流体運動によって上昇する状況を考える．その際に周囲の圧力が低下するので，ガスの膨張により発散する流れが生じる．ところで，太陽自転を考慮にいれると，運動するガスはコリオリ力を受ける．太陽の北半球（極から見たときに自転が反時計回りにみえる）では，運動するガスはその進行方向

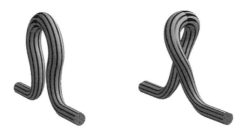

図 **6.7** α 効果の模式図．上昇する磁束は，コリオリ力がなければ左のようになるが，コリオリ力がはたらくと，右図のようによじられる．この図は北半球の場合．

を右に曲げるような見かけの力（コリオリ力）をうける．そのとき，このガスに凍結している磁力線も同じように動く．その結果，磁力線はねじられ，ポロイダル磁場成分が生じる．こうして生じるポロイダル成分は，その浮上した磁場付近に生じる一時的で局所的なものなのであるが，同様に生じた周囲のポロイダル磁場と磁気リコネクション（7.3 節参照）することによって，大域的なポロイダル磁場をつくりだすことができると考える．

これがパーカーの考えたポロイダル磁場の再生成機構である．この機構は，コリオリ力による局所的なねじり運動がかなめなので，先の軸対称の議論（6.2.2節）では現れなかった．このようにして生じるポロイダル磁場は，種になるトロイダル磁場にほぼ比例すると考えられるので，式（6.3）に新たな項を付け加えて

$$\frac{\partial A_\phi}{\partial t} = -\frac{V_\mathrm{p}}{r} \cdot \nabla(rA_\phi) + \eta\left(\nabla^2 - \frac{1}{r^2}\right)A_\phi + \alpha B_\phi \tag{6.7}$$

とする．新しい項の係数の名前をとって，この効果を「α ダイナモ効果」と呼ぶ．式（6.4）と（6.7）をあわせて「ダイナモ方程式」とも呼ぶ．

6.2.6　平均磁場ダイナモ

この α 効果はのちに，ポツダム学派と呼ばれたシュテーンベック（M. Steenbeck），クラウゼ（F. Krause），レートラー（K.H. Rädler）らによって乱流理論の枠組みで精密化され，α のより厳密な意味が説明された．磁場と速度場とを平均場 $\overline{B}, \overline{V}$ と揺動場 b, v とに

$$B = \overline{B} + b, \quad V = \overline{V} + v \tag{6.8}$$

とわける．ただし，演算子「¯」はアンサンブル平均を示し，$\overline{b} = 0, \overline{v} = 0$ である．これを磁場の発展方程式（6.1）に代入して，平均をとると

$$\frac{\partial \overline{B}}{\partial t} = \nabla \times (\overline{V} \times \overline{B}) + \nabla \times (\overline{v \times b}) + \eta \nabla^2 \overline{B} \tag{6.9}$$

となる．式（6.9）をもとの式（6.1）から差し引くことで揺動に対する式

$$\frac{\partial b}{\partial t} = \nabla \times (v \times \overline{B} + \overline{V} \times b + v \times b - \overline{v \times b}) + \eta \nabla^2 b \tag{6.10}$$

を得る．次に $(v \times b - \overline{v \times b})$ の項を無視する．これは，揺動の 2 次以上の項は小さいという仮定にもとづく．また η が小さいとする．さらに簡単のため $\overline{V} =$

0 とする.その結果,

$$\frac{\partial \boldsymbol{b}}{\partial t} \simeq \nabla \times (\boldsymbol{v} \times \overline{\boldsymbol{B}}) \tag{6.11}$$

となり,さらに近似して揺動の寿命 τ を導入すると

$$\boldsymbol{b} \simeq \tau \nabla \times (\boldsymbol{v} \times \overline{\boldsymbol{B}}). \tag{6.12}$$

これを使って,$\overline{\boldsymbol{v} \times \boldsymbol{b}}$ を評価する.揺動が等方的であると仮定すると,多少の計算ののち,

$$\overline{\boldsymbol{v} \times \boldsymbol{b}} = \alpha \overline{\boldsymbol{B}} - \eta_t \nabla \times \overline{\boldsymbol{B}}, \tag{6.13}$$

ただし

$$\alpha = -\frac{\tau}{3} \overline{\boldsymbol{v} \cdot \nabla \times \boldsymbol{v}} \tag{6.14}$$

$$\eta_t = \frac{\tau}{3} \overline{(\boldsymbol{v}^2)} \tag{6.15}$$

を得る.$\overline{\boldsymbol{v} \cdot \nabla \times \boldsymbol{v}}$ は,対流のよじれ運動を表す運動学的ヘリシティと呼ばれる量で,右ねじの向きのよじれなら正である.これらを式 (6.9) に代入すると

$$\frac{\partial \overline{\boldsymbol{B}}}{\partial t} = \nabla \times (\overline{\boldsymbol{V}} \times \overline{\boldsymbol{B}} + \alpha \overline{\boldsymbol{B}}) + (\eta + \eta_t) \nabla^2 \overline{\boldsymbol{B}} \tag{6.16}$$

となる.この式を「平均場ダイナモ方程式」と呼ぶ.この式に現れる α は,実質的に式 (6.7) のものと同じ働きをしている.

熱対流により上昇するガスは,コリオリ力を受けて回転する.北半球では図 6.8 のように運動し,上半分では $\overline{\boldsymbol{v} \cdot \nabla \times \boldsymbol{v}} < 0$ つまり $\alpha > 0$ となり,下半分では $\alpha < 0$ となる.また南半球ではこの逆である(図 6.8).6.2.4 節のバブコック–レイトンのモデルも,この α 効果の一つの源と考えられる.

6.2.7 ダイナモ波

ダイナモ方程式 (6.4),(6.7) を使うと,生成される磁場の振る舞いをしらべることができる.とくに観測との比較でおもしろいのは,磁場出現緯度分布がどのように時間変化するかということであろう.パーカーはこれについても議論している.簡単のために,式の線形近似をここでは考え,局所的なふるまいだけを考えることにする.座標系として局所的なデカルト座標(図 6.9)をとり,曲率

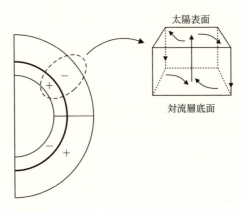

図 6.8　回転系で上昇するガスの運動（北半球の場合）．＋，－の符号は運動学的ヘリシティを表し，これの符号を逆にしたものが α である．

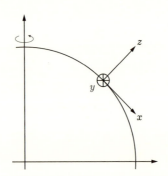

図 6.9　局所的なデカルト座標．

の効果を無視し（$r \to \infty$ とすればよい），さらにポロイダル運動を無視（$V_x = V_z = 0$）して，V_y を z だけの関数であると仮定すると，ダイナモ方程式は

$$\left[\frac{\partial}{\partial t} - \eta \nabla^2\right] B_y = \frac{dV_y}{dz}\frac{\partial A_y}{\partial x} \tag{6.17}$$

$$\left[\frac{\partial}{\partial t} - \eta \nabla^2\right] A_y = \alpha B_y \tag{6.18}$$

のようになる．簡単のため，この式に現れる dV_y/dz はいま定数であると仮定する．式は解くことができて，

$$B_y \propto \exp[i\omega t + i(k_x x + k_z z)] \tag{6.19}$$

$$i\omega = \eta k^2 \left[-1 + (1 \pm i)\sqrt{|N_\mathrm{D}|}\right] \tag{6.20}$$

($k^2 = k_x^2 + k_z^2$．複号は，$N_\mathrm{D} > 0$ のとき正，$N_\mathrm{D} < 0$ のとき負，一般性を失わないので $k_x > 0$ とする）のような波動解を持つ[*1]．この波をダイナモ波と呼ぶ．

$$N_\mathrm{D} \equiv \frac{\alpha k_x}{2\eta^2 k^4} \frac{dV_y}{dz} \tag{6.21}$$

をダイナモ数と呼び，磁場増幅と磁気拡散との効果の比を表す．$|N_\mathrm{D}| > 1$ のときに磁場は増幅する．そしてダイナモ波の位相速度は $-\mathrm{Re}(\omega)/k_x$ だから，$N_\mathrm{D} > 0$ のときダイナモ波は $x < 0$ に向かって伝わり，$N_\mathrm{D} < 0$ のとき $x > 0$ に向かって伝わる．

磁場の緯度分布の時間変化（蝶形図 6.2）から分かるように，期待されるのは赤道に向かって伝わる波である．北半球では $x > 0$ 方向に伝わる波だから，$N_\mathrm{D} < 0$，つまり $\alpha(dV_y/dz) < 0$ でなければならない．対流層上層で $\alpha > 0$（図 6.8 参照）なので $dV_y/dz < 0$，すなわち $d\Omega/dr < 0$ が期待される．南半球でも同様の考察により $d\Omega/dr < 0$ となる．

吉村宏和はダイナモ方程式をコンピュータによって大域的に解き，活動周期すなわち蝶形図を実現した（図 6.10）．ダイナモ波の伝播方向と $\alpha(dV_y/dz)$ の関係は，パーカー-吉村の符号規則と呼ばれている．

一定振幅をとる振動解は $|N_\mathrm{D}| = 1$ のときに起こり，その周期は

$$P = \left(\frac{\alpha k_x}{2} \frac{dV_y}{dz}\right)^{-\frac{1}{2}} = \frac{1}{\eta k^2} \tag{6.22}$$

で与えられる．$\eta \simeq 3 \times 10^{12}\,\mathrm{cm}^2\,\mathrm{s}^{-1}$，$k \simeq 2\pi/R_\odot$ を代入すると，太陽活動周期とほぼ同じ値を得ることができる．

[*1] $i\omega$ の実部 $\mathrm{Re}(i\omega)$ が負になり，減衰するのが自明な解は捨てた．

図 **6.10** ダイナモ方程式を大域的に解いた結果（Yoshimura 1975, *ApJS*, 29, 467）．

6.3 磁束管の上昇運動

　太陽大気にみられる磁場は，ダイナモ過程によって表面下で増幅されたものが浮上したものである．浮上磁場の観測が示すように，このとき磁場は，ある程度まとまった束，磁束管になって現れる．重力のもとで成層したガス層中の磁場には，「磁気浮力」と呼ばれる力が見かけ上はたらく（5.5.3 節参照）．式（5.39）によれば，対流層の底にある磁束管の長さが数十万 km 程度より長ければ，磁気浮力が磁気張力作用にうちかって，磁束管は浮上する（図 6.11）．

　この磁束管の浮上に関する考察からパーカーは，古典的ダイナモに対する非常に重要な事実を指摘した．Ω 効果によって形成されたトロイダル磁場が磁束管として浮上する時間は数か月程度とかなり短く，α 効果によりポロイダル磁場を生成する暇もなく対流層から抜け出てしまうという指摘である．このことは細管近似によるシミュレーション（6.5 節）によっても確かめられ，乱流的な α 効果がはたらく場所として，対流層の中が適切ではないと考えられるようになった．

6.4 新たな観測: 内部角速度分布と子午面循環流

　運動学的ダイナモの帰結であるパーカー–吉村符号則の予言するのは，太陽の内部回転角速度分布が $d\Omega/dr < 0$ となることであった．この理論が提案された

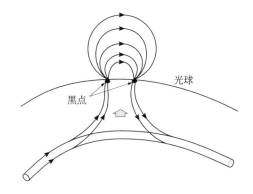

図 **6.11** 磁気浮力により浮上した磁束管で黒点ができる.

当時,内部回転角速度分布はまだあまりよく分かっていなかった.その後1980年代に,あたらしい研究分野である日震学(3章)によって,くわしい内部回転角速度分布が明らかになった.ところがその結果は,パーカー–吉村符号則からの予言と一致しないというものであった(3.3.2節,および口絵7).

観測から分かったのは,対流層の角速度変化には動径方向の空間勾配がほとんどなく,黒点が多く現れる中緯度帯では $d\Omega/dr > 0$ であり,さらに,角速度の変化は対流層底に存在する厚さ数万 km 以下の「速度勾配層(タコクライン)」と呼ばれる非常に薄い層に集中している,ということであった.というわけで,古典的な運動学的ダイナモ理論では観測とうまく整合性がとれず,ダイナモ理論の構築はふりだしにもどってしまった.

また,ダイナモを考える上で非常に重要な発見がこの間にあった.極方向に向かって約 $15~\mathrm{m\,s^{-1}}$ で動く,太陽表面での流れである.太陽内部ではどのような流れになっているかは,まだ分かっていない.しかし質量保存を考慮すると,この流れは大きく循環していると考えられ,子午面循環流と呼ばれている(図6.12).

6.5 最新の理論

この節では,ダイナモ研究の最新理論について概観する.おもに1980年代以後の研究の動向についてまとめる.

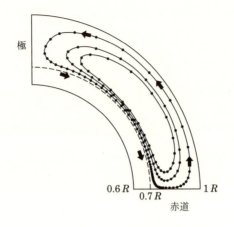

図 6.12　子午面循環流の模式図．R は太陽半径．

6.5.1　速度勾配層と磁束輸送ダイナモ・境界層ダイナモ

　太陽内部の回転角速度分布には，対流層と放射層との間に強い回転速度の空間勾配（シア）があることが，日震学から明らかになった．この場所は「速度勾配層」（タコクライン）と呼ばれている．トロイダル磁場は，この速度勾配層で Ω 効果により生成されていると考えられている．十分な増幅を達成するために，磁束管を力学平衡状態・安定状態に引き留めておく必要がある．そこで考えられたのが，対流層の底の直下，放射層のすぐ上である．ここは，熱対流機構に対して安定な温度構造ではあるけれども，その直上に対流不安定な層が乗っていて，そこからの対流運動ガスのはみだし（オーバーシュート）が起きているため，はみだし層と呼ばれている．つまり局所的には安定であるけれども，周囲から熱対流の影響をうける，という場所である．

　一方で，α 効果が効率よく働く場所については，混沌としている．6.3 節で述べたように，乱流的な α 効果は浮上途中の磁束管にほとんどはたらかない．これをふまえて，α 効果がはたらく場所について現在は，大きくわけると次のふたつの考え方がある．ひとつは，表面付近における生成で，磁束管が浮上にともなってコリオリ力でポロイダル成分を獲得する．この磁場を子午面循環流が対流層の奥底まで輸送し，Ω 効果が効率よくはたらく速度勾配層へと磁場をはこぶという考え方で，バブコック–レイトン・モデルの改良版である．このモデルは

「磁束輸送ダイナモ（flux-transport dynamo）」と呼ばれる．もうひとつは，対流層の底付近で乱流的 α 効果により発生したポロイダル磁場が，対流層直下の安定層へと浸みだして，そこでの角速度勾配により増幅する，というものである．こちらのモデルは境界面ダイナモ（interface dynamo）と呼ばれている．

α 効果については，磁気流体乱流シミュレーションから重要な結果が得られた．これは「α 抑制」と呼ばれている．平均磁場が十分発展してくると，α 効果がはたらかなくなるというものである．この理論によると平均磁場は，乱流エネルギーに対してたかだか $1/R_\mathrm{m}$ 程度の強さにしかなりえず，磁気レイノルズ数 R_m が大きな太陽プラズマでは α 効果がまったく効かないことを意味する．磁束輸送ダイナモでは，（Ω 効果による）平均磁場増幅と α 効果とが，空間的に別々にはたらいていると考えるので，この α 抑制を回避することができる．

6.5.2　内部角速度分布の再現

1981 年のギルマン（P.A. Gilman）とミラー（J. Miller）に始まる，回転球殻中での流体・磁気流体シミュレーションは，太陽の内部角速度分布を実現するのが目的である．この研究は，コンピュータの発達とともに，大規模な流れと乱流との相互作用を実現する方向にむかって進んでいる．

対流層内を音波が伝播する時間と，観測的に知られている周期 11 年との間には何桁もの差があるので，ブシネスク（Boussinesq）近似や非弾性近似と呼ばれる手法が用いられる．前者は，密度を一様とするが浮力の効果は残すという近似，後者は密度は非一様であるが音波のモードは解かないという近似である．このような近似を用いても「現実的な」シミュレーションは困難である．太陽全体を扱いながら，分子拡散スケール（平均自由行程）を分解するのには多量の計算格子点を要するためである．

そのためシミュレーションは，分子拡散よりずっと強い「乱流拡散」を想定して行われているが，乱流については分かっていないことが多く，現在も研究が続けられている．計算機の高性能化に伴い，高空間解像度の計算が可能になり，乱流の効果を直接再現できるようになってきた．その結果，困ったことも生じてきた．解像度が上がり，数値的な拡散が弱くなったことで，小スケールの乱流が発生し，乱流角運動量輸送の向きが変わり，結果として，太陽とは異なる「極域が

赤道より速く自転する」ような角速度分布が実現されてしまうようになった．また，乱流の振幅も，観測で推測されているよりも強く出てしまっている．この傾向は解像度が上がるとさらに強められると考えられており，大変困った事態となっている．この問題「太陽熱対流の難問（solar convective conundrum）」の解決はまだ見えていないが，最近の進展としては，乱流によって生じた小スケールの乱流的磁場（小スケールダイナモ）が，角運動量輸送やエネルギー輸送に強く影響をおよぼすことがわかった．つまり従来の磁場なし流体乱流だけの枠組みを超え，磁場乱流も考慮に入れる必要があるらしい．このように，ダイナモの基礎となる，太陽内部の角速度分布の実現はまだ達成されていないが，カギとなる物理が徐々に明らかになりつつある．いっぽう，速度勾配層との相互作用についてはまだよく分かっておらず，表面側でも，磁束の浮上流出や表面回転角速度勾配の影響など，多くの課題が残っている．

6.5.3　磁束管の形成・浮上

対流層中を浮上する磁束管は，熱対流により曲げられたり，磁束をひきはがされてバラバラになったりする影響をうける．また，発達した活動領域内の磁場は正確に東西を向いているわけではなく，先行する西側の黒点がやや赤道寄りに現れる（ジョイの法則）．また活発な活動領域は，特定の経度に繰り返し現れることが知られている（活動経度）．これらのことから，理論が明らかにしなければならないのは以下の疑問であろう．

> 「はたして磁束管は，ひとまとまりの構造を保ったまま浮上できるのか？」
> 「黒点の磁束を定量的に説明できるのか？　ちょうどいい大きさに分解されるのか？」
> 「観測される表面での磁場浮上や活動領域の発展と矛盾しないのか？」
> 「ジョイの法則（浮上磁束のコリオリ力による傾き）は実現するのか？」
> 「活動経度は説明できるのか？」

浮上する磁束管の力学には，さまざまな物理が関係している．基本的な駆動力は磁気浮力であるが，磁力線が曲がったときにはたらく磁気張力，流体力学的な抵抗力，太陽が回転しているのでコリオリ力などが効く．しかもその運動は3次

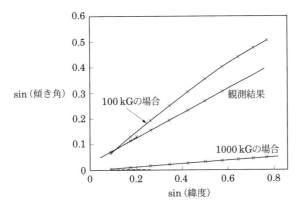

図 **6.13** 細管近似シミュレーションの結果えられた,浮上磁場の傾き角.観測結果は,初期磁場が 100 kG(キロガウス)の場合とよく合う(D'Silva & Choudhuri 1993, *A&A*, 272, 621 をもとに作成).

元的である.これらをまとめてコンピュータ・シミュレーションをしようという動きが表れたのは 1990 年代中ごろ以後で,初期のころは「細管」近似が用いられた.これは,磁束管を 1 次元の針金のようなもので表現する近似で,磁力線に沿った方向の力学平衡とともに,磁力線の各線要素の運動方程式を解いて,全体的な運動をとらえるという方法である.この近似によるコンピュータ・シミュ

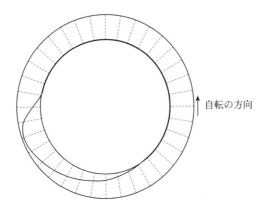

図 **6.14** 細管近似による浮上磁場のシミュレーション(Caligari *et al.* 1995, *ApJ*, 441, 886).

レーションの結果により，さまざまなことが明らかにされた．

- 活動領域磁場の先行側が赤道に近いというジョイの法則（図 6.13（221ページ）），
- 浮上ループの非対称性: 先行黒点のほうが磁場が強くなる（図 6.14（221ページ））．

これらはいずれもコリオリ力による効果で説明できることが，シミュレーション結果から明らかになった．さらに，はみだし層での磁場強度に対して強い制限がつけられた．これは，観測される活動領域がだいたい中緯度に現れることから，それを実現するために必要とされる磁場強度がどれくらいなのかが，系統的に調べられた結果である．

　現在では，その起源はまだ明らかではないが，対流層の底に概略 10 万ガウスの磁場の管ができ，表面まで壊されずに浮上して黒点を作ると考えられている．黒点の発生緯度が次第に赤道に移動するのは，6.4 節で述べた子午面循環流で運ばれるから，という説明が支持を得つつある．

第7章

フレアとCME現象

　太陽フレア（太陽面爆発）とは，太陽外層大気（おもにコロナ）において，磁気エネルギーが熱エネルギー，運動エネルギー，粒子加速エネルギーなどの別の形態のエネルギーに変換される過程である．1個のフレアで発生するエネルギー量は 10^{29} から 10^{32} erg にもなり，太陽系最大のエネルギー解放現象である．フレアで解放される磁気エネルギーの行き先のうち，もっとも割合の大きいのが，フレアが放出するプラズマ雲の運動エネルギーである．この雲はコロナ質量放出（CME）と呼ばれ，地球に向かって飛んで来て磁気圏に衝突すると，磁気嵐など地球環境にも影響をおよぼす．

7.1　フレアの多波長観測

7.1.1　フレアの概要

　フレアはおもに活動領域（黒点群）の中で発生する．その頻度は太陽活動周期に大きく依存し，極大期では1日に十個以上発生することもあるし，極小期では一か月に1個しか発生しないこともある．また，大きなフレアほど数は少ない（図8.5 参照）．

　フレアが発生すると，数分から数時間程度の間に，さまざまな波長域において増光現象が観測される．図 7.1 は，フレアに伴う電磁波放射の時間変化をまとめ

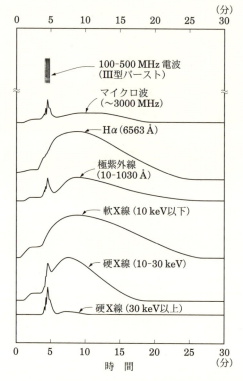

図 7.1 典型的な太陽フレアにおけるさまざまな波長での強度変動（Kane 1974, *IAU Symp.*, 57, 105 をもとに作成）.

たものである．フレアの初期（初相またはインパルシブ相という）の継続時間数分程度の鋭いピークと，それに続くフレア主相（グラジュアル相ともいう）のゆっくりとした強度の増加・減少，の二つの成分があることが分かる．エネルギーの高い放射（硬X線やマイクロ波放射）ほどインパルシブ相が目立ち，熱的放射の寄与が大きい軟X線やHα線では，インパルシブ相が目立たない．

あとで述べるように，フレアのエネルギー源は太陽大気に蓄えられた磁気エネルギーである．これがプラズマの運動エネルギーや熱エネルギー，高エネルギー粒子のエネルギー，電磁波放射などに転換される．太陽大気に突入した加速粒子のエネルギーは，ほんの一部が硬X線などとして放射されるが，ほとんどが熱エネルギーに転換される．熱エネルギーも最終的には，おもに軟X線放射とし

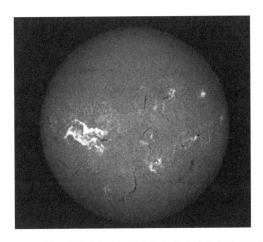

図 **7.2** Hα 線で観測された 1982 年 9 月 4 日の太陽フレア. 2 本のリボン構造がよく分かる（国立天文台）.

てフレア領域を離れる．したがって，フレアで解放されたエネルギーの最終形態は，プラズマ雲の運動エネルギー，惑星間空間に放出される加速粒子のエネルギー，そして軟 X 線放射のエネルギーである．熱エネルギーや，太陽大気に向かう加速粒子のエネルギーなどは，中間形態のエネルギーとみなせる．プラズマ雲の運動エネルギーを除くと，他の形態のエネルギーはすべて，フレアの総エネルギーの 10% 程度である．フレアのエネルギーの大半は，プラズマ雲の運動エネルギーに分け与えられる．

7.1.2 フレア観測の歴史

太陽フレアは，1859 年にキャリントンにより，白色光の増光現象として観測された．その後，1930 年代に入り，Hα 線を用いた彩層の観測手法が普及し，Hα 線の増光現象としてのフレア観測が世界中で活発に行われた．1970 年代以降は，人工衛星やロケットなどの飛翔体を用いて，宇宙空間から X 線や紫外線で太陽フレアを観測する時代になった．1980 年代には，SMM（Solar Maximum Mission）衛星と「ひのとり」衛星がフレア観測に活躍し，1990 年代には「ようこう」衛星が世界の太陽フレア観測をリードした．ようこう衛星以降，高エネルギー現象の観測に特化された RHESSI 衛星が，2018 年まで太陽フレアの観測を

表 7.1　GOES 衛星の X 線強度によるフレアクラスの分類.

クラス	X 線強度 $(\mathrm{erg\,cm^{-2}\,s^{-1}})$
A	10^{-5}
B	10^{-4}
C	10^{-3}
M	10^{-2}
X	10^{-1}

行った．また，2006 年 9 月に打ち上げられた「ひので」衛星と STEREO 衛星，および 2010 年に打ち上げられた SDO 衛星などによりフレア観測は精力的に行われている．

7.1.3　軟 X 線

人工衛星が打ち上げられ，X 線など地表にはほとんど届かない波長の短い光が観測できるようになり，太陽フレアのモニタ観測の主役は，Hα 線から軟 X 線（波長が 1–100 Å 程度の電磁波）に移り変わってきた．1980 年代以降，太陽全面からの軟 X 線放射強度を静止軌道上で常時モニタする GOES 衛星群は，観測したピーク放射強度の大きさにより，フレアの規模（エネルギーの大きさ）を表 7.1 のようなクラスに分けて定義している．これを GOES X 線クラスと呼び，太陽フレアの規模を表す指標として広く用いられている．各クラスは一桁ずつ大きさが異なっており，X クラスは M クラスの 10 倍の放射強度を示していることになる．

　軟 X 線は，フレアで生成された 1000 万度から 2000 万度程度の温度を持つ高温プラズマから放射される．フレアで加速された粒子の持つエネルギーも最終的には熱エネルギーになるので，軟 X 線放射強度はフレアで解放された全エネルギーを表す指標に最適である．典型的なフレアでの，軟 X 線強度増加の継続時間は 30 分程度であるが，個々のフレアでかなり異なっている．そのうち，1 時間以上継続するフレアを特別に long duration event（LDE フレア）と呼ぶことがある．口絵 5（左）は，典型的な LDE フレアの軟 X 線画像である．空間スケールは 10 万 km 程度であり，短寿命のフレアに比べて数倍以上の大きさを持つ．また，先の尖った形のループ形状をしており，磁気リコネクション（7.3 節

参照）に基づくフレアモデルの予言する形状そのものである．さらに，この先の尖った形（カスプ構造）のループは，フレアの進行とともに背が高く（大きく）なり，かつ，ループの外側には，内側より高温のプラズマが存在していることが分かっている．これらの特徴も，磁気リコネクションによるエネルギー解放を示唆している．

　また軟X線では，太陽フレアに伴って，上空に向けて噴出するプラズマの塊（プラズモイド）がしばしば観測される（7.3.5節参照）．ようこう衛星による詳細な観測によると，このプラズモイドは，フレアの開始以前から少しずつ上昇を始め，硬X線強度の急激な増加（7.1.4節参照）とともに，上昇速度が急激に大きくなる．この現象も，これまで示した観測的特徴と同じく，磁気リコネクションによるエネルギー解放の証拠の一つとなる．

7.1.4　硬X線

　本節では，軟X線よりもエネルギーの高い（波長の短い）X線，すなわち光子1個の持つエネルギーが $10\,\mathrm{keV}$ 以上数百$\,\mathrm{keV}$ 以下の電磁波を硬X線と呼ぶことにする．硬X線は，加速された高エネルギー電子がまわりのプラズマ中のイオン（おもに陽子）によって軌道が曲げられる際に，制動放射機構により生成される．口絵5（右）は，ようこう衛星によるフレアの硬X線観測の一例である．

　軟X線では，フレア中に高温プラズマで満たされたループ構造が特徴的な構造として観測されるが，硬X線は，その両足元付近からもっとも強く放射されることが多い．コロナ中で加速された高エネルギー電子は，希薄なコロナ中では，まわりのプラズマとほとんど衝突することがなく，彩層上部まで到達し，そこで初めてプラズマと衝突し，硬X線を放射するためだと考えられている．

　硬X線の時間変化を積分すると，軟X線の時間変化に似た変動が得られる．この性質を，最初の提唱者ニューパート（W.M. Neupert）にちなんでニューパート効果という．加速された電子が彩層に落ち込んで硬X線を放射し，そのエネルギーで加熱された彩層プラズマが上昇しコロナループを満たしたあと，軟X線を放射する，と考えれば説明がつく．ただし実際は，エネルギー解放領域からプラズマへの直接の熱入力も考えられるので，粗く見たときの関係ととらえるべきである．

ようこう衛星に搭載された硬X線望遠鏡による観測により，ループ足元の硬X線源の性質が明らかになった．ループの二つの足元の硬X線源の強度変動が0.2秒以下程度で同期しており，ループの長さを考慮することにより，この硬X線源を作る原因は高エネルギー電子しかないことが確認された．また，両足元に磁場強度の非対称がある場合，磁場の強いほうの硬X線源はX線強度が小さく，スペクトルもソフトに（ベキ乗則の傾きが大きく）なる傾向が発見された．これらの性質は，磁気ミラー効果[*1]による電子の降り込み効率の違いを反映していると考えられる．

　放射強度としては弱いが，コロナ中で放射される硬X線もある．軟X線で輝くフレアループ上空に存在する硬X線源が，ようこう衛星により初めて観測された（口絵5（右）参照）．フレアのエネルギー解放がループの上空で起きていることを示す証拠として，ようこう衛星最大の成果の一つといえる．この硬X線源の特徴としては，存在場所のほかに，ループ足元の硬X線源と似た強度変動を示すこと，比較的ハードな（ベキ乗則の傾きがゆるやかな）スペクトルを示すこと，サイズが小さいこと，などがあげられる．希薄なコロナ中でこのような性質を持つ硬X線源の成因を説明するのは難しく，いまだに詳細が解明されていない硬X線源である．

　また，10–30 keVの低エネルギーの硬X線では，ループ頂上付近で3–5千万度のプラズマからの制動放射が観測される．この放射は，加速粒子からの放射が終了したフレア後半において，硬X線放射の主成分となる．軟X線を放射する1–2千万度のプラズマとの関係，上記のループ上空の硬X線源との関係，さらに，このような超高温のプラズマの生成過程についてもよく分かっていない．

7.1.5　ガンマ線

　硬X線よりもエネルギーの高い（波長の短い）電磁波をガンマ線と呼ぶ．ひじょうに強い（おおむねXクラス以上の）フレアの場合，ガンマ線のエネルギー域の放射が検出される場合がある（ガンマ線の放射機構については，4.3.2節を参照）．100 keV–1 MeV域のスペクトルは，おおむねベキ乗型のエネルギー分

[*1] 磁力線（ここではコロナ中の磁気ループ）に沿って磁場強度が均一でない場合，荷電粒子が強磁場領域（ここでは磁気ループの足元付近）で反射される効果．

布を持つ電子の制動放射による成分が主である．1 MeV を超えると，その成分に加えて，イオンや陽子の核反応によるライン成分が存在する．特に強いラインは，加速されたイオンにより作られた高エネルギーの中性子が水素原子に捕獲されて，重水素を作る際に発生する 2.223 MeV の輝線である．この輝線は，中性子の捕獲に時間がかかるため，他のガンマ線輝線より，1分程度遅れて放射される．RHESSI 衛星は，フレアのガンマ線域での撮像観測を初めて実現した．加速されたイオンの情報を持つ 2.223 MeV の放射と，高エネルギー電子からの放射の位置が異なっている例がいくつか報告されている．解釈は今後のさらなる解析を待たなければいけないが，イオンと電子の加速場所が異なっているということを示しているのかもしれない．

7.1.6　メートル波電波バースト

　メートル波帯の電波では，さまざまな種類の電波バーストが観測される（図7.3）．以下の説明のように，放射される電波の周波数の時間変化などで種類分けが行われている．

　I 型バースト（ストーム）　黒点（強磁場領域）上空で短時間（数秒）放射される．その放射メカニズムはいまだによく分かっていない．

　II 型バースト　衝撃波がコロナや惑星間空間を伝播する際に放射される．その周波数は，衝撃波の場所でのプラズマ周波数およびその 2 ないし 3 倍の高調波である．プラズマ周波数は密度の平方根に比例するので，衝撃波が上空の低密度の領域に進むに伴い，放射周波数がゆっくり低くなる．その周波数変化から衝撃波の速度を推定すると $1000\,\mathrm{km\,s^{-1}}$ 程度になり，大体コロナ中のアルベーン速度に等しいので，磁気流体ファーストモード（8.2.3 節参照）の衝撃波と考えられる．この衝撃波は，フレアに伴って発生するコロナ質量放出現象（CME）と関連するので，II 型バーストの観測は宇宙天気予報にとって非常に重要である．

　III 型バースト　太陽フレアとよい相関があり，加速された高エネルギー電子が，磁力線に沿ってコロナ下部から上空に移動していく際に放射される．II 型バーストと同じく，その周波数は，プラズマ周波数およびその 2 ないし 3 倍の高調波である．ただし高エネルギー電子は高速なので，短時間の間に放射周波数は急激に低くなる．周波数変化から求められた加速電子の速度は，$10^5\,\mathrm{km\,s^{-1}}$

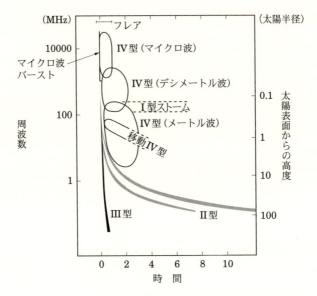

図 7.3 さまざまな種類の電波バースト（Lang 2001, *Encyclopedia of the Sun*, Cambridge Univ. Press, p.131 をもとに作成）.

（光速度の 1/3）程度である．磁力線がコロナ上空で閉じている場合，高エネルギー電子が再度コロナ下部に戻ってくる．その際，放射周波数がある時点で最小になり，その後，逆に放射周波数が高くなるバーストが観測される．放射周波数の戻り方によって，J 型バースト，U 型バーストと呼ばれることがある．

IV 型バースト　コロナ中の磁場に閉じ込められた高エネルギー電子により放射されると考えられている．放射周波数は広帯域の場合が多いが，放射周波数に時間変化が見られる場合もある．電波源が太陽から離れるように動く，移動 IV 型バーストと呼ばれるものもあり，これは高エネルギー電子を閉じ込めたまま移動する磁気雲であろうと考えられる．

7.1.7　マイクロ波

　数百 keV 以上のエネルギーを持つ電子が太陽コロナ中の磁場の強い領域内で運動すると，ジャイロシンクロトロン放射と呼ばれるマイクロ波帯の電波（3–300 GHz 程度の周波数の電波）を放射する．硬 X 線とよく似た強度変動を

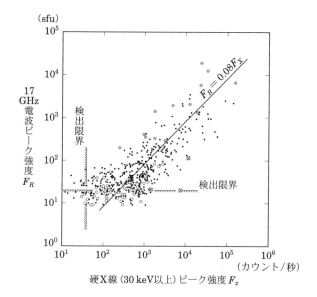

図 **7.4** 太陽フレアの硬 X 線とマイクロ波のピーク強度の関係
(Kosugi *et al.* 1988, *ApJ*, 324, 1118).

示し，また個々のイベントのピーク強度に関しても両者には強い相関があること（図 7.4）から，同じエネルギー帯の非熱的電子によるものと考えられる．

ようこう衛星搭載の硬 X 線望遠鏡と国立天文台野辺山太陽電波観測所の電波ヘリオグラフとの共同観測では，フレアに関するさまざまな新しい知見が得られた．たとえば，ループの三つの足元にマイクロ波源があるようなフレアでは，ループとループの衝突でエネルギー解放が発生し，衝突箇所付近で電子が加速されていることが示された．またマイクロ波帯では，熱的なプラズマからの制動放射も観測することができ，プラズマの温度にあまり影響されずにフレアループの密度を見積もることが可能である．

7.1.8 Hα 線

フレアが発生すると，Hα 線で彩層が明るく輝く．これは，コロナ中で発生したフレアのエネルギー（熱，粒子）が磁力線に沿って彩層上部に流れ込み，彩層大気を加熱した結果である．フレアの規模を Hα 線のフレア領域の面積と明るさとで定義することが長い間行われている．面積の大きい順に，重要度 4, 3, 2, 1,

Sと区分し，明るさはb（明るい），n（中庸），f（暗い）の3段階に分ける．

大規模なフレアでは，しばしばツーリボン構造と呼ばれる2本のリボン状の構造が観測される（図7.2）．2本のリボンは，コロナ中でアーケード状に存在するフレアループ群の足元に対応している．フレア中に2本のリボンの間隔が広がっていく現象が観測されるが，これはコロナ中で連続的に起きている磁気リコネクションに関係していると考えられている．

フレアリボンにスリットをあてた分光観測では，通常のHα線のほかに，赤色側に赤方偏移した成分が観測されることがある．これは，コロナからの非熱的な粒子の彩層への降り込みや熱エネルギーの流入により，彩層大気は急激に加熱され，コロナに向かって上昇する（彩層蒸発）が，その反作用として，その下の彩層大気が下方に押し込まれることによって起きる．

また，Hα線では，フレア時にプロミネンス（ダーク・フィラメント）が放出される現象（プロミネンス噴出）が観測されることがある（5.7節）．この現象は，フレアのトリガーに関係していると考えられている．

7.1.9 紫外線

SOHO衛星に搭載されているEITやTRACE衛星のような極端紫外線望遠鏡でフレアを観測すると，フレア初期にはHα線と同じく，フレアループ群の足元が明るく輝き，ツーリボン構造が観測される．フレアの後半では，フレアピーク時におもに軟X線を放射していた高温プラズマが冷えてきた結果として，紫外線でポストフレアループ群がコロナ中に観測されることが多い．また，極端紫外線の分光装置で輝線のスペクトルを観測すると，プラズマの視線方向の運動速度や，温度，密度などの物理量を得ることができる．実際にフレア初期において，乱流などの非熱的なプラズマの運動を反映していると考えられる大きな輝線幅や，コロナに向かって数百$\mathrm{km\,s^{-1}}$の速度で上昇する彩層プラズマ（彩層蒸発）による輝線の青色偏移が観測されている．近年，ひので衛星に搭載されている極端紫外線分光撮像装置（EIS）により，フレアのエネルギー解放領域周辺のプラズマの運動や異なる温度のプラズマのふるまいの違いなど新しい観測結果が報告され，太陽フレア研究に進展をもたらしている．

7.1.10 白色光

最初に発見されたフレアは白色光フレアだったように,一部の巨大なフレアでは,白色光の放射が観測されることが知られていた.この白色光放射は硬 X 線放射 (7.1.4) と時間的・空間的相関が良いことから,その起源は高エネルギー加速電子であると考えられているが,コロナ中で加速された電子のエネルギーが,どのようにして光球の深さまで到達し白色光を放射しているのか,その過程ははっきりしていない.近年,宇宙空間からの白色光もしくは可視光の観測により,より弱い増光まで検出できるようになると,中規模のフレアでも白色光での増光が確認される例が数多く報告されるようになった.

7.2 磁気エネルギーと磁気ヘリシティ

7.2.1 フレアのエネルギー源

太陽フレアやコロナ質量放出 (CME) は,太陽表面磁場が強い領域(活動領域)の上空で発生することから,コロナ中の磁気エネルギーがプラズマの熱および運動エネルギーへ爆発的に変換される現象であると広く考えられている.活動領域の平均的な磁場の強さは $B \simeq 100$ ガウス程度であるため,$L \simeq 6 \times 10^9$ cm ほどの活動領域には大規模フレアで解放されるエネルギー (10^{32} erg) が磁気エネルギー ($L^3 B^2 / 8\pi$) として蓄積されている.

しかし,典型的な太陽コロナ磁場は,太陽光球面を横切る足を持つループを形成しており,太陽表面上の法線成分磁場 B_n はフレアや CME の際にもほとんど変化しない.これは,コロナ磁場よりはるかに大きなエネルギー密度を持つ高密度のプラズマが光球面下を満たしているためである.そこで,フレアや CME を駆動するエネルギーは,磁力線が光球面に「縛り付けられた」拘束条件のもとで解放されねばならない.

太陽コロナ中の磁場 $\boldsymbol{B}$ は,コロナプラズマに流れる電流が作る磁場 ($\boldsymbol{B}_c$) と,太陽内部に流れる電流が作る磁場 ($\boldsymbol{B}_p$) の重ね合わせ ($\boldsymbol{B} = \boldsymbol{B}_c + \boldsymbol{B}_p$) によって形成される.コロナ中では,磁場 $\boldsymbol{B}_p$ は電流を持たないため $\nabla \times \boldsymbol{B}_p = 0$ であり,ポテンシャル Φ を使って $\boldsymbol{B}_p = \nabla \Phi$ と書くことができる.そこで,マクスウェル方程式 $\nabla \cdot \boldsymbol{B}_p = 0$ より導かれるラプラス方程式 $\nabla^2 \Phi = 0$ を,法線

磁場 B_n を境界条件として解くならば，コロナ中のポテンシャル磁場 B_p を一意に決めることができる．ポテンシャル磁場は，与えられた B_n のもとでの最小エネルギー状態である．それゆえ，フレアや CME で解放される自由エネルギーは，非ポテンシャル磁場 $B_\mathrm{c} = B - B_\mathrm{p}$ によって担われなくてはならない．

一方，フレアや CME は突発的現象であり，その発生は力のつりあいがほぼ保たれた準平衡状態から，動的状態への遷移過程としても捉えることができる．ただし，平均的なコロナプラズマの密度（$n \simeq 10^8\text{–}10^9\,\mathrm{cm}^{-3}$）と温度（$T \simeq 10^6\,\mathrm{K}$）より求められるプラズマの圧力 $P = nk_\mathrm{B}T$ は，磁気圧 $P_\mathrm{m} = B^2/8\pi$ に比べて非常に小さい．それゆえ，フレア発生前における力のつりあいを考えるとき，圧力の寄与は近似的に無視することができ，ローレンツ力のみでの平衡がほぼ成り立つ．このため，フォースフリー条件（式 (5.35)）がコロナ磁場の定常モデルとして有効である．式 (5.35) はコロナ中の電流 $J = (c/4\pi)\nabla \times B$ が磁場 B に平行であること

$$\nabla \times B = \alpha B \tag{7.1}$$

を意味している．ここで α は場所によって異なった値をとれるが，B に沿っては一定でなければならない．

7.2.2　磁気ヘリシティとは

磁力線に沿って電流が流れると，その電流によって磁力線を取り巻く新たな磁場が生成されるため，磁力線は互いに絡まった構造を作る．実際，フレアや CME が発生する活動領域にシグモイドと呼ばれる S 字状のねじれた磁場構造が存在していることが，極端紫外線や X 線による観測で確認されている（図 7.5）．一方，ポストフレアループなどフレアの後に活動領域に現れる構造は，ポテンシャル磁場に近い単純な形状を持つ．そこで，フレア爆発を磁力線の絡みの自発的な緩和として捉えることもできる．

磁気ヘリシティはこうした「磁力線の絡み」を定量化した物理量である．それゆえ，宇宙プラズマのみならず，磁場閉じ込め核融合プラズマなどの磁気流体力学的性質を規定する重要な概念であると考えられている．磁気ヘリシティ H は考えている領域 V 全体に関する体積積分

7.2 磁気エネルギーと磁気ヘリシティ

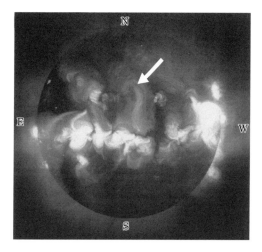

図 7.5 ようこう衛星の軟 X 線望遠鏡で観測されるシグモイド状コロナループ（矢印）．この例では逆 S 字である（Rust & Kumar 1996, *ApJ*, 464, 199）．

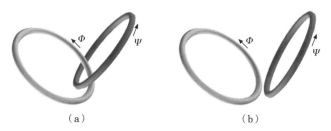

図 7.6 (a) 絡まりのある二つの磁束管と (b) 絡まりのない磁束管．

$$H = \int_V \boldsymbol{A} \cdot \boldsymbol{B}\, dV \tag{7.2}$$

として定義される．ここで，$\boldsymbol{A}$ は $\nabla \times \boldsymbol{A} = \boldsymbol{B}$ を満たす磁場 $\boldsymbol{B}$ のベクトルポテンシャルである．図 7.6 (a) に簡単な磁束管の例を示そう．ここで二つの細いトーラス管内部を，トーラスに沿った磁束 Φ と Ψ がそれぞれ貫き，トーラスの外に磁束はないとする．このとき，管内部の体積積分を管の断面積分と管に沿った 1 周積分に分離し，ストークスの定理を用いれば，$H = 2\Phi\Psi$ となることが簡単に分かる．

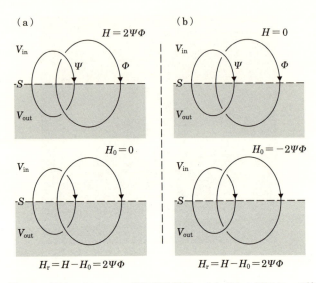

図 7.7 相対ヘリシティの幾何学的説明．それぞれの図において境界 S が太陽表面に対応し，その上部 ($V_{\rm in}$) が考えているコロナ領域を，下部 $V_{\rm out}$ が観測できない太陽内部であるとする．(a) と (b) は太陽内部 ($V_{\rm out}$) にそれぞれ異なる磁場がある場合を示す．(a), (b) ともに上図には二つの磁束管 Ψ と Φ が存在しており，この磁束の相対ヘリシティを考える．その際，下図の磁束配置を基準場としよう．このとき，図 7.6 (a) と同様に，(a) 上図のヘリシティは $H = 2\Psi\Phi$ であるが，(a) 下図では絡みがないため基準ヘリシティは $H_0 = 0$ であり，相対ヘリシティは $H_{\rm r} = 2\Psi\Phi$ となる．一方，(b) 上図では $H = 0$ であるが，下図の基準ヘリシティは $H_0 = -2\Psi\Phi$ であるため，やはり $H_{\rm r} = 2\Psi\Phi$ となる．結局，相対ヘリシティは外部領域 ($V_{\rm out}$) の場によらず一意に決まる．

　一方，図 7.6 (b) のように絡みのない磁束管に関しては，磁束管の位置や形に寄らずつねに $H = 0$ となる．すなわち，磁気ヘリシティ H は「絡まった磁束の積」を表しており，磁力線のトポロジーに関する保存量となる．

　しかし，ほとんどの太陽コロナ磁場は太陽表面を横切っており，太陽内部の磁場は直接観測できないため，コロナ領域のみの磁場が分かっても，磁束の絡みを特定することはできない[*2]．これに対して，バーガー (M.A. Berger) とフィールド (G.B. Field) は相対ヘリシティ $H_{\rm r}$ という概念を導入した．相対ヘリシティは，基準となる磁場 $\boldsymbol{B}_0$ を定め，そのヘリシティ H_0 からのずれ ($H_{\rm r} =$

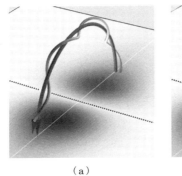 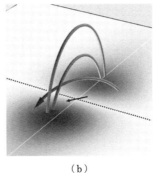

図 **7.8** (a) ねじれ (twist) を持つ磁気ループと (b) シアの ある磁気アーケードの磁力線構造.

$H - H_0)$ として定義される.図 7.7 に説明される通り,領域 $V_{\rm in}$ をコロナ,境界 S を太陽表面とすると,適当な基準磁場を決めたとき,相対ヘリシティ $H_{\rm r}$ は境界 S の外 ($V_{\rm out}$) の磁場の変化に関わらず一意に決まる.

 基準場 $\boldsymbol{B}_0$ の選び方は任意であるが,ポテンシャル場 $\boldsymbol{B}_{\rm p}$ が一般に用いられる.前述したように,ポテンシャル場は領域内に電流を持たないエネルギー最小の磁場であるため,このとき相対ヘリシティ $H_{\rm r}$ はコロナ領域内部の電流が作る磁場の絡みを適切に表す.図 7.8 に示されるように,らせん状の磁力線が作るねじれ (twist) と,磁気アーケードを貫く磁力線のシア (ひずみ) が太陽コロナにおいて磁気ヘリシティを生み出す幾何学的基本構造となる.なお,磁力線の絡みの向きによって磁気ヘリシティの符号が変化することに留意しよう.たとえば,図 7.8 (a) および (b) において,磁気ヘリシティはそれぞれ正および負の値を持つ.

7.2.3 テイラー緩和とテイラー状態

 太陽コロナの磁気レイノルズ数 (式 (6.2)) はきわめて大きいため,巨視的な運動に関しては,電気抵抗を含まない理想 MHD 近似がよく成立する.このと

[*2] (236 ページ) このことは,数学的には境界面 S で法線成分磁場がある場合,ヘリシティ H がゲージ不変量でないことと等価である.任意のスカラ場 ξ に関して $\nabla \times \nabla \xi = 0$ であるため,ベクトルポテンシャル $\boldsymbol{A}$ を $\boldsymbol{A} + \nabla \xi$ と変形したとき物理的に意味のある量はこのゲージ変換に対してつねに不変でなくてはならない.

き，磁力線はプラズマに凍り付き（frozen-in），すり抜けやつなぎかえを起こさない糸として振る舞うため，磁力線のトポロジーは変化しない．それゆえ，磁気ヘリシティは保存する．ただし，現実のプラズマでは多少なりとも電気抵抗が存在するため，次節で説明するように磁力線のリコネクションが可能であり，磁束の絡まりも変化し得る．

しかしプラズマ物理学者のテイラー（J.B. Taylor）は，磁気レイノルズ数が十分に大きければ，磁気エネルギーに対して磁気ヘリシティの散逸は遅いため，磁気ヘリシティを保存しつつエネルギーが減少する過程（テイラー緩和過程）が近似的に実現すると提案した．これは，磁気リコネクションによって個々の磁束管の絡まりが変化しても，全体の絡まりは変わらないことを意味する．テイラーの最小エネルギー原理の結果として得られる最小エネルギー場は，α が空間の定数である線形フォースフリー方程式 $\nabla \times \bm{B}_{\mathrm{lff}} = \alpha_0 \bm{B}_{\mathrm{lff}}$ の解である．これをウォルチエ（L. Woltjer）–テイラーの最小エネルギー状態（テイラー状態）と呼ぶ．実際にテイラー状態は，実験室プラズマで自発的に形成される安定平衡とよい一致を示すことが知られている．また，コロナ磁場もテイラー状態に近づく傾向があることが，数値シミュレーションや観測によって報告されている．テイラー状態では，磁気エネルギーの変化 ΔE と磁気ヘリシティの変化 ΔH の間に比例関係 $\Delta E = \alpha_0 \Delta H$ がある．それゆえ，磁気ヘリシティはポテンシャル磁場を基準とした自由エネルギーの代替量であり，パラメータ α_0 は磁気エネルギーと磁気ヘリシティの変換係数の役割を果たす．

7.2.4 磁気ヘリシティの測定

太陽表面での磁場ベクトルの観測データと，局所相関追跡法（5.1.3 節参照）によって得られる水平方向の運動速度を組み合わせて，太陽光球を通ってコロナに入射する磁気ヘリシティを直接導出する方法が開発されている．図 7.9 がその解析例で，フレアを頻繁に引き起こした活動領域における，磁気ヘリシティ入射量と太陽コロナからの X 線放射量の時間変化が示されている．太陽表面を通してコロナへ磁気ヘリシティが供給されるとともに，太陽コロナからの X 線放射量も増えることが見てとれる．複数の活動領域に関する統計的解析においても，磁気ヘリシティ入射量と X 線放射量の間に相関がある．また，磁気ヘリシティの

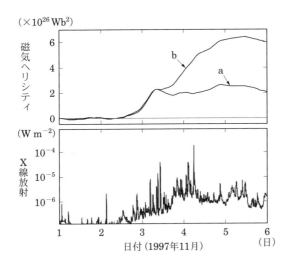

図 7.9　活動領域 NOAA8100 に入射された磁気ヘリシティ（上図）と GOES 衛星で観測された X 線放射（下図）の時間変化．a はよじれた磁場の上昇とすでにある磁場が表面流でよじられてできる磁気ヘリシティの変化の合計，b はよじれた磁場の上昇による磁気ヘリシティの変化のみを示す（Kurano et al. 2002, ApJ, 577, 501）．

入射量は CME の出現率にも関係があるとする研究もあり，CME は磁気ヘリシティを惑星間空間へ捨てるメカニズムともみなせる．これらの結果は，磁気ヘリシティ入射がコロナの活動を活性化する重要な要因であることを示唆している．

しかし，活動領域に入射される磁気ヘリシティの測定値を，活動領域の全磁束の 2 乗で規格化した磁束絡みの回数は，0.01 から 0.1 程度の比較的小さな値をとることも見出されている．磁気ヘリシティの蓄積が活動領域全体をキンクモードに対して不安定化するためには（200 ページの脚注参照），絡みの回数が少なくとも 1 を越えねばならないため，磁気ヘリシティ入射とフレアや CME の駆動機構との関係に関しては，いまだに一致した理解に達していない．近年，3 次元数値シミュレーションを用いて，フレアや CME の発生に必要な磁場構造を探る研究が盛んに進められており，観測とシミュレーションの相補的な連携が，複雑なコロナ磁場のダイナミクスを明らかにするための強力な方法論となることが期待されている．

7.3 磁気リコネクション

7.3.1 リコネクションとは何か？

磁気リコネクション（magnetic reconnection）とは，磁力線がつなぎかわる現象のことをいい，磁力線つなぎかえ，あるいは，磁気再結合とも呼ばれる．図7.10 を見ていただきたい．プラズマ中で逆向きの磁力線が押しつけられると，その間で強い電流が流れる．これを電流シート（current sheet）という．電流が流れている限りは逆向きの磁力線はつながらないが，なんらかの理由で電流が散逸すると磁力線はつなぎかわり，その結果できた，曲がった磁力線に強い磁気張力が発生して，プラズマが激しく加速される．また同時にジュール加熱，衝撃波加熱などが起きて，プラズマが超高温に加熱される．このように，磁気エネルギーが短時間のうちにプラズマの運動エネルギーや熱エネルギーに変換されるので，磁気リコネクションは太陽，地球磁気圏，実験室，天体など，さまざまなプラズマで重要な役割をはたしていると考えられている．

磁気リコネクションというアイディアは，もともと 1940-1950 年代に，ジョバネリ（R.G. Giovanelli），ホイル（F. Hoyle），スウィート（P.A. Sweet），パーカーらによって，太陽フレアを説明するために提案されたのがそもそもの始まりである．

大学初年級の学生に磁気リコネクションの話をすると，決まって「高校では磁力線は切れることがない，と習ったのに，磁力線が切れてまたつながるのは不思議」と質問される．磁力線は決して切れて宙ぶらりんになるわけではない．図7.10 のように，異なる磁力線のつながり方が変わるだけである．もう一つここ

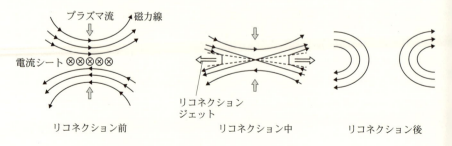

図 **7.10** 磁気リコネクションの概念図.

で注意すべきなのは，我々はプラズマ中の磁力線を考えていることである．真空中では磁力線は実体ではないので，磁力線のつなぎかわりを論じても意味はない（「磁力線の運動」という概念には意味がない）が，電気伝導度の高いプラズマ中では磁力線はプラズマに凍結しているので，磁力線そのものに実体として意味が出てくるのである．

7.3.2 なぜ磁気リコネクション説か？

さてここで，太陽フレアを説明するために，なぜ磁気リコネクション説が考え出されたか，もう少し考察しておこう．

太陽フレアが磁気エネルギーの解放によって発生していることが明らかになってきた頃，まず考えられたのが，単純な磁気拡散（ジュール散逸）であった．電子とイオンとのクーロン衝突に基づく電気抵抗（最初に研究したシュピッツァー（L. Spitzer）の名を取ってシュピッツァー抵抗と呼ばれる）η_R を用いると，磁気拡散係数は

$$\eta = \frac{c^2}{4\pi}\eta_R \simeq 10^{13}\, T^{-3/2} \quad [\mathrm{cm^2\, s^{-1}}] \tag{7.3}$$

となり（c は光速度），磁気拡散の時間スケール t_D は

$$t_D = \frac{L^2}{\eta} \simeq 10^{14} \left(\frac{L}{10^9\,\mathrm{cm}}\right)^2 \left(\frac{T}{10^6\,\mathrm{K}}\right)^{3/2} \quad [\mathrm{s}] \tag{7.4}$$

となる．太陽フレアは，温度が 100 万度のコロナ中で発生し，典型的な大きさは 1 万 km（$= 10^9$ cm）程度なので，単純な磁気拡散では 10^{14} 秒，つまり，300 万年もかかることになり，実際に観測されている太陽フレアの時間スケール（数分–数時間）がまったく説明できない．フレア領域の大きさを小さくすれば時間は説明できるが，今度は全エネルギーが説明できない．たとえば，$L \simeq 10^3$ cm とすれば，時間スケールは 100 秒となって観測と合うが，解放される全エネルギーは，

$$E_{\mathrm{mag}} \simeq \frac{B^2}{8\pi}L^3 \simeq 4 \times 10^{11} \left(\frac{B}{100\,\mathrm{G}}\right)^2 \left(\frac{L}{10^3\,\mathrm{cm}}\right)^3 \quad [\mathrm{erg}] \tag{7.5}$$

（磁場 B の単位はガウス（G））となって，観測から推定されたフレアのエネルギー（10^{29}–10^{32} erg）がまったく説明できない．

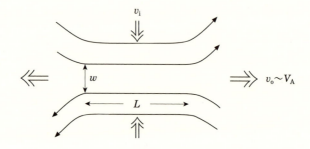

図 **7.11** スウィート–パーカー・モデルの概念図.

一方，全エネルギーという観点からは，観測されているフレア領域の大きさ $L = 10^9$–10^{10} cm を代入すると，$E_{\mathrm{mag}} = 10^{29}$–$10^{32}$ erg となるので，説明可能である．つまり，エネルギーの観点からはフレア領域程度の大きさが必要だが，時間スケールの観点からは，それよりも 6–7 桁も小さな領域を考えないといけない，という矛盾した要求を満たさないといけないのである．

7.3.3 スウィートとパーカーのモデル

スウィート（1958 年）と パーカー（1957 年）は 7.3.2 節の矛盾した要求を満たすために，プラズマの流れを導入することを考えた（図 7.11 参照）．以下では，彼らのアイディアに従ってリコネクションによるエネルギー解放時間を計算してみよう．

簡単のため 2 次元定常非圧縮の場合を考える．電流シートの厚みを w，長さを L，電流シートに向かう流れ（インフロー）の速度を v_{i} とすると，誘導方程式（6.1）より $v_{\mathrm{i}} B/w - \eta B/w^2 = 0$ となり，これより，

$$v_{\mathrm{i}} = \eta/w \tag{7.6}$$

が得られる．電流シートに入ってきた流れはシートに沿って流れ出すので，質量保存則より，

$$v_{\mathrm{i}} L = v_{\mathrm{o}} w \tag{7.7}$$

を得る．アウトフロー（リコネクション・ジェット）の速度 v_{o} は，シートに沿った運動方程式の積分 $(1/2)\rho v_{\mathrm{o}}^2 = p_{\mathrm{i}} - p_{\mathrm{o}}$ より決まる．ここで p_{i} はシート内

の圧力, p_o はシートの外の圧力である. シートの真ん中付近では磁気圧 = 0 なので, 圧力平衡 $B^2/(8\pi) + p_\mathrm{o} = p_\mathrm{i}$ がなりたち, これより,

$$v_\mathrm{o} = V_\mathrm{A}, \quad V_\mathrm{A} \equiv B/(4\pi\rho)^{1/2} \tag{7.8}$$

となって, アウトフローの速度 v_o はアルベーン速度 (V_A) 程度であることが分かる. 以上の式 (7.6)–(7.8) を用いると,

$$v_\mathrm{i} = R_\mathrm{m}^{-1/2} V_\mathrm{A} \tag{7.9}$$

が得られる. ただし $R_\mathrm{m} = LV_\mathrm{A}/\eta$ は磁気レイノルズ数である[*3]. インフロー速度 v_i はリコネクションの速さを表すので, リコネクション率[*4] とも呼ばれる. 無次元化されたリコネクション率は,

$$M_\mathrm{A} = \frac{v_\mathrm{i}}{V_\mathrm{A}} \tag{7.10}$$

で, インフローのアルベーン・マッハ数に等しい. リコネクション率 (式 (7.9)) がなぜ重要かというと, これがエネルギー解放率を決めるからである. すなわち, エネルギー解放率は, 電流シートに入ってくる磁気エネルギー流束 (ポインティング・フラックスとよぶ) × 面積 (L^2)

$$\frac{dE_\mathrm{mag}}{dt} = \frac{B^2}{4\pi} v_\mathrm{i} L^2 \tag{7.11}$$

で決まる. 体積 L^3 に蓄えられていた磁気エネルギー $E_\mathrm{mag} = [B^2/(8\pi)] L^3$ をこのエネルギー解放率で解放する時間スケールは,

$$t_\mathrm{rec} = \frac{E_\mathrm{mag}}{dE_\mathrm{mag}/dt} = \frac{1}{2} \frac{L}{v_\mathrm{i}} = \frac{1}{2} \frac{t_\mathrm{A}}{M_\mathrm{A}} \tag{7.12}$$

となる. ただし, $t_\mathrm{A} = L/V_\mathrm{A}$ はアルベーン時間 (アルベーン波が長さ L の系を

[*3] 磁気レイノルズ数の定義式 (6.2) に現れる特徴的な速度 V を, ここではアルベーン速度 V_A に置き換えている. プラズマ物理ではこの量は厳密には Lundquist (ルンドキスト) 数と呼ばれるが, 本書では区別せずにどちらも磁気レイノルズ数と呼ぶ.

[*4] 厳密にいえば, リコネクション率とは, 単位時間あたりにリコネクションする (つなぎかわる) 磁束を表し, $d\Phi/dt = Bv_\mathrm{i}L_y$ となる. ただし, L_y は磁力線に垂直な方向の電流シートの幅. L_y で割って, 単位長さあたりにすると $(d\Phi/dt)/L_y = Bv_\mathrm{i}$ となり, これは電場 $E = Bv_\mathrm{i}/c = \eta_\mathrm{R} J$ と等価である. したがって, 電場 E もリコネクション率と呼ばれることがある. 無次元化されたリコネクション率は $(d\Phi/dt)/(BV_\mathrm{A}L_y) = v_\mathrm{i}/V_\mathrm{A} = M_\mathrm{A}$ となるので, アルベーン・マッハ数 M_A も, リコネクション率と呼ばれる.

横切る時間）であり，太陽コロナでは $t_A \simeq 1\text{--}10\,\mathrm{s}$ となる．式（7.12）は，t_A で無次元化すれば $t_{\rm rec}/t_A = 1/(2M_A)$ となり，係数 2 を無視すれば，エネルギー解放時間（無次元）はリコネクション率（無次元）の逆数の程度になることが分かる[*5]．

スウィート–パーカー・モデルの場合のエネルギー解放時間 $t_{\rm SP}$ は，

$$t_{\rm SP} = R_{\rm m}^{1/2} t_A = (t_D t_A)^{1/2} = R_{\rm m}^{-1/2} t_D \tag{7.13}$$

となる．一般に $R_{\rm m} \gg 1$ なので，スウィート–パーカー・モデルのリコネクション時間 $t_{\rm SP}$ は磁気拡散時間 t_D よりずっと短い．太陽コロナの場合は，

$$t_{\rm SP} \simeq 10^7 \left(\frac{L}{10^9\,\mathrm{cm}}\right)^{3/2} \left(\frac{T}{10^6\,\mathrm{K}}\right)^{3/4} \left(\frac{B}{100\,\mathrm{G}}\right)^{-1/2} \left(\frac{n}{10^9\,\mathrm{cm}^{-3}}\right)^{1/4} \quad [\mathrm{s}] \tag{7.14}$$

となり，上記の単純な磁気拡散時間よりは 7 桁も短くなったが，フレアの時間スケール（数分–数時間）よりは依然としてずっと長い．このようにスウィートとパーカーの磁気リコネクション理論では太陽フレアは説明できないことが分かり，磁気リコネクション説は暗礁に乗り上げた．

7.3.4 ペチェックのモデル

そのような時期に提出されたのが，1964 年のペチェック（H.E. Petschek）のモデルである．ペチェックは，磁気流体衝撃波（スローショック[*6]）を考慮すると，スウィート–パーカー・モデルより格段に時間スケールを短くできることに気がついた（図 7.12 参照）．ひとことでいうと，磁力線のつなぎかわりは中心の小さな拡散領域で実現し，エネルギー変換は，拡散領域から外側に長く延びる磁気流体スローショックで実現するというモデルである．時間スケールは中心の拡散領域のサイズで決まるので，それを十分小さくすれば短い時間スケールを実現することが可能となる．

ペチェックの近似解によれば，磁気エネルギー解放時間は

[*5] 式（7.11），（7.12）はスウィート–パーカー・モデルに限らず，一般的に成り立つことに注意．つまり，これらの式はペチェック・モデル（7.3.4 節）でも成り立つ．

[*6] 8.2.2 節で述べる，スローモード波の衝撃波．

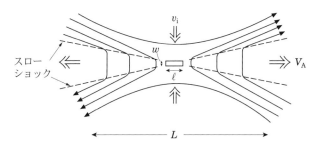

図 7.12 ペチェック・モデルの概念図. 中央の長方形の領域（長さ ℓ, 幅 w）が拡散領域

$$t_{\text{Petschek}} \simeq \frac{8}{\pi} \ln R_\text{m} \, t_\text{A} \simeq (10\text{–}100) \times t_\text{A} \qquad (7.15)$$

となって R_m にほとんどよらない. $t_\text{A} \simeq 1\text{–}10\,\text{s}$ なので，時間スケールは 10–1000 秒となり，フレアの観測とよく合う．ここに至ってようやく，磁気リコネクションがフレアのメカニズムとして有力であると考えられるようになった．

しかしながら，ペチェック・モデルにも問題点がいくつかあった．まず，解をそのまま太陽フレアに適用すると，中心の拡散領域の大きさが 1 cm 以下という，とんでもなく小さな領域となることである．これくらい小さくなると，イオンのラーモア半径

$$r_{\text{L,ion}} = \frac{mvc}{eB} \simeq 10 \left(\frac{T}{10^6\,\text{K}}\right)^{1/2} \left(\frac{B}{100\,\text{G}}\right)^{-1} \quad [\text{cm}] \qquad (7.16)$$

より小さいので，磁気流体近似が破綻し，プラズマ粒子運動論的扱いが必要になる．また，1万 km もの大きさのフレアのエンジン部分が 1 cm 以下というのも考えにくい．そもそも，ペチェック・モデルは近似解にすぎず，本当に磁気流体方程式の解になっているのかどうか，また，解であるとしても安定な解なのかどうか，まったく分かっていなかった．

このうち，最後のペチェック解が磁気流体方程式の真の解かどうかという点については，日本の鵜飼正行と津田孝夫（1977 年），佐藤哲也と林隆也（1979 年）らが世界に先駆けて，磁気リコネクションの非定常磁気流体数値シミュレーションを行うことに成功し，電気抵抗がいわゆる異常抵抗（後述）のように局在化するときは，たしかにペチェック解となることが示された．

7.3.5 テアリング不安定性と融合不安定性

ここで，磁気リコネクションにともなって起こる重要な物理過程について述べておこう．有限の抵抗があるとき，細長い電流シートは不安定となり，無数の磁気島（magnetic island）あるいはプラズモイドが形成される．このような不安定性をテアリング不安定性（tearing instability）という（図 7.13 参照）．電流シートとは，同じ向きの無数の電流線の集まりであり，同じ向きの電流間には引力がはたらくので，この不安定性が起こる．ただし，抵抗がゼロのときは，磁力線のトポロジーが変化しないので，磁場の力が働いて安定化される．つまり，有限抵抗が存在するときにのみ起こる不安定性である．その意味で，より一般的な抵抗性磁気流体不安定性の一種といえる．典型的な波長は，電流シートの幅を d とすると $\lambda \simeq 2\pi R_{m*}^{1/4} d$, $R_{m*} = V_A d/\eta$ である．そのときの成長時間は

$$t_{\text{tearing}} \simeq (t_d t_A)^{1/2} \tag{7.17}$$

($t_d = d^2/\eta$, $t_A = d/V_A$) となる．したがって，d が巨視的サイズ $\simeq L$ ならば，スウィート–パーカー・リコネクションの時間スケールと同じになり，フレアの時間スケールは説明できない．しかし，d がミクロなスケールになれば，短時間で成長できるようになる．スウィート–パーカー・リコネクションが起きている

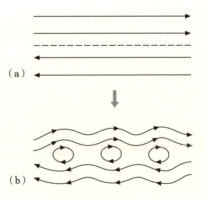

図 7.13　テアリング不安定性の概念図．(a) 反平行磁場のつくる電流シート（矢印は磁力線の向き）(b) 電気抵抗によって電流が散逸すると磁力線がつなぎかわり，多くの磁気島ができる．このような不安定性のことをテアリング不安定性という．

電流シートは，磁気レイノルズ数が大きいときは非常に細長くなるので，このテアリング不安定性のため不安定になる.

磁気リコネクションの数値シミュレーションをすると，無数の磁気島（プラズモイド）が発生，噴出したり，それにともなって間欠的に磁気リコネクションが起きたりするのがしばしば見られるが，これらはみな，テアリング不安定性の結果である．同様に，実際の太陽フレアでも，複数のプラズモイド噴出や，それにともなう間欠的硬X線バーストが観測されたりしている．これらも上記で述べた，テアリング不安定性の非線形発展の結果かもしれない.

一方，電流シート中の複数の磁気島は，3次元的にいうと，平行な電流線なので，お互い引力をおよぼして引っ張りあう．つまり，複数の磁気島は放っておくと，お互い融合する．このような磁気島が融合する不安定性を融合不安定性（coalescence instability）という．融合不安定性の線形段階は理想磁気流体過程なので，基本的にアルベーン時間で起きる．しかし非線形段階では二つの磁気島の融合など磁気リコネクションが関係してくるので，時間スケールがどうなるかは状況による．磁気島の電流集中度が強くなると，爆発的に融合することが知られている.

7.3.6 太陽フレアの物理モデル：磁気リコネクションと彩層蒸発

ここで磁気リコネクション説に基づく太陽フレアの物理モデルの基本的過程をまとめておこう．図7.14, 7.15, 7.16 をご覧いただきたい.

磁気リコネクションのペチェックモデルが1964年に提唱されて以来，リコネクション説はフレアのメカニズムとして有力と考えられるようになり，図7.14のようなモデルが提唱されるようになった．これは提唱者のカーマイケル（H. Carmichael），スターロック（P.A. Sturrock），平山淳，コップ（R.A. Kopp），ニューマン（G.W. Pneuman）の名前の頭文字をつなげてCSHKPモデルとも呼ばれる.

フレアに関する多くの情報は彩層観測から得られるので，フレアモデルの検証には彩層ダイナミクスを正しく理解する必要がある．図7.16に現在考えられているフレア彩層領域のダイナミクスを示す．フィラメント（プラズモイド）が噴出を開始すると，そのすぐ下でリコネクションが始まり，大量の磁気エネルギー

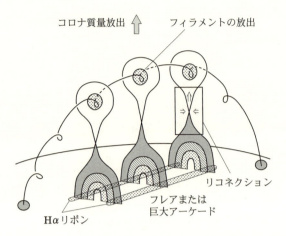

図 7.14 フレアのリコネクションモデル（CSHKP モデル）（Shiota *et al.* 2005, *ApJ*, 634, 663）．

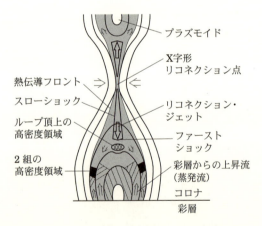

図 7.15 フレアのリコネクションモデルの MHD シミュレーションに基づくフレアの基本構造（Yokoyama & Shibata 1998, *ApJ*, 494, L113）．彩層蒸発については，7.1.8, 7.1.9 節参照．

が解放される．その結果，磁気エネルギーは，運動エネルギー（リコネクション・ジェット），熱エネルギー（熱伝導フラックス），さらに，非熱的エネルギー（高エネルギー電子と陽子）に変換される．ただし，電子と陽子はどこで加

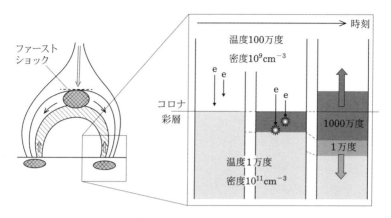

図 **7.16** フレアの彩層領域のダイナミクス（中村達希，修士論文 (2018)）.

速されているかまだ不明である．

　熱伝導フラックス（ミクロには電子の流れ）と高エネルギー電子（と陽子）は，磁力線に沿って伝わるので，つなぎ替わった磁力線の足元の彩層領域に突入する．すると1万度の低温高密の彩層プラズマは一気に加熱されて温度が100万–1000万度，圧力はもとの100–1000倍になる．この高温プラズマからの放射冷却時間は長いため，プラズマはすぐに冷えることができず，高圧を保つ．その結果，プラズマの圧力の効果で，彩層プラズマは磁力線に沿って上下に膨張する．このとき，彩層プラズマが上向きに上昇する過程のことを彩層蒸発（chromospheric evaporation）という．1万度の低温彩層プラズマが100万度以上に加熱されて上昇していく過程は，低温の水が100度Cに温められて水蒸気になって蒸発する様子を連想させるので，「彩層蒸発」と呼ばれている．ただし，水が水蒸気になる過程は相の変化（液体 → 気体）を伴っているが，彩層蒸発には相の変化はない．したがって，これはあくまで比喩的な表現であることに注意すべきである．

　下向きに膨張する彩層プラズマは下向きに伝播する衝撃波を形成し，その後ろに高密低温の彩層下降流が形成される．この下降流は彩層フレア Hα 輝線のドップラーシフト（赤色偏移）として観測されている（7.1.8節）．上昇する高密高温プラズマの上昇流も，X線や紫外線によりコロナ高温輝線のドップラーシフト

(青色偏移) として観測されている (7.1.9 節).

この彩層蒸発により上昇した彩層プラズマがリコネクションによって形成された磁気ループを高密にするおかげで，磁気ループから大量の軟 X 線や紫外線が放たれるようになる．これが X 線像や紫外線像で明るく輝くフレアループ (図7.15) が形成される理由である．

7.3.7　太陽フレアにおけるリコネクションの証拠の発見

フレアのエネルギー解放のメカニズムとしての磁気リコネクション説については，1991 年頃まで懐疑的な研究者が少なくなかった．エネルギー解放領域であるフレアのコロナ領域の高解像連続観測がなかったからである．それを変えたのが，わが国の打ち上げた，太陽観測衛星「ようこう」(1991–2001) であった．「ようこう」軟 X 線望遠鏡が撮影した長寿命フレアの軟 X 線像 (口絵 5 (上) の左) は 1960 年代から提唱されていたフレアのリコネクション・モデル (CSHKP モデル) の予想するカスプ型形状 (図 7.14 中の灰色の領域) を見事に示し，リコネクション・モデルは少なくとも現象論的には正しいことが確立された．

口絵 6 にはリコネクション・モデルの MHD シミュレーションで得られたフレア領域の温度，密度分布を示す．ようこう衛星の観測 (口絵 5 (左)) をよく再現している．図 7.15 に，シミュレーションが予言する，リコネクション・モデルの基本構造を示してある．ファーストショック，リコネクション・ジェット，スローショックは，それらを示唆する観測はあるものの，まだ直接観測されていない．インフローは横山央明らによって 2001 年に SOHO 衛星の極端紫外線望遠鏡 EIT 撮像観測で発見され，原弘久らによって 2011 年，ひので衛星の極端紫外線撮像分光装置 EIS によりドップラー速度も観測された．今後さらに詳細な観測により磁気リコネクションの実証的検証が進むことを期待したい．

7.3.8　太陽コロナ，地球磁気圏，核融合プラズマ実験における磁気リコネクション

ようこう衛星は無数のマイクロフレアやジェットの発見をはじめとして，「太陽コロナは誰もが考えていたよりも，ずっと激しく活動している」ことを発見した．その後に打ち上げられた SOHO 衛星や TRACE 衛星も多数のナノフレア

(8.3.1 参照) やジェットを発見し,「静穏領域は決して静かではない」ことを見出した.これらの小さな爆発現象は多かれ少なかれ磁気リコネクションに関係しているので,このような観測から,未解決の太陽コロナの加熱機構も,微小リコネクション(ナノフレア)によるのかもしれない,と考える研究者が次第に増えてきている.

2006 年 9 月に打ち上げられたひので衛星は,コロナだけでなく,彩層の活動領域や黒点半暗部も磁気リコネクションが原因の小規模ジェットに満ち満ちていることを明らかにした.とりわけ,勝川行雄らによる黒点半暗部のジェット現象(マイクロ・ジェット)の発見 (2007 年) は重要である.磁力線は反平行でなくても磁気リコネクションが起こり得ることを示したからである.また,彩層活動領域の黒点の周辺で発見された彩層アネモネジェットも興味深い.形状が,「ようこう」衛星で発見されたコロナの X 線ジェット (アネモネジェットと呼ばれる)と良く似ているからだ.長さや速度はコロナのアネモネジェットの数分の 1 とずっと小さいが,彩層アネモネジェットの長さや速度を足元の小ループの長さとアルベーン速度で無次元化するとコロナのアネモネジェットとそっくりだったのである.これは両者で共通のリコネクション物理が働いていることを示唆する.100 万度の完全電離した無衝突プラズマが支配するコロナ領域と,1 万度程度の弱電離の衝突プラズマが存在する彩層でそっくりの磁気リコネクションが起きていることは,磁気リコネクションの物理を解明する上で重要なヒントを与える.

また,ひので衛星は,多くのナノフレア(磁気リコネクション)にともなってアルベーン波が発生していることを見出した.これまで,コロナ加熱の機構としてナノフレア説と波動説(アルベーン波)は対立する機構として議論されてきたが,両者は統一的に扱わないといけないかもしれない.

太陽フレアを説明するために磁気リコネクション説が提案されてからしばらくして,地球磁気圏でも磁気リコネクションが重要な役割をはたしているという考えがダンジェイ (J.W. Dungey) によって提出された (1961 年,図 7.17 参照).惑星間空間磁場が南向きの場合,地球の太陽側で磁気リコネクションが起こり,太陽風プラズマが地球磁気圏に侵入してくる.その後,太陽風プラズマが磁気圏尾部に到達すると,尾部を引き伸ばすことによって電流シートができ,エネルギーが蓄えられる.ついには電流シートで磁気リコネクションが起きると,オー

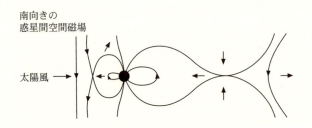

図 7.17　地球磁気圏におけるリコネクション．

ロラ・サブストームが発生する，というわけである．磁気圏の場合は，探査機による「その場計測」によって，サブストームにともなう外向きのプラズモイド伝播が多数発見されたり，電流シートの厚みがイオンのラーモア半径くらいであることが判明したり，リコネクションにともなうスローショックの証拠が見つかるなど，太陽フレアのリコネクションより格段に詳しいことが分かってきている（9.3.3 節参照）．

磁気リコネクションは核融合プラズマの磁気閉じ込め実験でも，閉じ込め失敗の原因として重要である．古くから知られている鋸状振動（sawtooth oscillation）は，太陽フレアのプラズモイド噴出にともなう磁気リコネクションに似ているという．米国の山田雅章らや日本の小野靖らは，天体爆発現象を理解するための基礎としてのリコネクション実験研究を推進している．山田らは実験室プラズマにおいて，スウィート–パーカー・モデルが実際に実現していることを初めて確かめた．しかしペチェック・モデルの証拠となるスローショックはまだ見つかっていない．

図 7.18 に，小野らによるリコネクション実験を示す．下図はスフェロマクと呼ばれる，ヘリカル状の閉じた磁場同士の磁気リコネクションを示したものである．この実験は，電流シートプラズマが噴出するときにリコネクション率が増大することを示している（図 7.18（上）参照）．興味深いことに，類似の現象が太陽フレアの際にも観測されている．

7.3.9　リコネクションの役割と今後の課題

磁気リコネクションの役割は幅広く，まとめると次のようになる：

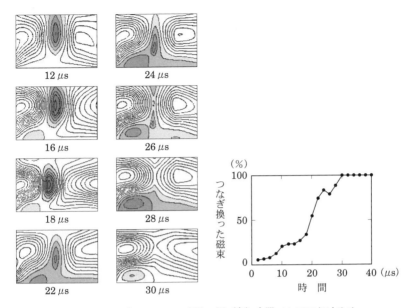

図 7.18 リコネクションの実験の例.(左)太陽フレアにおけるリコネクションとよく似たプラズマ噴出が起きている.(右)18–22 µs あたりでプラズマ噴出が激しく起こると同時に,リコネクション率が急に増大している(Ono 2004, *Physics of Magnetic Reconnection in High-Temperature Plasmas*, p.139).

(1) 磁気エネルギーの解放(プラズマ加熱,粒子加速),
(2) 磁力線トポロジーの変化(ダイナモ機構,構造形成),
(3) 異なる起源のプラズマの混合(拡散).

 最後に,残された今後の課題についてまとめておこう.磁気リコネクションの最大の問題は,「リコネクションの速さを決めている物理は何か?」という問題である.1970 年代から,境界条件が決めているのか(駆動型),拡散領域の物理が決めているのか(自発型),という論争があったが,問題は今なお未解決である.これは「エネルギー解放率を決めている物理は何か?」という問題と等価なので,フレアの予報(宇宙天気予報)という観点からも重要な問題である.

 この問題はもちろん,ミクロな物理にも深く関係している.すなわち電気抵抗の起源の問題である.太陽コロナのプラズマ(典型的なサイズ = 1–10 万 km)

は，衝突優勢プラズマと無衝突プラズマの中間であるが，電流シートができて薄くなると，たちまち無衝突プラズマの範疇に入る．つまり，シートの厚みが粒子の平均自由行程（数 100 km）よりずっと薄くなると，無衝突プラズマとして扱わないといけない．磁気圏や実験室の無衝突プラズマでは，粒子同士のクーロン衝突ではなくて，粒子波動相互作用が重要になる．このような粒子波動相互作用に基づく実効的な抵抗を，異常電気抵抗という．また，一般化されたオームの法則における電子慣性，ホール効果，あるいは，電子圧力などが効く場合も議論されている．現在のところは，どれが重要かはまだ確立していない．

一方，太陽フレアのリコネクション問題には，磁気圏や実験室にはない，特有の問題もある．それは，ミクロなスケール（イオンのラーモア半径，10 cm 程度）とマクロなスケール（フレアのサイズ，1 万 km 程度）のギャップがきわめて大きいという問題である．つまり，仮にミクロな物理が解明されたとしても，フレアを説明するには，マクロな現象とミクロな現象をつなげるメカニズム（階層間結合の問題）を解明しないといけない．一つの可能性として，フレア電流シートがフラクタルあるいは磁気流体乱流となっている可能性が考えられているが，確かなことはまだ分かっていない．

さらに，リコネクションにいたる過程の問題，すなわち，トリガーの問題やエネルギー蓄積の問題も未解決であるし，上で述べた，粒子加速やダイナモ問題は，リコネクションの応用問題として将来に残された重要な課題である．

7.4 粒子加速

太陽フレアや CME においては，普段の太陽大気には存在していない，非常に高いエネルギーの粒子（電子，イオン，中性子など）が生成される．しかしながら，まだその加速機構については，明らかになっていない．本節では，太陽フレアにおける加速粒子についてその観測的特徴をまとめ，考えられている加速機構モデルのいくつかを紹介する．

太陽フレアで加速される粒子には，電子とイオンの 2 種類があり，それぞれ観測する方法が異なる．電子の加速については，硬 X 線（10–数百 keV のエネルギーを持つ光子）や電波（おもに使われるのは，周波数が 1–数十 GHz 程度の電波）による観測がもっとも効果的であるが，彩層輝線（$H\alpha$ 線など）や極端紫外

線などでも加速粒子の情報を引き出せることもある.

イオンの場合,ガンマ線がおもな観測手段である(4.3.2節)が,イオンの核反応によって作られる中性子の観測によっても,イオン加速の情報を得ることができる.また,電子・イオン両者に共通する観測手法は,惑星間空間の人工衛星による粒子の直接観測である(4.5.4節).この方法では,太陽から惑星間空間に飛び出した粒子のみ観測可能であり,通常,太陽から約1天文単位も離れた場所での観測になるので,加速場所を特定することが難しくなる.フレア(コロナ下部)で加速された粒子と,惑星間空間衝撃波で加速された粒子の区別をすることが重要になる.

7.4.1 加速粒子の個数,エネルギー量

太陽フレアで加速される電子の個数($> 20\,\mathrm{keV}$)は,最大級のフレアの場合,1秒間に10^{37}個程度である.典型的なフレアの継続時間は100秒程度であるので,1個のフレアで加速される電子の総数は,約10^{39}個に達する(10^{41}個に達したという報告もある).少し考えてみると,この個数がいかに大きいものかよく分かる.たとえば,コロナ下部の平均的な電子密度を10^8個cm^{-3}とすると,10^{39}個の電子を供給するには,1辺約$2 \times 10^{10}\,\mathrm{cm}$($= 20$万$\mathrm{km}$)の立方体中の全電子が加速されないといけないことになる.このサイズは一つの活動領域より大きく,非現実的である.この問題については,スペクトルの項で議論する.また,加速電子($> 20\,\mathrm{keV}$)の持つ総エネルギーであるが,最大級のフレアの場合,$10^{32}\,\mathrm{erg}$になるという報告がある.しかし以下に述べるカットオフエネルギーの決め方の不確定性があり,フレアで解放される全エネルギーに対する加速電子のエネルギーの割合は,正確には分かっていない.

7.4.2 タイムスケール

エネルギーの異なる硬X線域での太陽フレアの立ち上がりの時間変化の違いにより,電子の加速の時間スケールを見積もることができる.$100\,\mathrm{keV}$以下のエネルギー域では,その時間スケールは0.1–1秒以下であるが,$100\,\mathrm{keV}$以上だと,数秒かかっているような例も存在する.また,時間分解能を上げて,放射の変動の様子を詳細に見ると,一つのゆるやかな変化をしている大きな構造の中に

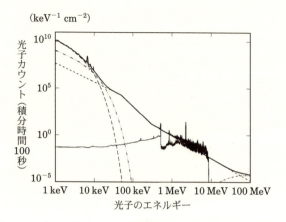

図 7.19 大型の太陽フレアの典型的な光子のエネルギースペクトル (Lin *et al.* 2002, *Solar Phys.*, 210, 3).

も，非常に細かいスパイク構造があることが分かる．その一つ一つのスパイクの時間スケールは 0.1 秒以下であり，その時間スケールで加速の状態・状況が変動していることを示している．イオンの場合は，ラインガンマ線の立ち上がりの時間変化の様子から見積もると，電子の場合とほとんど同じで，やはり 1–数秒程度だと報告されている．

7.4.3 エネルギースペクトル

　加速電子の制動放射によると考えられる数十 keV 以上の硬 X 線は，通常，ベキ乗型のスペクトルをしており，ベキ指数は -2 から -6 程度になっていることが多い（図 7.19 参照）．加速電子のエネルギースペクトルは，硬 X 線のスペクトルからモデルを介して求めることができる．代表的なモデルとして，厚い標的モデルと薄い標的モデルがあることは 4.3.1 節で述べた．両者の違いは，電子のエネルギーの失い方にある．前者は，非常に密度の高いプラズマにぶつかり，瞬間的に全電子がエネルギーを失うモデル，後者は，比較的密度の小さなプラズマ中を通過する際に，硬 X 線を放射してエネルギーをゆっくりと失うモデルである．前者は磁気ループの足元付近の彩層上部での硬 X 線放射モデル，後者はコロナ中での硬 X 線放射モデルとして，おもに使用される．

　いずれのモデルでも，加速電子の個数，総エネルギーを計算する際には，ベキ

乗型スペクトルの低エネルギー側の限界エネルギー（カットオフ・エネルギー）を決める必要がある．このカットオフ・エネルギーには，通常，20 keV や 25 keV という値が用いられるが，近年の分光撮像観測の進歩により，カットオフ・エネルギーはもっと高いのではないか（たとえば，35 keV）という議論もある．フレアのスペクトルのベキ指数は大きいので，このカットオフ・エネルギーが少し高くなるだけで，前述の加速粒子の個数やエネルギー量の問題も解決する可能性がある．

7.4.4 最高エネルギー

　加速された電子の最高エネルギーを知るには，ガンマ線域の放射を見る必要があるが，そのエネルギー域では，加速されたイオンが関わる放射も含まれており，いつも電子の最高エネルギーが分かるわけではない．

　しかし，イオン加速の兆候がほとんど見られない，電子加速が支配的なフレアが発生することもあり，そのときは，数百 keV から数十 MeV までほとんど一つのベキ乗型関数で表されるようなスペクトルになる．これは，電子の加速が数十 MeV 程度のエネルギーまであることを示している．イオンの場合は，通常のフレアで 100 MeV/核子 程度までは加速されていると考えられている．1–10 GeV/核子 という非常にエネルギーの高いイオンの存在を示唆する観測結果もある．

7.4.5 粒子加速場所

　粒子がどこで加速されているかを知ることは難しい．というのも，加速された電子は，それだけでは電磁波放射をするわけではなく，イオンとぶつかり軌道が曲げられる際に制動放射という放射を出して初めて検出にかかるからである．つまり，まわりの比較的密度の高いプラズマ中でイオンと衝突し，エネルギーを失う場所の情報しか得られないことになる．

　しかし，硬 X 線強度の詳細な時間変化から，その場所を特定しようという研究もなされている．さまざまなエネルギー域での硬 X 線強度変動を非常に高い時間分解能で観測し，1 秒以下のスケールで激しく変動している高周波成分と，分程度のスケールでゆっくり変動している低周波成分に分ける．すると，高周波成分の変動パターンは，高エネルギーの硬 X 線ほど速いことが分かった．こ

の高周波成分は，電子が磁気ループに捕捉されることなく，加速領域から直接，ループの足元に降り込んで放射される硬 X 線だと考えられており，エネルギーごとの時間差は，電子が加速領域から，硬 X 線放射領域であるループの足元に到達するまでにかかる時間差に対応していると考えられる．つまり，エネルギーの高い電子は速いので，同時に出発してもエネルギーの低い電子よりも早く足元に到達し，高いエネルギーの硬 X 線を放射するという解釈である．

この解析により，すべてのエネルギーの電子が同時に同じ場所で加速されたとすると，その加速場所は，フレアループの上空にあることが示された．この結果は，ようこう衛星の硬 X 線望遠鏡で発見された，フレアループ上空に見える硬 X 線源と対応するものと考えられる．また，軟 X 線や極端紫外線の詳細な分光観測から，そのループ上空およびループ頂上付近で，非熱的なプラズマの運動，おそらく乱流が存在していることが分かっており，粒子加速やプラズマ加熱にとって，重要な領域となっていることは確かである．

7.4.6　粒子加速機構

これまで述べてきたような観測事実を説明するために，さまざまな粒子加速機構が考えられているが，どの機構が太陽フレアで実際に起きているかは確定していない．

電場加速

電子の速度分布を考える．熱的電子の速度分布はマックスウェル分布をしており，その分布のうち，大きい速度を持つ少数の電子は，電場が与えられると，その領域から逃げ出すことができる．逃げ出すことのできる電子の数は，与える電場の大きさに依存する．すべての電子を動かすことのできる電場の大きさをドライサー（Dreicer）電場と呼び，その大きさはそのプラズマの温度と密度で決まる．コロナの典型的条件（10^6 K, 10^9 cm^{-3}）においては $1\,\mathrm{mV\,m^{-1}}$ 程度となる．

太陽フレアでの電場加速は，大きく分けてドライサー電場より小さい電場による加速と，ドライサー電場より大きい電場による加速の 2 種類が想定されている．前者は，1 本の磁気ループに沿った電場による粒子加速モデルにおいて，後者は，アーケード構造をした一連の磁気ループ群の上部における，アーケードに沿った方向の粒子加速モデルにおいて，おもに考えられている．

2次のフェルミ加速

　速度 V で動く壁（磁気ミラー）に挟まれた領域中の高エネルギー粒子を考える．壁の運動は，粒子の衝突によって影響を受けず，速度 $V \ll c$（c は光速），かつ粒子の速度 v は $v \simeq c$ だと仮定する．動いてくる壁に正面から向かっていく衝突により，最初速度 v だった粒子は，衝突後 $v + 2V$ の速度になる．逆に動いている壁に対して後ろから衝突した場合，初期速度 v の粒子は，衝突後，速度 $v - 2V$ になる．

　こうしてみると，全体としては加速も減速も受けないように思えるが，両者の衝突の確率が異なっている．動いてくる壁に正面からぶつかる衝突のほうが衝突の確率が高い．これをあらゆる角度からの衝突について，エネルギーの得失と確率を考慮してやると，$\langle \delta E/E \rangle \propto (V/c)^2$ となり，微小量 $(V/c)^2$ の2次量ではあるが，全体として統計的にエネルギーを得ることができる．このような加速機構を2次のフェルミ加速と呼ぶ．太陽フレアでは，磁気リコネクション（7.3節参照）後の磁気ループの収縮時などにその存在の可能性が指摘されている．

衝撃波加速（1次のフェルミ加速）

　強い衝撃波の周辺では，もっと効率のよい加速が可能になる．強い衝撃波が速度 V で動いているとする．また $V \ll c$ であり，粒子の速度 v は $v \simeq c$ だと仮定する．このとき，比熱比を $5/3$ とすると，衝撃波の上流と下流の密度比は4になる．詳細は省くが，衝撃波面を一度通過すると粒子は平均的に，$\langle \delta E/E \rangle = 2/3 \times V/c$ だけエネルギーを得ることができる．衝撃波面を一往復してもとに戻ってくると，エネルギーの増加は $\langle \delta E/E \rangle = 4/3 \times V/c$ となり，V/c の1次の（比較的効率のよい）加速が可能である．これを1次のフェルミ加速と呼ぶ．太陽フレアでは，磁気リコネクションから生じた高速下降流による衝撃波などでの加速，CME では，CME の前面に生じる衝撃波での加速が考えられている．

　この過程を少し一般化して，粒子のエネルギースペクトルがどうなるかを考えてみよう．1回の加速過程で β 倍エネルギーが増加するとする．つまり，$E = \beta E_0$（E_0 は初期エネルギー）．また，その粒子が加速領域に残る確率を P とする．粒子数を N（初期粒子数は N_0）とする．生き残って k 回衝突する粒子の数は $N = N_0 P^k$，そのときのエネルギーは $E = E_0 \beta^k$ と書ける．k を消去すると，

$N/N_0 = (E/E_0)^{\ln P/\ln \beta}$ となり，変形すると，$N\,dE = A \times E^{-1+(\ln P/\ln \beta)}\,dE$ となる．これは，ベキ乗型のエネルギースペクトルを表している．つまり，衝撃波による加速を受けた粒子のエネルギー分布は，ベキ乗型のスペクトルになり，そのベキ指数は P と β によって決まることになる．

波動粒子相互作用

太陽フレア発生領域には，さまざまな波動が存在していると考えられる．これらの波動のエネルギーを粒子に受け渡し，粒子加速を起こす機構も考えられている．たとえばアルベーン波，磁気流体ファーストモード波，ホイスラー波[*7]などとの共鳴による電子加速，アルベーン波によるイオン加速などが考えられている．また，太陽フレアには，加速粒子のヘリウムの同位体比（He^3/He^4）が通常より極端に大きくなる場合や，重イオン（C, N, O など）の割合が大きくなる場合が報告されており，それらを選択的に加速する機構も存在していると考えられるが，それには，それらのイオンと共鳴するような波動が加速に関与しているのではないかと推測されている．

7.5 力学的擾乱（衝撃波）とコロナ質量放出

7.5.1 モートン波

フレアは一種の爆発現象である．ならば，爆発に特有の爆風や衝撃波は発生しているのだろうか？ 1960 年，米国のモートン（G.E. Moreton）は，1 分間に 6 フレームの観測ができる高速の Hα 単色像観測より，フレアから波のような擾乱が秒速 500–2000 km の速度で伝播する現象を見つけた．これは現在，発見者にちなんでモートン波と呼ばれ，フレアから発生した衝撃波の証拠であると考えられている．Hα は数千度–1 万度の彩層プラズマから放射されるので，モートン波がもし彩層中を伝わる衝撃波なら，彩層の音速が $10\,\mathrm{km\,s^{-1}}$ 程度だから伝播速度が極超音速（マッハ数 10–200 !）となって，激しい散逸が起こり，あっという間に減速されてしまうはずである．しかしながらモートン波は，フレアから

[*7] 磁場に沿って伝わる右回りの円偏光を持つプラズマ波動．名前の由縁は，地球の電離層からの電波の研究を行っていた際，可聴周波数域（VLF 帯）に口笛（ホイッスル）のような音を聞いたことによる．

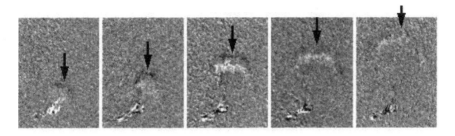

図 **7.20** 京都大学飛騨天文台で観測されたモートン波（1997年 11 月 4 日）(Eto et al. 2002, PASJ, 54, 481).

太陽半径（約 70 万 km）程度もの遠くまで，あまり減速も受けずに伝わる（図 7.20）．この点が大きな謎であった．モートン波は $H\alpha$ 中心波長から 0.5 Å くらい離れた $H\alpha$ 線翼でよりはっきりと見えるので，擾乱にともなって彩層上部のプラズマがおよそ $30\,\mathrm{km\,s^{-1}}$ で上下に運動しているのは間違いない．またしばしば，モートン波が通過するときにフィラメントが振動を起こすことがある．

このようなことから，モートン波は彩層中の衝撃波ではなくて，コロナ中を伝わる衝撃波と彩層の交差する点（線）の伝播であると考えられるようになった．コロナ衝撃波が彩層に突入すると彩層プラズマは下向きに数 $10\,\mathrm{km\,s^{-1}}$ で運動するし，また，フィラメントを通過しても同じくらいの速度でフィラメントを揺らすからである．内田豊はモートン波の正体が，コロナ中を伝わる磁気流体ファーストモード衝撃波であることを見抜き，1968 年から 1974 年にかけて，モートン波の定量的なコロナ磁気流体衝撃波モデルを発展させた．内田のモデルはモートン波の多くの観測的特長を再現するのに成功しただけでなく，しばしば同時に観測される II 型電波バースト (4.2.3, 7.1.6 節) もよく説明したので，現在は定説として広く受け入れられている．II 型電波バーストとは，秒速 1000 km くらいの速度でコロナ中を上方へ向けて擾乱が伝わるときに電波バーストが起こる現象のことで，その正体はやはり衝撃波（磁気流体ファーストモード）であると考えられている．

太陽 X 線観測衛星「ようこう」の科学主任であった内田は，1991 年の打ち上げのときから，自身が提唱したモートン波のコロナ磁気流体衝撃波説を確かめるべく，ようこう衛星で衝撃波を「見たい」と願っていた．ところが，実際によう

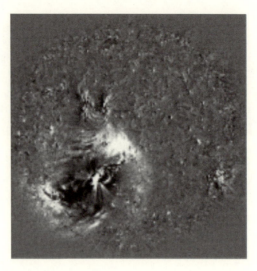

図 7.21 EIT 波（1997 年 4 月 7 日）(Thompson et al. 1999, *ApJ*, 517, L151).

こう衛星がフレアやコロナの X 線像を撮りだすと，モートン波のような衝撃波が伝播する現象はまったく写っていなかった．これは内田に限らず，誰にとっても謎であった．

そうした頃，欧米の打ち上げた SOHO 衛星搭載の極端紫外線望遠鏡（EIT）が動き出して，しばらくすると,「SOHO/EIT がモートン波を見つけた！」というニュースが世界をかけめぐった．1997 年のことである．正確にいうと，EIT 望遠鏡で撮影した極端紫外線像ムービーに，フレアから伝播する波のような現象が写っていたのである（図 7.21 参照）．極端紫外線望遠鏡（EIT）で観測されたので，EIT 波と呼ばれるようになった．

ところが EIT 波を詳しく調べてみると，モートン波とは特長が少し異なった．モートン波は秒速 500–2000 km くらいの速度で伝播するが，EIT 波は秒速 200–300 km 程度とかなり遅い．モートン波は限られた方向（90 度くらいの角度）にしか伝播しないが，EIT 波は等方的に全方向に伝播する．はたして EIT 波は本当にモートン波（衝撃波）なのだろうか？

モートン波と EIT 波の数少ない同時観測によると，EIT 波はモートン波より少し遅れて伝播しており，異なる現象である．しかし一方で，EIT 波はモート

ン波と一致するという観測もあり混沌としていた．ところが，2011 年になって，SDO 衛星の極端紫外線撮像 AIA 観測から，2 種類の EIT 波（= EUV 波）が発見され，そのうち一つはモートン波（衝撃波）と一致すること，もう一つは伝播速度が遅く，最初に発見された遅い EIT 波と一致することがわかり，この謎は解明された．しかしながら，遅い EIT 波とは何なのだろうか？ 一つの魅力的な説は，磁力線引き延ばしモデル（field stretching model）といい，フレアの衝撃で磁力線が順繰りに引き延ばされ，それにともなうプラズマ密度の変動が見かけ上伝播する，というものである．ただしまだ確立されていない．

モートン波のコロナ中での正体であるコロナ衝撃波は，1997 年（EIT 波が発見されたのと同じ年），ついに X 線像の中に発見された．EIT 波の発見に刺激されて，観測プログラムを衝撃波を検出しやすいように工夫したのが発見につながったのである．X 線データから衝撃波の性質を詳しく調べると，内田が推定したとおりの，マッハ数 1.15–1.25 の弱い衝撃波であった．これにてモートン波の正体となる衝撃波探しは一件落着した．しかし，モートン波（衝撃波）がいかにして形成されるかはまだよくわかっていない．

7.5.2 コロナ質量放出

さてここで，話題をコロナ質量放出に移そう．コロナ質量放出は，もともと 1970 年代初頭にスカイラブ搭載のコロナグラフによって発見された（図 7.22）．当初は，上で議論したフレアからの爆風ないし衝撃波ではないかと考えられ，コロナ突発現象（coronal transient）と呼ばれていた．しかし詳しく調べるに従って，波のようなものではなく，実際に大量の質量が放出される質量放出（mass ejection）現象であることが確かになり，コロナ質量放出（coronal mass ejection; CME と略す）と呼ばれるようになった．

CME の質量は，典型的には 10^{15} g（10 億トン），速度は 100–2000 km s^{-1}，放出される角度はおよそ 45 度で時間とともにあまり変化しない．CME のサイズは，したがって，太陽から遠ざかるにつれ自己相似的に大きくなる．全運動エネルギーは 10^{29}–10^{32} erg と，典型的なフレアの解放するエネルギーと同程度である．

CME の典型的な見かけの形状は，いわゆる 3 部構造（three-part structure）

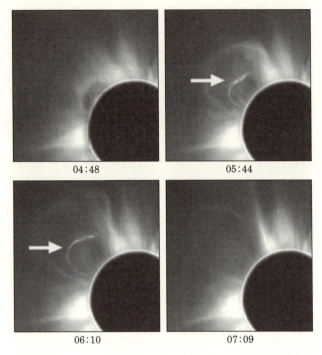

図 7.22 コロナ質量放出（CME）とプロミネンス噴出（矢印）．SMM 衛星搭載のコロナグラフによる観測（1980 年 4 月 14 日）．

をなす．すなわち，一番外側にループまたはシェル構造，内側にプロミネンス，中間に空洞，という形である（図 7.22 参照）．プロミネンス周辺はヘリカルな磁束管をしており，全体としては泡状構造をしている．口絵 8 の CME は，ヘリカルな磁束管が噴出している様子をよく表している．このようなヘリカルな磁束管が惑星間空間に伝播して，いわゆる磁気ロープあるいは磁気雲となると考えられている．

上にも書いたように，CME は発見当時，フレアの結果発生すると思われたが，詳しく調べると，CME の約半数はフレアに付随していない，またフレアに付随している CME もフレアより先に発生する例がある，など，フレアが原因でないことが判明した．今では，フレアと CME はどちらかが原因というようなものではなく，共通の原因（突発的磁気流体エネルギー解放現象）によって起こる現象であると認識されている．一つの磁気エネルギー解放現象のうち，電磁放射

でエネルギーを解放する現象（部分）をフレアと呼び，力学的エネルギーで解放される現象（部分）をCMEと呼んでいる，という理解である．

　一方，地磁気嵐の原因となる惑星間空間中の南向きの磁場は，CMEのなれの果てである磁気ロープ（ヘリカルにねじれた磁束管）が地球磁気圏に衝突して起こることから，地磁気嵐にとってはフレアが重要なのではなくて，CMEこそが重要である，という主張（ゴスリング（J.T. Gosling）の「フレア神話批判」）が現れた．CMEの約半数はフレアと関係なしに発生するからである．しかしこれについては，ようこう衛星のX線観測によって，従来フレアと分類されないようなX線の弱い現象でも，X線像を見てみると物理的にはフレアとそっくりの巨大なX線アーケード構造が生成されていることが分かり，CMEの半数はフレアとは関係ない，とはいえないことが判明した．すなわち，突発的磁気的エネルギー解放現象をフレアと呼ぶならば，巨大X線アーケードも「フレア」の一種であり，たいていのCMEは巨大X線アーケード現象をともなっているので，CMEは「フレア」にともなって発生する，といえる（いわゆる「フレアをともなわないCME」は，静穏型プロミネンス・フィラメント噴出に付随して発生しており，これらの静穏型プロミネンス・フィラメントが噴出すると，その下に巨大アーケードが現れる）．

第 8 章

コロナ加熱

　約 6000 度の光球の上空には，100 万度を越える高温に加熱されたコロナが存在する．太陽のエネルギー源が内部にあることを考えると，大気の上空に行くほど低温になるはずである．熱は高温の物質から低温の物質に流れるからである．したがって，コロナは未知の加熱によって形成されていると考えられ，長年にわたり太陽・天体における大きな謎の一つとして研究されてきている．この章ではこの「コロナ加熱」問題についての現在の理解を述べる．

8.1　観測事実

8.1.1　コロナのエネルギー収支

　コロナを加熱するには，どの程度のエネルギーが必要だろうか？ 5.4 節で見てきたように，コロナは異なった領域から構成されている．ここでは代表的なものとして，活動領域，静穏領域，および磁場構造が上空へと開いたコロナホールにおいて，どの程度のエネルギーが必要であるかを述べる．

　コロナからは絶えずエネルギーの損失がある．第 1 に，X 線や紫外線領域における放射による損失．第 2 に，コロナから彩層および惑星間空間への温度勾配に沿って，下方向と外方向への熱流による損失．さらに，磁場構造の開いた領域では，第 3 の過程として，太陽風の加速，すなわち，ガスの膨張による断熱冷却

表 8.1 典型的なコロナからのエネルギー損失（$\mathrm{erg\,cm^{-2}s^{-1}}$）(Withbroe & Noyes 1977, *Annu. Rev. Astron. Astrophys.*, 15, 363).

	静穏領域	コロナホール	活動領域
熱伝導	2×10^5	6×10^4	10^5–10^7
放射冷却	10^5	10^4	5×10^6
太陽風	$\lesssim 5 \times 10^4$	7×10^5	$< 10^5$
計	3×10^5	8×10^5	10^7

による損失が重要となる．コロナの高温プラズマは，このようなエネルギー損失機構によって遅かれ早かれ冷えてしまって保つことができないので，コロナがつねに存在するためには，これらの損失と見合うだけのエネルギーの注入がコロナへは必要ということである．

これらのエネルギー損失量は，各領域ごとに観測量から見積もることができる（表8.1）．活動領域では，他の領域よりも10倍以上大きな加熱率が必要であることが分かる．また活動領域にある明るいコロナループでは，熱伝導による損失が 10^7–$10^8\,\mathrm{erg\,cm^{-2}s^{-1}}$ とさらに大きなエネルギー損失が起きていて，大きな加熱率が必要である．コロナホールにおいては，磁場構造が開いているためプラズマが流出しやすく，大部分の損失が太陽風によっている．結果として，コロナの密度が薄くなるので，放射による損失は無視できるほど小さくなる．それに対して静穏領域では，閉じた磁場構造がプラズマを閉じ込めるため，太陽風による損失はほとんどなく，相対的に放射による損失が大きくなっている．コロナホールと静穏領域では，コロナへ注入されるエネルギーが似通っているにも関わらず，大きく異なって観測されるのは，このような磁場構造の相違のためと考えられている．

一方，太陽の全体的な放射によるエネルギー損失は，総放射量（$L_\odot = 3.9 \times 10^{33}\,\mathrm{erg\,s^{-1}}$）を太陽の表面積（$4\pi R_\odot^2 = 6.1 \times 10^{22}\,\mathrm{cm^2}$）で割り，$6.3 \times 10^{10}\,\mathrm{erg\,cm^{-2}s^{-1}}$ と計算される．各コロナ領域におけるエネルギー損失率は，太陽の放射損失率よりも充分小さく，コロナ加熱に必要なエネルギーは，太陽から放出される全エネルギーの小さな割合（0.01％程度）でよいことが分かる．

さらに，コロナ加熱のおおもとのエネルギーが蓄えられていると考えられる，

太陽表面の乱流のエネルギーとも比較してみよう．分光観測で得られた吸収線の解析により，光球付近の乱流の平均的速度は $\langle \delta v \rangle = 1\text{--}2\,\mathrm{km\,s^{-1}}$ であると見積もられている．すると乱流のエネルギー流速は，光球の密度（$\rho \simeq 10^{-7}\,\mathrm{g\,cm^{-3}}$）を使って，

$$\rho \langle \delta v^2 \rangle \langle \delta v \rangle \simeq 10^8 \left(\frac{\langle \delta v \rangle}{1\,\mathrm{km\,s^{-1}}} \right)^3 \quad [\mathrm{erg\,cm^{-2}\,s^{-1}}] \tag{8.1}$$

となる．すなわち，より大きな加熱量が必要な活動領域においても，乱流のエネルギーを1割程度抜き取って，コロナでの加熱に用いることができれば，エネルギー収支の観点からは，大丈夫であるということになる．

8.1.2 コロナの温度

必要な加熱量は，領域によって100倍程度異なっていることを8.1.1節で見てきた．ところが5.4.4節にあるように，コロナの（電子）温度はどの領域でも100万度程度から500万度の範囲内に落ち着き，1000万度を越えることはまれである．このように，コロナの温度は彩層の典型的な温度（数千度）から大きく上昇するものの，100万度から数100万度に落ち着いているという特徴がある．

コロナにおける鉛直方向 z のエネルギーのつりあいは，以下のように記述することができる：

$$E_\mathrm{h} = n_\mathrm{e} n_\mathrm{p} \Lambda + \nabla \cdot F_\mathrm{c}. \tag{8.2}$$

ここで E_h（$\mathrm{erg\,cm^{-3}\,s^{-1}}$）は加熱率であり，右辺第1項は放射冷却率，$n_\mathrm{e}$ は電子密度，n_p は陽子密度，Λ は放射冷却関数である．右辺第2項は熱伝導による寄与を示しており，$F_\mathrm{c} = -\kappa_0 T^{5/2} dT/dz$ は熱伝導流速である．

図8.1は，光学的に薄い場合の放射冷却関数 Λ（$\mathrm{erg\,cm^3\,s^{-1}}$）を，温度に対してプロットしたものである．10万（10^5）度を超えたあたりから，放射冷却関数は右下がりになっているが，これはガスが熱せられれば熱せられるほど，冷却されにくくなること（熱的不安定性）を示している．このような温度のガスは安定して存在できず，コロナと彩層の間に非常に薄い遷移層が形成される原因となっている．しかし，放射冷却関数の右下がりの傾向は100万度を越えても続くため，10万度のピークを越えたガスは100万度をはるかに越え，1000万度程

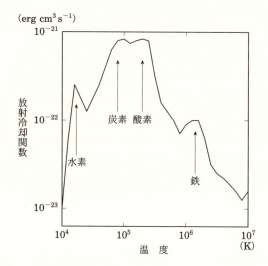

図 8.1 放射冷却関数の温度依存性．矢印は各温度でおもな寄与をする冷却剤のイオン種を示している（Landini & Monsignori-Fossi 1990, *A&AS*, 82, 229 をもとに作成）．

度まで加熱されてしまってもおかしくない．

温度が上昇すると，熱伝導流速が温度に対して急激な依存性を示すことから推測されるように，コロナから彩層への下向きの熱流（式（8.2）の右辺第 2 項）によるエネルギー損失が重要になる．式（8.2）において放射冷却の項を無視すると，熱伝導による損失とつりあうために必要な加熱率の温度依存性は

$$E_\mathrm{h} \simeq \frac{d}{dr}\left(\kappa_0 T^{5/2}\frac{dT}{dr}\right) \simeq \frac{\kappa_0 T^{7/2}}{l^2} \tag{8.3}$$

となり，温度変化の空間スケール l が変わらないという仮定をすると，たとえば温度を 100 万度から 1000 万度にするのに，3000 倍の加熱率が必要になるということになる．逆にいうと，加熱率をほんの少し変えただけでは，熱伝導損失による安定化機構により，温度変化は非常に小さくなるということである．

まとめると，ある程度以上の加熱があると，放射冷却の 10 万度付近のピークを越え，ガスが一気に高温になるものの，100 万度を越えると熱伝導損失による安定化により，それ以上温度を上げるのが困難になるのである．したがって，領域ごとに加熱率が大きく異なっているのに，コロナの温度は 100 万度から数 100

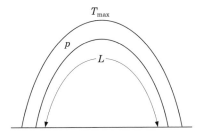

図 8.2　閉じた磁気ループ．

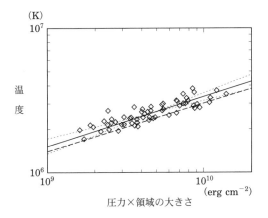

図 8.3　ようこう衛星搭載の軟 X 線望遠鏡の観測から得られた RTV スケーリング則．実線は $T_{\max} \approx 1.2 \times 10^3 (pL)^{1/3}$，点線は 3σ の誤差の範囲，破線はおおもとの RTV スケーリング則（式 (8.4)）である（Yashiro & Shibata 2001, *ApJL*, 550, L113）．

万度付近に保たれているということになる．

　上では，式 (8.3) において l が一定であるとして議論したが，この仮定は厳密には正しくない．正しくは，加熱，放射冷却と熱伝導のつりあいを，同時に解かなければいけない．閉じた磁気ループにおいて，ロズナー（R. Rosner），タッカー（W.H. Tucker），ヴァイアナ（G.S. Vaiana）が 1978 年に実際にこのようなエネルギーのつりあいを解き，ループ長 L とループの頂上での温度 $T_{\max}$，およびループ内の圧力 p の関係（図 8.2）を以下のように求めた（著者らの頭文字

を取って RTV スケーリング則と呼ばれる）．

$$T_{\max} \approx 1.4 \times 10^3 (pL)^{1/3}. \tag{8.4}$$

この関係は加熱率の詳細な形にほとんど依存せず，またさまざまなループの観測をよく説明している（図 8.3, 271 ページ）．

8.1.3 コロナの加熱機構

では具体的に，コロナはどのような過程により加熱されているのであろうか？詳細に関しては未解明な部分が多いが，大枠に関しては以下のようなコンセンサスが得られている．

(1) 加熱の源は，表面対流層の乱流運動である．
(2) 加熱には，磁場が重要な役割をはたしている．

(1) に関しては，本章の最初に述べたように，表面対流層の乱流運動が，コロナの加熱に充分な運動エネルギーを持っているというのがおもな理由である．(2) については，コロナでは磁場のエネルギーがガス（プラズマ）のエネルギーに比べて大きいというのが理由である．コロナの磁場強度の直接測定は困難でありほとんどなされていないが，5.4.3 節にあるように光球の磁場強度分布から推測することができる．このような方法によると，コロナでは典型的に磁場がガスの 100 倍程度のエネルギーを持っていると見積もることができる．したがって，ほんの少し磁場のエネルギーが散逸すると，ガスの加熱に多大な影響をおよぼし得るのである．

上に述べたように，コロナ加熱の重要な要素は，表面対流層に起因する乱流と磁場である．すなわち，乱流運動のエネルギーを，何らかの形で磁力線を通じて上方へ持ち上げ，どうにかしてその磁場のエネルギーを上空で散逸させることができれば，コロナ加熱が達成できるわけである．では，具体的にどのような機構により，この「持ち上げ」と「散逸」が行われているのであろうか？ これについて今までに種々の仮説が提唱され混沌とした状況であるが，以下の 2 種類に大別することができる．

- 波動加熱（交流加熱）
- マイクロフレア・ナノフレア加熱（直流加熱）

波動加熱とは，表面の乱流運動によって励起された波が上方へ伝播し，コロナ中で熱化が起こるという考えである．これまでの議論から推測されるように，音波などの流体的な波動よりも，アルベーン波に代表される磁気的な波が有力となる．この場合，磁場のシア（$\nabla \times B$）による電流が，波とともに向きを変えながら散逸していくため，しばしば交流加熱と呼ばれる．

マイクロフレア加熱説やナノフレア加熱説とは，表面の乱流運動がコロナの磁場をねじって磁場にエネルギーを蓄え，その結果作られた磁力線の不連続点で多数の小さな爆発（マイクロフレアやナノフレア）を引き起こし熱化が起こるという考えである．この場合，波動とは異なり，電流が一気に散逸することになるので，波動による交流加熱に対応して，直流加熱と呼ばれる．次節以降，それぞれについて具体的に説明していく．

8.2 波動説

8.2.1 はじめに

表面対流層により，光球付近は乱流状態となっており，これらは上方へ向かうさまざまな種類の波動の生成源になっていると考えられる．このような波が上空のコロナまで伝播し，そこで何らかの過程により減衰すれば，波からプラズマへのエネルギーの輸送により，コロナ加熱が達成される．結果として，表面の乱流運動のエネルギーを，波動を通じてコロナへと輸送できるということである．以下では，具体的な波動の励起過程と減衰過程を紹介した上で，磁場構造の閉じた領域と開いた領域に分けて，観測結果を参照しつつ，コロナ加熱における波動の役割を論じていく．

8.2.2 波動の励起とコロナへの伝搬

太陽内部では表面対流層が形成され，光球直下では乱流が発達している．スペクトル線の広がりから，この乱流運動の速度振幅は，光球付近で $1\text{--}2\,\mathrm{km\,s^{-1}}$ 程度と見積もられている．ビアマン（L. Biermann）およびシュワルツシルド（M. Schwarzschild）は，そのような乱流運動により励起された，光球から上方へ伝搬する音波が，コロナの加熱に寄与するというモデルを1948年に提唱した．実際にも，彩層付近の観測により，上方へ伝搬する音波が確認されている．

しかしながら，もっともエネルギーを持つと考えられる，太陽の動径方向の5分振動に起因する音波は，重力の影響によりエバネセント波となり，上方へ伝搬することができない（3.1.5 節）．また，周期が短く伝搬可能な音波も，波頭の突っ立ちによる衝撃波形成により，彩層内で効果的に減衰してしまい，コロナまで到達するのは困難である．したがって，表面乱流で励起された音波は，彩層の加熱には大きく寄与するものの，コロナ加熱に充分な寄与をするのは困難であると考えられている．

一方，彩層上部からコロナでは，ガス圧に比べ磁気圧が大きい．したがって，コロナ加熱にも，磁場に関連する波動現象が重要な役割をはたしていることが示唆される．光球付近には，局所的に 1000 ガウス程度，平均的に 1–10 ガウスの磁場が存在しており，これらは粒状斑対流の運動に伴い，ランダムに動いている．したがって光球付近では，音波だけでなく，アルベーン波や磁気音波[*1]などの磁気流体力学的波動が生成されているはずである．特にアルベーン波は横波であるため，縦波である音波に比較して減衰しにくく，より多くのエネルギーをコロナへ運べると考えられる．アルベーン波は非圧縮性波動であるため，密度のムラ，すなわち輝度のムラを伴わないために，音波などの圧縮性波動に比べ，直接観測は困難であったが，2006 年に打ち上げられた「ひので」衛星は，多くのアルベーン波的な横波振動を観測した．可視光望遠鏡により光球の磁場と速度場の観測を行い，上空へ伝わるものに加え反射されて戻って来るアルベーン波が特定され，そのエネルギー流束を見積もることができるまでになった．さらにプロミネンス中を伝搬する横波やスピキュールの横振動から，彩層中を伝搬するアルベーン波が静穏コロナやコロナホールを加熱するのに十分なエネルギーを持っていることが分かった．一方で，地上望遠鏡や SDO 衛星によりコロナ中の横波観測が行われているものの，観測手法や観測グループにより見積られるエネルギー流束は大きくばらついているのが現状である．「ひので」可視光望遠鏡などから得られる光球速度場を入力値とし，光球からコロナまでの波動の伝搬の数値シ

[*1] 磁気音波はガスの圧力と磁場の圧力を復元力とする圧縮性の波である．このうちファーストモード波はガス圧と磁気圧が共同して復元力となり，ほぼ等方的に伝わる．太陽コロナのようにガス圧より磁気圧が大きい環境では，その速度は大体アルベーン速度（式 (7.8)）である．スローモード波はガス圧と磁気圧が互いに妨害し合うため，ファーストモード波より遅く，磁力線方向に偏って伝わる傾向がある．ガス圧より磁気圧が大きい環境では，磁場の管に沿って伝わる音波と見なせる．

ミュレーションによる解析が進められている．

　磁場の効果により，波動の生成が光球より上空の，彩層やコロナで起きる可能性も議論されている．光球から上空へ伸びる磁力線は，足元の乱流運動により，つねに振動や変形を受けているはずである．このような磁力線の動きにより，隣り合う磁力線同士が接近し，その極性が異なっていた場合，磁気リコネクションが起こるであろう．このような現象は，7章で述べられたフレアや，その規模の小さいものであるマイクロフレア，ナノフレアとして観測されると考えられるが，同時にさまざまな波動を生成し得る．たとえば「ひので」による観測は，マイクロフレアによるジェット噴出にともなう振動が，上空へ伝搬する波動を励起していることを見出した．

　このような，光球よりも上層の高さで生成された波動の利点は，下層での減衰の影響を受けず，より多くのエネルギーをコロナ加熱に使うことができることである．特に，コロナ内で生成され上空へ伝搬する圧縮性波動は，ほとんどすべてをコロナ加熱に用いることができる．このような上空で励起される波動がどの程度あるかを，今後の研究で定量的に明らかにすることが重要である．

8.2.3　波動の減衰

　一般的に，静止したガス中を波動が減衰せずに伝搬する場合，エネルギー流束（$\propto \rho \delta v^2 v_{\mathrm{ph}}$）は保存される．ただし，$\rho, \delta v, v_{\mathrm{ph}}$ はそれぞれ密度，振幅，および考えている波の位相速度で，波の波長は周囲の物理量の変化のスケールより小さいとしている．上方へ伝搬する波では密度が急激に減少するため（位相速度がそれほど変化しない場合），振幅はそれに見合うだけ大きくなり，波動の振幅は非線形（$\delta v/v_{\mathrm{ph}} \gtrsim 1$）となる．実際は，$\delta v/v_{\mathrm{ph}} \simeq 1$ となると，いろいろな非線形減衰過程が効果的に働くようになり，エネルギー流束を保存する代わりに波動が減衰し，周囲のガスを加熱するであろう．

　音波や，磁気流体ファーストモード，スローモードなどの，ガスの圧縮を伴う波の場合，振幅の増大に伴って，非線形効果の一つである，波形の突っ立ちが効果的に起きる．結果として，（磁気流体）衝撃波が形成される．衝撃波では，波のエネルギーが熱化されるため，全体としてガスは加熱されるであろう．

　非圧縮性波動であるアルベーン波では，波の突っ立ちは（効果的には）起こら

ないので，他の減衰過程を考える必要がある．たとえば，アルベーン波に付随する磁気圧のムラにより，縦波である磁気流体スローモード波動（本質的に音波と同じ）が励起されると，スローモードは最終的に衝撃波を形成し，熱化する．

アルベーン波は乱流的な過程でも減衰する．隣り合う磁力線の間に，磁場強度や密度差によりアルベーン速度の差がある場合，足元で同じ周波数の波が励起された場合でも，伝搬中に隣合う波の位相がずれる（位相混合過程）．こうなると，アルベーン乱流状態となり，磁力線に垂直方向に高周波成分へのカスケード（波動エネルギーの伝達）が効果的に起こるようになる．粘性もしくは磁気拡散が効果的になるくらいの，小さなスケールまでカスケードが進行すると，最終的には熱化するであろう．

8.2.4　閉じたコロナループの加熱

おもに活動領域の閉じたコロナループにおいて，輝度のムラが伝搬する様子が観測されている．移動速度はいずれも $100\,\mathrm{km\,s^{-1}}$ 程度であり，ループ内を伝搬する磁気流体スローモード波であると考えられている．しかしながら，観測されている振幅から見積もられるエネルギー流束は，いずれもコロナ加熱に必要な量には大きく足りない．静穏領域上空でも，伝搬するスローモード波が観測されているが，運ばれているエネルギーはコロナ加熱に必要な量に比べて小さい．したがって，コロナのエネルギー収支の観点からは，磁気流体スローモード波は，重要ではないと考えられている．

一方，アルベーン波的な横振動については，コロナループの振動の解析から，振動の減衰がどのような過程によるかが調べられている．ひので衛星，IRIS衛星の観測結果を数値シミュレーションと比較することにより，ループ内の異なった磁力線を伝搬するアルベーン波同士の位相混合過程により，エネルギーを失っているとすると観測を説明できるという報告がある．このことは，ループ内のプラズマが，アルベーン波の減衰により加熱され得ることを，間接的に示唆している．

8.2.5　コロナホールの加熱と太陽風加速

極域のコロナホール上空においても，上方に伝搬する磁気流体スローモード波が密度の濃淡として観測されている．特にプルーム領域（5.4.7節）において，

周期が10分を越えるような低周波成分が観測されている．見積もられるエネルギーは 10^3–$10^4\,\mathrm{erg\,cm^{-2}\,s^{-1}}$ であり，コロナホールの加熱には2桁程度足りないという結果が報告されている．

上記のような圧縮性モードだけでなく，アルベーン波に代表される非圧縮モード成分までも含めたエネルギーを見積もるため，コロナホールの上空で観測した紫外線輝線幅の広がりに含まれる非熱的幅を磁力線に垂直に振動する波動の振幅と解釈すると，振幅は高さ $0.2R_\odot$（$R_\odot$ は太陽半径）程度までは単調に増加し，その外側では減少に転じる傾向にある．内側領域の増加傾向は，アルベーン波が減衰しない場合の，上方に伝搬する波の振幅の傾向と非常によく合っている．エネルギー流束を求めると約 $5\times10^5\,\mathrm{erg\,cm^{-2}\,s^{-1}}$ となり，コロナホールのエネルギー損失とほぼつりあうだけの値となる．外側の領域で観測される振幅の減少は，アルベーン波が何らかの過程で減衰していることを示している．

このような観測結果から，コロナホールでの加熱と太陽風の加速は，表面付近で何らかの過程で生成されたアルベーン波が主要な原因の一つと考えられる．太陽表面の対流運動が直接励起する，振動の周期が数分のアルベーン波がもっともエネルギーを持っていると考えられている．これらが，8.2.3節で述べた乱流的なカスケード，および非線形効果による圧縮性波動の生成等により減衰し，周囲のガスを加熱するのであろう．ただし，太陽風加速領域は足元のループなどと比べて密度が低いため，無衝突プラズマ過程も重要になる．このため，実際の加熱（厳密には粒子の速度分散の上昇）の素過程に関しては未解明部分も多い．昨今，磁場回りのイオンのらせん運動と波動の共鳴過程である，イオン・サイクロトロン共鳴過程がこのような加熱の主要過程を担っているのでは，との指摘もなされているが，観測データの解釈と理論的モデル化の両方に関して反論もあり，状況は混沌としている．いずれにせよ，これらの過程は非線形過程であり，解析には数値シミュレーションが強力な手法となる．光球表面での波動の生成から，コロナ・太陽風への伝搬そして減衰によるガスの加熱までを扱う数値シミュレーションが行われており，観測のおおよその傾向を説明するという結果が得られている．

最近の「ひので」の観測などにより，極域のコロナホールでマイクロフレア（8.3節）に起因するX線ジェットが頻発していることが同定され，太陽風への質量供給と加速に大きな寄与をし得るとの指摘もある．波動加熱とマイクロフレ

ア・ナノフレア加熱の両面から，コロナホールの加熱と太陽風加速を今後調べる必要がある．

8.2.6 波動説のまとめ

磁場構造の閉じた領域と，開いた領域に分けて，波動加熱がどの程度コロナ加熱に寄与し得るかを論じてきた．さまざまな状況証拠から，コロナホールにおいては，アルベーン波が主要な寄与をし得ると考えられるが，具体的にどのような過程で波が減衰するのかは，まだ不定性が大きい．閉じた磁気ループにおいても，アルベーン波が重要となる場合もあると考えられるが，さらに不定性が大きく，混沌とした状況である．おそらく，次節のマイクロフレア・ナノフレア過程と協力して，ループは加熱されていると考えられる．

8.3 マイクロフレア・ナノフレア加熱説

フレアに比べ非常に小さな爆発が，コロナで大量に起きているとしたら，それらが解放するエネルギーの重ね合わせでコロナの成因を説明することができないか？これがマイクロフレア加熱やナノフレア加熱という仮説である．光球における対流（乱流）運動が，上空に延びる磁力線をねじったり変形しながら，絡まった状態のコロナ磁場を作る．その結果として磁気リコネクションがいたるところで発生し，非常に小さな爆発が頻発する．ようこう衛星が撮影した軟X線コロナのムービーは，コロナが想像していた以上に動的であり，コロナがマイクロフレアなどの小さな爆発で満ち溢れた世界であることを見せている．このような観測が後押しとなって，特に500万度を超える高温プラズマが観測され，また高い加熱率が必要な活動領域のコロナ形成にとって，マイクロフレア・ナノフレア加熱説は有力な説として注目され研究が進められている．

8.3.1 小さな爆発をとらえる

フレアの性質を持った小さな爆発が多数発生していることは，米国のリンらが高い感度を持った硬X線検出器を用いて行った気球観測で明らかとなった（1984年）．通常のフレアよりも1桁以上小さく，フレアで見られる硬X線のスパイク状信号が短時間に数十個検出された．また，数十万度という，コロナ温度

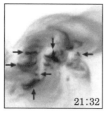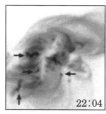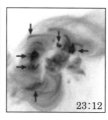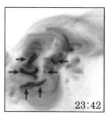

図 8.4 ようこうがとらえた,活動領域に多発するマイクロフレア(矢印).

より低い温度からの極端紫外線領域の輝線で観測すると,$100\,\mathrm{km\,s^{-1}}$ を超えるガスの運動を示す明るく輝く擾乱現象やジェット現象が,きわめて頻繁に起きていることが観測され,コロナの足元にある遷移層は非常に動的な世界であることが分かってきた.

その後,ようこう衛星に搭載した軟 X 線望遠鏡による観測が 1991 年に始まり,太陽コロナ,特に活動領域コロナでは非常に頻繁に小さな爆発が発生していて,コロナはきわめて活動的な現象に満ち溢れた世界であることが明らかとなった.小さな爆発は,小さなコロナループが突発的に軟 X 線で増光する現象としてとらえられた(図 8.4).推定されるエネルギー規模は 10^{26}–$10^{29}\,\mathrm{erg}$ 程度であり,フレアが放出するエネルギー量(10^{29}–$10^{32}\,\mathrm{erg}$)に比べ,数桁も小さな爆発である.爆発によって,400–800 万度と高温のプラズマが生成されている.また軟 X 線では数 $100\,\mathrm{km\,s^{-1}}$ の高温プラズマの X 線ジェット,可視光の Hα 線では低温ガスのジェット(サージ),といったガスの運動をともなう場合もある.活発な活動を示す活動領域では,1 時間に 10–30 個も観測されていて,比較的静かな活動領域でも 1 時間に 1–2 個は観測される.

静穏領域には X 線輝点と呼ばれる直径数 10 秒角の軟 X 線輝点(5.6.3 節)を多数見ることができるが,このような小さな輝点でも小さな爆発現象が観測される.さらには,SOHO 衛星の極端紫外線望遠鏡による,100 万度のプラズマの撮像観測では,軟 X 線で観測されるよりも数倍頻繁に小さな爆発が発生し,またさらに小さな $10^{24}\,\mathrm{erg}$ 台の爆発現象がとらえられている.$10^{26}\,\mathrm{erg}$ 程度の爆発はもっとも巨大なフレア($10^{32}\,\mathrm{erg}$)よりも 6 桁ほど小さいのでマイクロフレア,さらに $10^{23}\,\mathrm{erg}$ 程度の爆発は 9 桁ほど小さいのでナノフレアと呼ばれている.

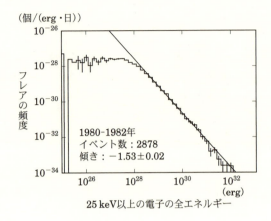

図 8.5 フレアの発生数頻度分布（Crosby et al. 1993, Solar Phys., 143, 275）.

8.3.2 発生数頻度分布

　フレアの発生数頻度は，より小さなエネルギーのフレアほど発生数は多く，あるエネルギーをもつフレアの発生数 dN/dE は，ベキ乗関数 $dN/dE = AE^{-\alpha}$ で表現できることが観測から知られている（図 8.5）．ここで，E はフレアが解放するエネルギー量，A と α は定数である．フレアの発生数頻度のベキ指数 α は，約 1.5–1.8 の値をとることが観測から明らかとなっている．もしこのベキ乗分布がマイクロフレアやさらに小さなナノフレアまで延びているとした場合，小さな爆発の集合体がコロナ加熱にとって重要となりうるかは，数頻度分布を下記のように積分して全エネルギー P を求めると分かる:

$$P = \int_{E_{\min}}^{E_{\max}} (dN/dE) E \, dE$$
$$= \frac{A}{-\alpha+2} E^{-\alpha+2} \Big|_{E_{\min}}^{E_{\max}}. \tag{8.5}$$

ここで $E_{\max}$ は最大フレアのエネルギー，$E_{\min}$ はもっとも小さな爆発のエネルギーである．この式から，$E_{\max}$ の最大フレアすべてによるエネルギー量と，$E_{\min}$ を持つ最小爆発の集合によるエネルギー量を比べることができ，小さな爆発の集合が大きな爆発よりもエネルギーを多く解放するには，α が 2 以上である

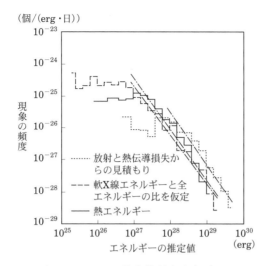

図 8.6 マイクロフレアの発生数頻度分布（Shimizu 1995, *PASJ*, 47, 251）．

ことが必要となる．さらにコロナ加熱に主要項として寄与するには，小さな集合体によるエネルギーがコロナ加熱に必要なエネルギーに匹敵しなければならず，$E_{\min}$ が十分に小さい必要がある．

　通常のフレアのベキ係数は 2 以下なので，普通規模のフレアのエネルギーでは，活動領域コロナを加熱することはできない．ようこうの観測から，少なくとも 10^{27} erg までのマイクロフレア領域において，フレアのベキ乗分布が同じベキ指数のまま続いていることが分かっている（図 8.6）．この分布のままさらに小さなエネルギー範囲まで発生頻度が続いていても，小さな爆発が集合してエネルギーの主要項になるということはあり得ない．すなわち，マイクロフレア加熱説でコロナ加熱を説明できるためには，マイクロフレア領域よりも低いナノフレアエネルギー領域において，フレアのベキ乗分布とは異なる，急峻な傾きを持った数頻度分布をしたナノフレアが存在する必要がある．フレアとは異なる分布を持つので，フレア・マイクロフレアの発生機構とは異なる物理的機構があると思われる．このようにナノフレアの観測が今後の鍵を握っており，小さな現象を捕らえることができる新しい観測装置による観測が求められている．

8.3.3 マイクロフレアの発生機構

　今までの観測で受かったマイクロフレアによって解放されるエネルギーでは，コロナ加熱に必要なエネルギーすべてを供給することができないことは明らかとなった．しかし，500万度以上と非常に高温なコロナプラズマの生成には，マイクロフレアが密接に関係している．ようこうの観測は，マイクロフレアが発生すると，増光するコロナループやその周辺において，プラズマの温度が300万度程度から500–800万度と高くなることを示している．マイクロフレアは，500万度超のプラズマを生み出す主要な製造機だったのである．

　マイクロフレアの発生は，通常のフレアと大変よく似ている．新しい磁場が太陽面下から浮上したとき，もともと存在した磁場との間で磁気リコネクションが起きる．リコネクションが磁気エネルギーを運動・熱エネルギーに短時間に効率よく変換し，突発的爆発として観測される．磁力線の形状によってはジェットの噴出も伴うことがある．この過程は計算機シミュレーションでもよく再現されている．

　さらには，足元の対流運動によって隣り合う磁場が接近したり衝突することが，光球磁場の観測でよく観測されている．接近したり衝突する磁場同士の極性が異なっている場合，磁気リコネクションが起こるであろう．極端紫外線撮像で観測されたマイクロフレアの中には，コロナループの足元にある，極性の異なる光球磁場が衝突して消滅する現象（磁束のキャンセレーション）が観測される場合があり，ある種のマイクロフレアの発生機構として考えられている．しかし，光球磁場の変化が見られないマイクロフレアも多数存在し，またマイクロフレア発生におけるコロナプラズマの振る舞いも個体差が大きく，統一的に発生機構が説明されたとはいえない．

8.3.4 パーカーのナノフレア仮説

　それではナノフレアとして考えられうる発生過程はどのようなものであろうか？　ナノフレアの発生過程はパーカーによって70年代に提唱され，その後理論的研究が進められている．以下がその概要である．

　太陽表面（光球）では対流運動がつねに起きていて，光球からコロナへつながる磁力線の足元はねじれたり曲げられたりしている．足元の磁場は次第にごちゃ

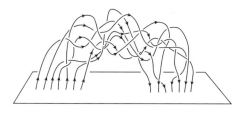

図 8.7 足元の運動で絡まった状態となった双極磁場の概念図 (Parker 1989, *Solar Phys.*, 121, 271).

混ぜ状態になる．その結果，上空のコロナにおいても，正負極を結ぶ単純な双極磁場も，磁力線が乱れて絡まった状態となる（図8.7）．絡まったために逆方向を向く磁力線が対向して存在して，小さな電流層が多数できている．これは磁気リコネクションが起きやすい磁力線形状であり，多数形成された小さな電流層においてリコネクションがいたるところでパチパチと起きる．この過程によって，足元の対流運動が磁力線をねじったり曲げたりするためになされた仕事に相当するエネルギーが磁場に蓄えられ，そして磁気リコネクションによって熱エネルギーとして磁場から解放され，コロナの加熱に使われる．

8.3.5 ごま塩状態の光球面磁場

足元の運動でごちゃ混ぜ状態になった磁場の様子は，光球表面の磁場マップで見ることができる．光球面の磁場分布を拡大すると，多数の正極と負極の磁場がゴマ塩を振り撒いたように分布しているのが見えてくる（英語では salt and pepper field と呼ばれる）．この磁場マップを境界条件として上空の磁力線の結びつきを計算してみると，多くのごま塩状態の磁場は，近傍の極同士で小さな双極磁場として結びついている．そして一部の磁力線はさらに上空に延び，遠くにある逆極領域につながっている．

小さな双極磁場が太陽面下から浮上によって新しく生まれたり，対流運動が太陽面に沿った水平磁場を作ったり，小さな磁極が合体や分裂といった相互作用をしたり，さらには逆極同士の衝突で磁場が消滅したり，数分という短時間で刻々変化していることが，ひので衛星などの最近の連続観測から明らかになってきた．すなわち，コロナの下層にある磁力線はこのような小さなスケールの磁場変化に伴って変化を繰り返している．磁場変化によってコロナ下層において小さな

図 8.8 観測ロケット Hi-C による極紫外線コロナ観測 (Fe XII, 150 万度) でとらえられたコロナループ構造 (Cirtain *et al.* 2013, *Nature* 493, 501 より).

電流層がいくつも形成され，磁気リコネクションが頻繁に発生していると想像されている．

8.3.6 コロナの微細構造

コロナの構造として，数秒角の幅をもつコロナループ (5.4.4 節) が観測されるが，紫外線輝線を用いた分光診断によって，コロナプラズマの空間占有率が 5–10% 程度しかないことが明らかとなってきた．すなわち，さらに細いフィラメント状の構造の存在が推定されている．また，0.3 秒角の解像度の極紫外線コロナ観測によって，フィラメント状の構造が編んだような状態になって，磁気リコネクションが発生する様子もとらえられている (図 8.8)．このようにナノフレアがコロナ中で発生すると，500 万度を超える高温プラズマが短時間にコロナの微細構造のなかに作られる．しかし，この加熱されたプラズマは，熱伝導などによってすぐに冷却されるだろう．ナノフレアによるコロナ生成をとらえるために，コロナに存在するプラズマの温度構造 (微分エミッションメジャー) を調べ，高温プラズマの割合を調べる観測が始まっている．ナノフレアによる加熱は，急速に高温に加熱されるがすぐに冷却されると考えられ，個々の加熱イベン

トのタイムスケールを観測的に推定できる観測が熱望される．

　また，コロナループの足元付近にも注目する必要がある．ひので衛星の観測によって，コロナループの足元などコロナ下部で磁気構造に沿って定常的にコロナプラズマの上昇流が観測され，さらにより高速（$100\ \mathrm{km\,s^{-1}}$ 程度）の上昇流が含まれることが明らかにされた．この高速流の存在は，コロナ下部に集中した間欠的なエネルギー注入を示唆している．また，コロナの下に存在する彩層は，微細な構造であるスピキュールのように間欠的でダイナミックな現象に満ちている．コロナ下部でのエネルギー注入として，ナノフレア発生や，彩層スピキュールを伝播する磁気流体波の熱化などが考えられているが，彩層からコロナを温度ギャップなく結ぶプラズマ診断ができる次世代の高い空間分解能の観測を待つ必要があろう．

第9章

太陽風とヘリオスフェア

　本章では，高温コロナから吹き出す太陽風と，太陽風によって満たされた太陽の勢力圏である太陽圏（ヘリオスフェア）について述べる．我々の住む地球も太陽圏の中を運行していることから，地球は太陽風から直接に影響を受け，その結果オーロラや磁気嵐が生じる．太陽と太陽系天体を含むヘリオスフェアという空間は，それ自身が銀河系の中を運行する．ヘリオスフェアを囲む，太陽近傍の星間空間環境について最後に考察する．

9.1　太陽風

9.1.1　太陽風の発見

　太陽から地球に向けて荷電粒子が放出されているらしいことが推測されたのは，1900年代の始め頃からである．太陽面上に黒点が現れると，オーロラが見られたり地磁気嵐が起こることから，黒点からは荷電粒子が惑星間空間に放出されているらしいと推測された．しかし，黒点が出現しないとき，あるいはフレアが発生しないときは，太陽から吹き出しているものは何もなく，惑星間空間は真空と思われていた．

　太陽から出る荷電粒子の流れを示唆するものを見つけたのは，ドイツの天文学者ビアマンによる彗星の尾の研究で，1950年代初頭のことである．彗星の尾に

は，ダストテイルとイオンテイルの 2 本がある．ダストテイルは彗星のガスや微粒子が成分で，太陽光の放射圧を受けて幅広くカーブしてたなびいている．一方イオンテイルの成分は，太陽光により彗星のダストが電離してできたもので，太陽からほぼ反対方向に細長く伸び，尾の中に見られるねじれや折れ曲がりなどの構造が非常に速く動くのが特徴である．この速い動きを説明するためには，放射圧では不十分で，太陽から常時放出される荷電粒子流による電磁気的な力が必要とされた．

このような歴史的な背景の下に，太陽からの荷電粒子流が超音速となって惑星間空間に絶えず流れ出していることを，アメリカの研究者パーカーが 1958 年に書いた論文で理論的に予言した．彼は理論的な考察から，100 万度の高温のコロナは太陽の重力を振り切り，超音速となって惑星間空間へ吹き出さねばならないことを導き出した．この論文が出てから数年後に，金星探査機マリナー 2 号などが，惑星間空間においてパーカーの予言通りの超音速の風が吹いているのを直接に観測して，その存在を確かめた．太陽風（Solar Wind）の名称は，パーカーが 1958 年の論文で初めて用いたのである．

9.1.2　太陽風概観

太陽極軌道探査機ユリシーズは，1994 年から 1995 年の約 10 か月の間に太陽の南半球から北半球へと大きく緯度を変え，図 9.1 に示す太陽活動静穏期の太陽風速度の緯度構造を観測した．太陽活動静穏期の高緯度には速度 700–800 km s^{-1} の高速風が，低緯度には 300–400 km s^{-1} の低速風が吹いており，その両者は急峻な速度勾配で隔てられている．低緯度で繰り返し現れている高速のスパイク状のものは，低緯度まで伸び出した高速風が観測されたものである．このように太陽活動静穏期の太陽風は，大別すると表 9.1 に示す低速風と高速風の 2 種類に分類でき，太陽風の二様態（bimodal）構造と呼ばれている．じつは，この太陽風二様態構造は，ユリシーズの観測よりも 10 年以上前に日本の惑星間空間シンチレーション観測によってすでに発見されていた．

高速風と低速風を比較すると，高速風の密度は低速風よりも小さく，数個 cm^{-3} と低密度であり，高速風の温度は，低速風よりも高温になっており 20 万度ある．低速風と高速風の違いは，温度の距離依存性にもある．低速風は断熱膨張的に太

表 **9.1** 高速風と低速風の平均的な物理量.

	速度 (km s^{-1})	陽子密度 (cm^{-3})	陽子温度 (K)	磁場 (ガウス)
高速風	700–800	数個	2×10^5	4×10^{-5}
低速風	300–400	$\simeq 10$	3×10^4	5×10^{-5}

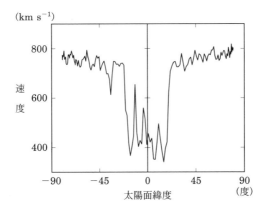

図 **9.1** 太陽極軌道探査機ユリシーズが観測した，太陽活動静穏期の太陽風速度の緯度構造.

陽からの距離とともに冷却しているのに対し，速度の速い太陽風ほど冷却の度合いは小さく，非断熱的な様相を示している．これは，低速風は太陽コロナ中で加熱されその後は冷却するだけであるのに対し，高速風は惑星間空間を伝播する間も加熱が続いていることを意味している．

9.1.3 太陽風吹き出しのメカニズム——パーカーモデル

1958 年のパーカーの出した論文以前は，太陽の重力とコロナの熱圧がバランスし，コロナとその外延である惑星間空間のガスは動かない静的状態にある，というモデルであった．これに対しパーカーが考え出したモデルは，運動方程式をたてて考える動的モデルである．動的モデルを表す方程式群は，運動方程式または運動量保存則，連続の方程式または質量保存則，そしてエネルギー保存則から成り立っている．ここではこのモデルの性格を見るために，運動方程式と連続の方程式の二つを用いて考察してみよう．

運動方程式は,力として重力と熱圧勾配による力を考えると,コロナガスの速度 v, 密度 ρ, 圧力 P, 太陽質量 $M_\odot$, 重力定数 G を用いて次式のように表される:

$$\rho \frac{dv}{dt} = -\frac{dP}{dr} - \frac{GM_\odot \rho}{r^2}. \tag{9.1}$$

ここで,太陽から外向きを座標の正方向とするために,圧力勾配 dP/dr に「$-$」符号が必要である.速度 v は太陽からの距離 r とともに変化するが,時間 t にはよらない定常な場合を考えると,左辺の微分は,

$$\frac{dv}{dt} = v\frac{dv}{dr}$$

となる.式 (9.1) の右辺第 1 項は,$P = 2nk_\mathrm{B}T$, $\rho = nm$ と音速 v_s ($mv_\mathrm{s}^2/2 = k_\mathrm{B}T$) を用いて

$$\begin{aligned}\frac{dP}{dr} &= 2k_\mathrm{B}T\frac{dn}{dr} \\ &= mv_\mathrm{s}^2\frac{dn}{dr}\end{aligned} \tag{9.2}$$

と書き換えられる.ここで,n はコロナガスの数密度,T は温度,m は陽子質量,k_B はボルツマン定数である.右辺第 2 項も,半径 $r_\odot$ の太陽からの脱出速度 $v_\mathrm{e} = (2GM_\odot/r_\odot)^{1/2}$ を用いて

$$\frac{GM_\odot \rho}{r^2} = \frac{nm}{2r_\odot}\left(\frac{r_\odot}{r}\right)^2 v_\mathrm{e}^2 \tag{9.3}$$

と書き換え,$r/r_\odot = R$ とおくと式 (9.1) は次のようになる:

$$v\frac{dv}{dR} = -\frac{v_\mathrm{s}^2}{n}\frac{dn}{dR} - \frac{1}{2}\frac{v_\mathrm{e}^2}{R^2}. \tag{9.4}$$

数密度 n も速度 v と同じように時間的には定常で,惑星間空間へ広がっていくにつれ薄まるだけと考え,連続の方程式を球座標で表すと以下のようになる:

$$\frac{d}{r^2 dr}(\rho v r^2) = 0. \tag{9.5}$$

この連続の式を展開し,$\rho = nm$ と $r/r_\odot = R$ の関係式を用いて式を整理し,

$$\frac{1}{r^2}\left(vr^2\frac{d\rho}{dr} + \rho r^2\frac{dv}{dr} + 2\rho vr\right) = 0,$$

$$\frac{1}{n}\frac{dn}{dR} + \frac{1}{v}\frac{dv}{dR} + \frac{2}{R} = 0 \tag{9.6}$$

を得る．この式と式 (9.4) を用いて，

$$v\frac{dv}{dR}\left(1 - \frac{v_s^2}{v^2}\right) = \frac{2}{R}v_s^2 - \frac{1}{2}\frac{v_e^2}{R^2} \tag{9.7}$$

を導くことができる．

内部コロナ（$R \simeq 1$）では，$v_s\,(\simeq 100\text{ km s}^{-1}) < v_e\,(620\text{ km s}^{-1})$ なので，右辺は負である．そして内部コロナでは，まだ加速が十分に行われていないので左辺の v はまだ小さく，v_s^2/v^2 は 1 より大きい．このため，左辺が右辺と同じく負となるためには $dv/dR > 0$ でなければならない．すなわち，内部コロナにおいて加速がすでに始まっていることを意味している．ここで，太陽風が加速されて音速 v_s まで加速される距離（臨界点という）を求めてみよう．臨界点では，$v_s^2/v^2 = 1$ で左辺は 0 となるので，右辺を 0 と置き R を求めると

$$R_c = \frac{v_e^2}{4v_s^2} \simeq 5.7 \tag{9.8}$$

と求まり，5.7 倍の太陽半径で太陽風は音速まで加速されることが分かる．式 (9.7) には四つの解が存在するが，パーカーはその解の中に，音速まで加速された太陽風がさらに加速を続けて，やがて超音速となる解が存在することを示した（図 9.2）．図には，パーカーモデルにより求まる太陽風加速の様子を，コロナの温度を変えて示してある．このモデルでは，1 天文単位の距離（地球軌道）で

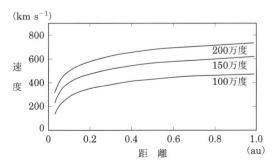

図 **9.2** パーカーモデルで，コロナの温度を変えた場合の加速の様子．

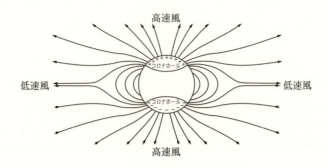

図 **9.3** 太陽活動静穏時の磁場構造.

$700\,\mathrm{km\,s^{-1}}$ を越す高速風にまで加速するには，200万度のコロナが必要であることが分かる．

　ここで，パーカーの太陽風発見以後のできごとについても述べておこう．1973年に打ち上げられた有人の宇宙実験室スカイラブ（Skylab）による低温のコロナホール（5.4.5節）の発見で，これまで謎であった高速太陽風の源が，このコロナホールであることが分かったのであるが，これが太陽風加速の大問題の始まりとなった．パーカーの理論によれば，高速の太陽風を作り出すには高温のコロナが必要であるのに，実際は低温の領域から高速の太陽風が，そして反対に高温の領域から低速の太陽風が吹き出ているのである．そして，高速風は低温の領域から吹き出したにもかかわらず，高温領域から吹き出した低速風の温度よりも惑星間空間においては高くなっているのである．パーカー理論のこの難問を解決するのが，太陽風物理学の最重要課題の一つとなった．

9.1.4　太陽風の流源

　図9.3は，太陽活動静穏期のコロナ磁場構造である．太陽活動静穏期の太陽磁場は，大局的には双極子磁場である．この磁場の力は，太陽近傍では太陽風プラズマの力に勝るために，太陽風プラズマは磁場に沿って分布する．そして太陽から遠ざかると，磁場の力はプラズマよりも弱まり，双極子磁場は太陽風により惑星間空間に引き延ばされ，図のような形となる．

　まず赤道帯を見てみよう．太陽風により惑星間空間へ引き出された双極子磁場は，赤道帯の上と下では極性が反対で，その境目は磁気的に中性となっている．

低速風はこのような構造のところに観測され，吹き出し口の磁場の形状から，ヘルメットストリーマー（5.4.6 節）と呼ばれている．

　高緯度からの磁場はほぼ放射状に伸び出し，コロナホールの境界に近づくにつれ，そこからの磁場はヘルメットストリーマーに覆い被さるように低緯度へと伸びている．高速太陽風はこのコロナホールを源としている．コロナホールのスケールの大きさとそこから伸び出している磁場形状の単純さから，高速風の源がコロナホールであることは確実であるが，問題は低速風である．低速風の源をたどっていくと，多くはループ状の磁場構造にたどり着く．その磁場をさらに太陽面までたどると，そこはコロナホールの境界である．すなわち，低速風も高速風もその源はコロナホールであり，低速風はコロナホールの境界の狭い領域から吹き出しているといえる．

　それでは，コロナホールが小さくなるとどうなるのであろうか．コロナホールがある大きさより小さくなると，コロナホールの大きさに比例して，そこから吹き出す太陽風の速度が遅くなることが報告されている．

9.1.5　太陽風の立体構造

　太陽風の 3 次元構造は，コロナホールの分布・形状とコロナ磁場構造によって決まる．それはコロナホールが高速風を，閉じた磁場構造が低速風の分布を決めるからである．口絵 9（下）は，惑星間空間シンチレーション観測から得られた，太陽風速度の緯度経度分布の年変化である．11 年の周期で太陽活動が変化すると，極域コロナルホールの大きさも変化する．太陽活動極大期にほとんど消滅していたコロナホールは，太陽活動が静かになるにつれ，極域から中緯度へと大きく広がっていく．これに伴い，活動期に極域に小さく存在していた高速風領域は，徐々に低緯度へと広がって行き，コロナホールが最大となる太陽活動静穏期には，高速風領域は極域から中緯度まで大きく広がり，低速風領域は太陽赤道に添う細い帯状に分布するようになる．太陽活動がやがて活発になってくると，コロナホールは極域へ小さくなって行き，低速風領域が分布の緯度幅を広げ太陽全面へと広がり，高速風領域が小さくなっていく．

　次に太陽風が惑星間空間を伝搬するときの様子を見てみよう．図 9.4 は，黄道面付近を吹く太陽風を極の方向から見たものである．太陽風は太陽から，破線で

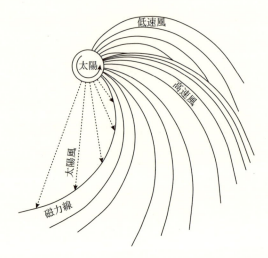

図 9.4 極の方向から見た黄道面付近を吹く太陽風．太陽風は放射線方向に吹き出し，太陽風により引き出された磁力線は太陽の自転のためにスパイラル状になる．先に吹き出した低速風は，後から吹き出してきた高速風に追いつかれ，相互作用領域を形成する．

示したように放射状に惑星間空間へと吹き出して行く．この太陽風が惑星間空間を伝搬していく間に，その流源は太陽の自転に伴い位置を移動するので，同じ流源から吹き出した太陽風でも，その吹き出す方向は異なる．そしてある時刻の太陽風の様子を見ると，図の破線の先端の矢印で示したように，先に流れ出した太陽風は遠くに，後から流れ出したものは太陽の近くにある．太陽コロナの磁力線は，太陽風により惑星間空間に引き出されるが，その根元は太陽表面の太陽風の流源にあるので，惑星間空間磁場は矢印の先端を結ぶスパイラルの形状を持つことになる．

同じ緯度に低速風と高速風があるときを，図 9.4 と 9.5 を用いて見ていこう．図 9.4 のように低速風と高速風を吹き出しながら太陽が自転するとき，図 9.5 のように，人工衛星ではまず低速風が観測され，それから高速風が観測される．先に吹き出した低速風はやがては，後から吹き出してきた高速風に追いつかれる．追いつかれたところでは，プラズマが集積し密度が高まり，相互作用の結果，温度も上昇する．そして速度は低速から高速へと急峻なジャンプをする．

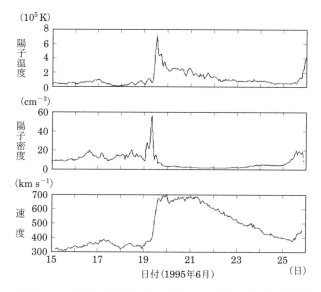

図 9.5 人工衛星が観測した低速風と高速風の相互作用領域 (NASA ゴダード宇宙センター Space Physics Data Facility, OMNIWeb database).

9.1.6 高速太陽風の加速機構

コロナの熱圧を駆動源とするパーカーモデルでは,高速風を作り出すには高温のコロナが必要であるのに,低温コロナルホールから高速太陽風が吹き出している.この矛盾を解決すべく,さまざまな改良がなされてきた.

高速風の加速機構を考えるときに考慮されるべき観測事実を上げておく.速度は $700\text{--}800\,\mathrm{km\,s^{-1}}$ まで加速されるが,低速風よりも密度の濃い風とはならないこと.そして温度は,高温の領域から吹き出した低速風よりも高温になること,さらに太陽風は,惑星間空間へ広がって行くに従い冷却するが,冷却の様子が低速風は断熱的であるが高速風は非断熱的である.

主力のモデルは,アルベーン波の助けを借りるものである.高温コロナの熱圧の他に波の力学的な力を借りて高速風へと加速し,波を崩壊させて熱に変えて太陽風を加熱,加速するという機構である.モデルの検証のためには太陽近傍における加速のプロファイルを明らかにすることが不可欠である.1990年代後半に

米国のチームは,太陽近傍の太陽風速度を惑星間空間シンチレーションで測定すると,高速太陽風が太陽から10太陽半径の距離までの間に急加速されているように見えることを報告した.ただし惑星間空間シンチレーションの観測する速度には,太陽風の動きに波動伝搬が重畳している可能性があり,さらなる検証が必要である.もしこの急加速現象が太陽風の加速プロファイルを表すならば,アルベーン波の力学的な寄与だけでは,このような効率のよい加速を作り出すことはできないので,加熱などの他の機構を考える必要がある.

もう一つ必要な検証は,高速太陽風がどこでどのように加熱されるかである.コロナホールの上空でイオンの発するスペクトル線の幅が大きく広がっているのが人工衛星の観測で見つかっている.このスペクトルの広がりの原因として,波動によるイオンの揺さぶりや高温加熱が考えられている.高温に起因すると考えると,太陽風の質量の主成分である陽子やイオンの温度はコロナホール上空では決して低くないことになり,急加速現象と併せて説明できる新しい加速モデルが提唱されている.それは,パーカーモデルに波の力学的な力を加え,さらに熱エネルギーを加えて温度を上げ,その高温でさらなる加速をしようというものである.これらの加速モデルで考慮されねばならない重要なことは,太陽からどのくらい離れたところで波の力を働かせ,どこでさらなる加熱を行えば密度を増加させずに速度だけを上げることができるのかである.これは質量流束問題と呼ばれている.

パーカーの加速理論の説明で使った運動方程式 (9.4) から,1天文単位 (地球軌道) での質量流束 $n_E v_E$ を表す次式が導かれる:

$$n_E v_E \propto n_0 \left(\frac{T}{10^6}\right)^{-3/2} \exp\left(-\frac{11.55}{T/10^6}\right). \tag{9.9}$$

1天文単位での質量流束は,太陽風の源の密度 n_0 に比例し,コロナの温度 T の増加とともに急増し,温度が 1×10^6 K からその2倍の 2×10^6 に増えると,質量流束は100倍近く増加してしまう.したがって,密度 n_0 の濃いコロナ下部で大きな加熱が起こると,質量流束が増加してしまい,低密度の高速風を作り出すことができない.

このような考察から,太陽風が音速を超えたところで力学的な力を働かせると,密度を増やさずに効率的であり,反対に熱エネルギーは,音速となる前に注

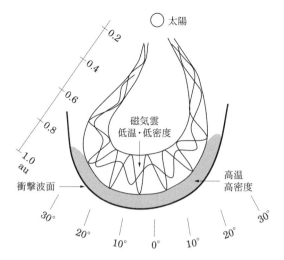

図 **9.6** 地球軌道で観測される衝撃波の構造 (Marubashi 1997, *AGU Geophys. Monograph*, 99, 147).

入されると加速に効率的であることが分かっている．しかしコロナ下部で温度を上げてしまうと，高速太陽風の密度が増えてしまうので，加熱の仕方には工夫が必要である．最近提案されているモデルは，彩層から湧き出してきた磁場のリコネクションにより生じる磁気流体波動を利用するものである．このエネルギー源である磁気リコネクションが太陽風の加速・加熱に充分な頻度で起きているかどうかについて，太陽観測衛星「ひので」の観測などから調査された．その結果，小さなスケールの磁気リコネクションが頻繁に起きていることが明らかになったが，それらを合計したエネルギーが太陽風の加速・加熱に充分であるかどうか結論するにはより高分解能の観測が必要になっている．

9.2 惑星間空間擾乱

　前節に述べた太陽風は，定常的に吹いており，大きな構造は時間的に急激な変化はしない．太陽コロナでフレアや CME が発生すると，それにより生じた擾乱が，この太陽風の中を吹き抜けていく．これを惑星間空間擾乱（Interplanetary CME; ICME とも呼ばれる）という．高速の ICME は，惑星間空間を伝搬する過程で太陽風と相互作用して，衝撃波を形成する．地球軌道で観測される衝撃波

の構造が図 9.6（297 ページ）に示されている．衝撃波の内側には磁場が強く低温，低密度な領域（ドライバー・ガス）があり，コロナから噴出した CME プラズマに対応するものと考えられる．衝撃波面とドライバー・ガスに挟まれた領域は圧縮されて，高密度・高温になっている．ドライバー・ガスは，ヘリウム（He）の比率が通常の太陽風に比べ高いことも特徴である．

ドライバー・ガス中で観測される強い磁場の領域は，磁気雲（magnetic cloud）と呼ばれている．磁気雲中の磁場強度はゆらぎが比較的少ないが，その磁場の方向は滑らかに回転する傾向が見られる．このような特性は，磁気ロープのモデルでよく記述できることが知られている．

磁気ロープはフォースフリー磁場（7.2.1 節参照）の一種であり，図 9.6 に示すように，らせん状の磁場が，中心軸から外へ向かうほどきつく巻き付いていることが特徴である．太陽面上に観測されるフィラメント（5.7 節）はこれと同様な磁気ロープの構造をしていると考えられ，太陽風中で見られる磁気雲との関連が示唆されている．

この他，ICME を特徴づけるものとして，非熱的電子の双方向流の存在が指摘されている．通常の太陽風において見られる数 100 eV 程度の電子は，磁場に沿って太陽方向から来るのみであるが，ICME の場合は反太陽方向からの流れも観測される．このような非熱的電子の双方向流は，磁力線が閉じていることを示唆し，ループまたはプラズモイドのような磁場構造を反映したものと解釈されている．

CME がいかにして太陽から地球軌道まで伝搬するかについても，我々は非常に限られた知識しか持っていない．これまでの観測から，CME の速度は伝搬中に大きく変化することが示唆されている．図 9.7 は，コロナにおける CME 速度と ICME の速度の関係を示す．図から，コロナでは CME 速度が非常に広い範囲に分散しているのに対し，1 天文単位あたりでは通常の太陽風とさほど変わらない速度（300–800 km s^{-1}）の範囲に収まっていることが分かる．このことは，ICME が太陽風との相互作用を通じて加速・減速している証拠と考えられる．

9.3　太陽風と地球磁気圏

太陽風は太陽から吹き出し太陽系空間を満たしている．

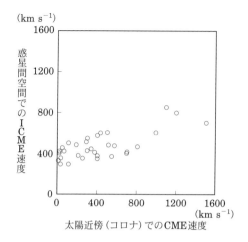

図 **9.7** 太陽近傍（太陽半径の 2.6–10 倍の距離範囲）と地球近傍（0.7–1.0 天文単位）における CME 速度の比較（Lindsay et al. 1999, *J. Geophys. Res.*, 104, 12515 をもとに作成）.

地球は太陽のまわりを公転するので，真空中ではなく，このきわめて希薄ではあるが磁場を帯びたプラズマガスの流れの中に浮かんでいることになる．通常時の太陽風は地球軌道で，数密度 $5\,{\rm cm}^{-3}$，速さ $400\,{\rm km\,s}^{-1}$ であり，その動圧は約 $2\times 10^{-8}\,{\rm dyn\,cm}^{-2}$，磁場強度は約 5×10^{-5} ガウスである．

地球は固有の双極子磁場（双極子はほぼ地球中心にあり，その向きはほぼ南向きである．また，強度は地球表面赤道において約 0.3 ガウスであり北向きである）を持つので，磁場からの力を感じる太陽風の流れに対して障害物になる．この衝突相互作用の結果生まれる地球周辺の宇宙空間——地球につながった磁力線で満たされた空間——が地球磁気圏である．

磁気圏空間は，これから解説するようにプラズマダイナミクスで満ち溢れた空間である．よく知られている極域の夜空を飾るオーロラは，じつは，この磁気圏空間の躍動性の反映である．オーロラは，磁気圏活動の結果生まれた加速電子が磁力線に沿って極域の大気に降り込むことで，発光するのである．

9.3.1 地球磁気圏

磁気圏で太陽に向いた側（昼側）を考えよう（図 9.8）．太陽風の動圧は地球磁場の磁気圧によってつりあい，その結果，太陽風プラズマは磁気圏を避けて流

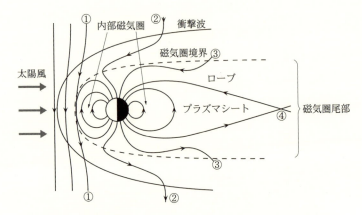

図 9.8 磁気圏構造の概略図．磁気圏空間は地球双極子磁場と太陽風との相互作用で形成され，磁気圏境界での磁気リコネクションによって駆動される，磁力線の大規模循環（磁気圏対流）がその活動性の根源である．①–④は本文参照．

れると考えることができる．太陽風動圧と地球双極子磁場強度を考えると，地球中心から昼側へ約 $10R_e$（R_e は地球半径で，約 6400 km）の地点につりあいの位置があることが分かる（図 9.8 ①）．実際，この位置に磁気圏境界面の頂点があり，そこから反太陽側（夜側）に，太陽と地球を結ぶ線を軸として放物線を回転させた形状に，磁気圏境界面が展開している．また，地球磁場と衝突する太陽風は超音速流であるので，磁気圏境界の前面には衝撃波が形成されている．その位置は太陽–地球軸上で地球中心から約 $13R_e$ の距離にある．

地球に向かって飛んできた太陽風は，まず，衝撃波で減速され，そのうちの一部は惑星間磁場を引き連れて磁気圏境界面と接触する．その磁気圏境界面でさまざまな過程が発生し，磁気圏内でのダイナミックな現象を引き起こす根源的原因となっている．つまり，磁気圏境界はその内外を隔てる閉じた境界ではなく，プラズマやエネルギーの輸送がなされる開いた境界である．

次に磁気圏内部に目を移そう．地心距離 $10R_e$ 以内の領域には，地球双極子磁場が十分に強くその基本的骨格を決定する，「鳥籠」状の領域があり，内部磁気圏と呼ばれる．この領域は磁場強度が大きいこと，そして磁場構造が比較的安定していることから，高エネルギー粒子（イオンで 10 MeV，電子で 1 MeV 程度）が

加速され捕捉される領域となっている．ちなみに，地球周辺宇宙空間利用の代表的存在である静止衛星の軌道は，地球の中心から $6.6R_e$ の位置にあり，まさに内部磁気圏の中にある．内部磁気圏は昼側では磁気圏境界にじかに接する．一方，夜側には地球磁場が太陽風との相互作用によって引き伸ばされた領域が太陽-地球線を軸として筒状に伸びており，磁気圏尾部と呼ばれる．この筒の太陽-地球線に垂直な面内での半径は約 $20R_e$ であり，この円筒面が磁気圏尾部での磁気圏境界面である．磁気圏尾部は反太陽方向には $1000R_e$ 以上にわたって存在するが，磁気圏ダイナミクスにおいて重要なのは地心距離 100–$200~R_e$ までの部分である．

以上において磁気圏構造を大まかに述べたが，この宇宙空間は決して定常状態にあるものではなく，ダイナミックな変化に富んでいる．以下，それぞれの領域でどのような現象が展開しているのかについて述べる．注意したいのは，いずれも地球磁気圏に固有の現象ではなく，普遍的宇宙空間物理において重要なものばかりだということだ．

9.3.2 無衝突衝撃波

衝撃波は上流の超音速流を減速して，亜音速流として下流へと排出する．我々が日常目にする通常の流体においては，この遷移は粘性散逸によって達成され，運動エネルギーは流体全体を加熱してその温度を上げることに費やされる．一方，磁気圏前面の衝撃波を通過する太陽風は，宇宙空間における他の多くの衝撃波を通過するガスと同様，「無衝突状態」にある高温プラズマである．「無衝突状態」とは，ガスを構成する粒子同士が電磁場を介してのみ相互作用し，直接ぶつかり合ってエネルギーを交換することがない状態である．この場合，粘性という概念は自明ではなくなり，衝撃波内で電磁場を介した集団的なダイナミクスが発動することで，実効的に粘性と同じ効果が生まれる必要がある．実際，科学衛星による「その場」計測から，イオン粒子が衝撃波面で反射されたり，大振幅電磁波動が発生することで運動エネルギーが散逸される様相が見えており，衝撃波内部構造が決して時間的に定常でないことはよく知られるようになった．

磁気圏前面の衝撃波面とは，さまざまなスケールのダイナミクスが発動して，それぞれがそれぞれの効果をもたらす中で，全体としては磁気流体力学的に求められる，衝撃波を通した状態遷移が達成されるという調和が保たれている構造と

いえよう．また，無衝突状態では粒子間のエネルギーの頻繁な分配がないので，たまたま都合のよい電磁場を感じて加速された少数の粒子が，きわめて高いエネルギーを獲得することも可能になる．衝撃波における電磁場変動はまさにこの粒子加速を起こし，ベキ乗型の粒子エネルギー分布が結果として生成される．太陽面爆発にともなって太陽系空間を伝播する惑星間衝撃波や，超新星残骸での衝撃波と同様，地球前面の衝撃波は粒子加速の現場でもある．

9.3.3 磁気リコネクション

磁気圏境界面は「開いた境界」であると述べたが，このことを可能にする物理過程としてもっとも重要なものは，磁気リコネクションである．太陽風は惑星間空間磁場を引き連れている．一方，磁気圏空間は地球につながった磁力線で満たされている．つまり太陽風プラズマは，磁力線を乗り換えない限り，磁気圏内へと流入することはなく，理想磁気流体力学（理想 MHD）の範囲ではこれは起こり得ない．磁気圏境界面での磁気リコネクションは，非理想 MHD 効果によって太陽風と磁気圏の磁力線がつなぎかわることで，太陽風プラズマを磁気圏磁力線上に移し，その磁気圏内への効率的流入を可能にするプロセスである．特に惑星間空間磁場が南向き成分を持つ場合には，磁気圏昼側で太陽風磁場と磁気圏磁場が逆向きとなって磁気リコネクションが起こりやすくなり，この輸送効率が上がることが知られている．

昼側磁気圏境界でつなぎかわった磁力線を考えると，一方の端は太陽風中に，もう一方の端は地球へとつながっており（図 9.8 中の磁力線①），その状態で太陽風とともに磁気圏尾部高緯度部へと運ばれる（磁力線②）．これら磁力線の半分は地球の北半球に，あと半分は南半球につながり，磁気圏尾部に運ばれた際には，互いに反対向きの極性（北半球組は太陽向き，南半球組は反太陽向き）を持つことになる（磁力線③）．これらが地心距離 $100 R_e$ 程度の遠尾部赤道部で向き合うと，再び磁気リコネクションが発生する．この結果，両端が地球につながった磁気圏磁力線が誕生する（磁力線④）．そしてこの磁力線は地球に向かって流れ始める．重要なことは，この磁力線には太陽風プラズマが乗っていることである．つまり，この昼側と遠尾部での二つの磁気リコネクションによって，磁気圏磁力線の大循環（磁気圏対流）が発生し，かつ，太陽風プラズマの磁気圏へ

の流入が可能となる．実際，磁気圏プラズマは，地球近傍の一部の領域が電離層起源のプラズマで満たされていることを除けば，太陽風起源である．

9.3.4 磁気圏尾部

ここで磁気圏尾部構造について解説しよう（図 9.9）．尾部の赤道から離れた高緯度部分には，上で述べたように一方の端だけが地球につながった磁力線がある．このプラズマ密度が小さい領域をローブと呼ぶ．赤道部分には，大きく引き伸ばされているが両端が地球につながった磁力線があり，それらには太陽風プラズマが乗っている．遠尾部から輸送されるプラズマは地球に近づくにつれて加熱され，近尾部（地心距離 $20 R_e$）では，密度 $0.2\,\mathrm{cm}^{-3}$，温度 $5\,\mathrm{keV}$ という状態にある．この高温プラズマは，反対向きの磁場を持つ二つのローブ領域に挟まれており，またその圧力は，ローブ磁気圧と圧力平衡にある（ローブ磁気圧は，太陽風の流れに対して磁気圏境界面がある角度をもって対峙していることによって受ける動圧ともバランスしている）．

二つの磁気リコネクションで駆動される磁気圏磁力線の大循環が，定常的に進行することはほとんどない．太陽風磁場が変動する中で南向き磁場がしばらく継続すると，昼側から夜側への磁束輸送が大きくなる一方，それとバランスするだけの昼側への輸送は発生せず，磁気圏尾部ローブ領域に磁束が蓄積し，その磁気圧でプラズマシートは押されることになる．押されたプラズマシートの中心では，反対向きの磁力線が互いに押し付けられながら向き合うことになり，磁気リコネクションが発生する（図 9.9 上部）．この発生位置は地心距離で 20–30 R_e であり，関与する磁場のエネルギー密度が磁気圏境界でのものに比べて大きいため，これまでの「磁力線のつなぎかえ」といったトポロジー的意味合いよりも，「磁場エネルギー解放現象」という爆発現象としての意味合いが強い．また，この近尾部での磁気リコネクションは，ゆっくりとしたエネルギー蓄積と臨界状態へのアプローチ，急激なエネルギー解放過程のトリガー，といった特徴を備えており，宇宙空間における爆発現象の雛形と呼べるものである．この爆発にともなってジェットが地球向きと反太陽向きに発生するが，前者が地球周辺の双極子磁場と衝突することと「オーロラ爆発（オーロラ・サブストーム）」（あるとき突然オーロラが爆発的に明るくなり，かつ，その領域が真夜中付近から周辺へと

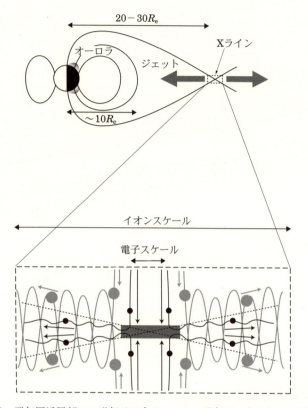

図 9.9 磁気圏近尾部での磁気リコネクション．磁気リコネクションは地心距離 20–30 R_e の地点で発生する．そこから地球向きに吹くジェットは双極子磁場と衝突するが，この過程とオーロラ爆発との関係は注目される．また，磁気リコネクション領域は非 MHD 過程が本質的役割を果たす領域である．磁力線がまさに繋ぎ変わる場所である X ラインからイオンスケール（イオン慣性長）だけ離れた領域では，イオンと電子の差動運動が現れる．また，X ラインの近傍，電子スケールの範囲内では，電子の有限質量効果が現れる．

空間的に拡大する現象）との関係は注目されるところである．オーロラ爆発の起源領域は地心距離 $10R_e$ 程度の，内部磁気圏と磁気圏尾部との間の遷移領域にあると考えられている．その領域で何によって何が引き起こされているのかについては不明な点が多かったが，2016 年に打ち上げられたジオスペース観測衛星「あらせ」からのデータにより，明らかになって行くと期待される．

9.3.5 微視的過程と巨視的過程

磁気流体力学の範疇で磁気リコネクションを考えるのに,「電気抵抗によって駆動される」といういい方がしばしばされる.しかし,無衝突プラズマ中では電気抵抗そのものはなく,電子スケールでのダイナミクスが発動することで実効的に同様な効果が得られるものと考えられる.このことから,磁気リコネクションのエンジン部分（X ライン領域）は電子スケールの微小な構造を内包し,そこで「磁力線凍結の原理」が電子の有限質量効果によって破れていることが理論的に予想される（図 9.9 下部）.有限質量効果とは,たとえ軽い電子であっても,大きな電流密度が要求される場面では,十分な強度を持った電場によって大きな速度にまで加速する必要があり,そのための電子スケール電磁場構造が出現することである.この電子スケールプロセスを同定し理解すること,特に,全体としては巨大な MHD スケール現象の中で,この微小な領域がいかに生まれ,いかに全体の中で調和して機能するのかを理解することは,宇宙プラズマ物理学における最大の問題の一つである.

9.3.6 惑星間空間磁場とその効果

太陽でのコロナ質量放出にともなって,巨大磁気ループが太陽面から放出されることがある.ループが黄道面を貫く成分を持って地球磁気圏に到達すると,そのうち磁場成分が南向きである部分が通過する期間は,惑星間磁場が長時間にわたって南向きであるという状態になる.この間,磁気圏対流は強く駆動され続け,結果として磁気嵐と呼ばれる状態が出現する.具体的には,通常は大きくは変形することのない内部磁気圏にも,磁気圏尾部からプラズマ粒子が加速されながら注入されて,その後そこに捕捉されるため,数日間にわたって地球周辺宇宙空間の放射線環境が大きく変化することが知られている.またこの状況においては,電離層からの酸素イオン流出も盛んになり,流出後に内部磁気圏で加速されることもあいまって,酸素イオンがこの領域における粒子エネルギー密度の大きな部分を占めることもある.

逆に,惑星間磁場成分が北向きで長く続く場合もある.このときは,これまで考えてきた磁気圏昼側での磁気リコネクションの能率は大きく下がり,二つの磁気リコネクションによって磁気圏対流を駆動する能力は大きく落ち込むことにな

る．この状況で，南向き磁場の下では効果が消されていた輸送機構が機能を発揮する可能性がある．実際，惑星間磁場成分が北向きで長く続く期間のプラズマシートの状態は，数密度 $1\,\mathrm{cm}^{-3}$ 以上，温度 $1\,\mathrm{keV}$ 以下の，通常より冷たく濃い状態へと変化することが知られている．これは北向き磁場のときには，太陽風プラズマを加熱せず，かつ，希釈することなく磁気圏内に取り込む機構が働いていることを示す（通常の場合，昼側から遠尾部へと磁力線が運ばれる過程でプラズマ希釈が起こり，それが遠尾部での磁気リコネクションによって磁気圏に注入される際に加熱される）．いくつかの可能性が考えられるが，いずれも磁気圏尾部脇腹（赤道面近くの低緯度部分）からの流入を考えている．

9.3.7　MHD 近似と非 MHD 効果

このように，衝撃波，磁気リコネクション，渦乱流輸送は，磁気圏物理において重要な役割をはたしているが，このことは宇宙空間物理一般においても事実であろう．注意したいのは，これらは全体としては MHD 現象であるが，その全体の中で鍵となる部分の鍵となるプロセスが非 MHD 効果を必要としており，またそのことが，これら物理過程全体の効果を興味深いものにしているということである．従来は，MHD 方程式に異常粘性や異常電気抵抗という形で非 MHD 効果をモデル化して取り込み，全体の現象を理解しようとする姿勢が一般的であった．最近では，科学衛星が現象の「その場」でイオン・電子の速度空間での分布関数を計測したり，粒子効果を扱うシミュレーションが充実しつつあることをふまえ，MHD スケールの全体ダイナミクスと，鍵となる非 MHD 効果を同時に扱おうとする動きが，磁気圏物理研究者の間で広まっている．

9.4　太陽圏と星間空間

9.4.1　太陽圏の構造

我々の太陽系は銀河系の端のオリオン腕の中にあり，銀河系の中を公転運動している．現在太陽は，超新星爆発によって生じたとされる局所星間雲と呼ばれる星間ガスの中を航行している．図 9.10 に太陽圏周辺の星間空間ガスと，太陽圏の運動方向を示す．星間ガスとの相対速度は約 $23\,\mathrm{km\,s^{-1}}$ であり，その方向は太陽から見てさそり座，カシオペア座方向，およそ銀河中心から遠ざかる方向であ

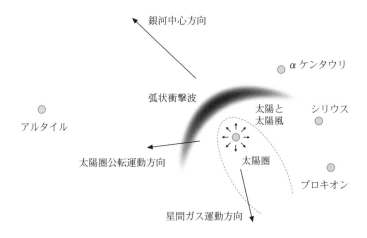

図 **9.10** 太陽圏周辺の星間空間ガスと，太陽圏の運動方向．

ることが分かっている．局所星間雲は，電離したプラズマガスと電離していない中性ガスからなる．太陽系を包み込んでいる局所星間雲は，約6パーセク（1パーセクは3.3光年）の大きさの卵形で，太陽系はこの雲の端に近いところに位置している．

図9.11は，局所星間雲外の星が放射する，重水素と電離したカルシウムの光を用いて，局所星間雲の3次元構造を求めた結果である．これによると，3000年以内に太陽系は局所星間雲を抜けだし，次の星間雲もしくは電離した熱い領域に侵入することになる．太陽系がこの局所星間雲に包まれているということは，我々はつねにこのベールを通して宇宙をみることになるため，星間雲がどういった特徴を持っているのか，我々がどこにいるのかを知ることは重要である．

太陽風は，太陽近傍で超音速まで加速された後は，そのままの速度を維持して，「終端衝撃波」と呼ばれる太陽圏の境界に達する．その後，亜音速にまで速度を落とし，やがて星間ガスと衝突してその流れを止める．この太陽圏の端を「太陽圏界面（ヘリオポーズ）」と呼ぶ．太陽圏の境界まで放射状に吹き出していく太陽風の密度は，距離の2乗に反比例して薄まっていくが，終端衝撃波を超すと太陽風が急激に速度を落とすために，プラズマが集積され密度が上昇する．磁場は太陽風によって太陽圏の境界へと引き出されていくが，その根元は太陽表面に

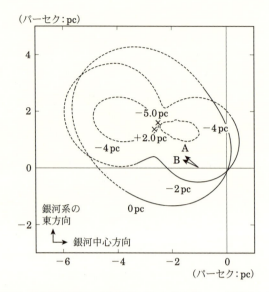

図 9.11 局所星間雲．銀河極方向から見た図で，太陽系を原点としている．3 本の線は銀河面からそれぞれ 0, −2, −4 パーセク離れた距離での境界線を示す．破線の部分は，実線より不確定性が大きい領域を示している．A で示された矢印は，太陽系を通過していく雲の流れの方向，B の矢印は，さそり座，カシオペア座方向の若い星の集団の方向を示している（Redfield & Linsky 2000, *ApJ.*, 534, 825）．

あり，太陽の自転によって図 9.4 のようにスパイラル状に巻かれていく．このために，太陽表面近くで動経方向の成分が主であった磁場は，太陽から離れるに従い経度方向の成分を持つようになる．1 天文単位あたりで，動経方向と経度方向の成分が等しくなり，磁場は動経方向に対し 45 度の傾きを持つようになる．さらに遠方に行くと動経方向成分は密度と同じように距離の 2 乗に反比例して弱くなってしまうが，経度方向成分はスパイラルの巻き付きがますます強くなり，平面的に広がっていくようになるので，距離に反比例してしか弱くならない．その結果，遠方での磁場の強度は経度方向成分が主となり，距離に反比例して，密度よりも緩やかに減少する．終端衝撃波を越すと，磁場も密度と同じように集積して強度が上昇する．周辺の星間ガスの温度は約 6300 度であるので，その音速は約 8 km s^{-1} である．このために星間ガスに対する太陽圏の運動は超音速の運

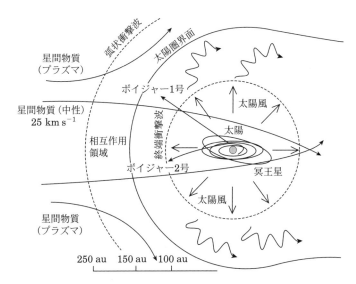

図 **9.12** 太陽圏の模式図．太陽圏界面の内側は，太陽圏と呼ばれる太陽風勢力のおよぶ領域である．中性星間物質の軌道は，太陽重力が放射圧よりも大きい場合について示されている．

動で，太陽圏の前面には弧状衝撃波（バウショック）が形成され，太陽圏は後方に引き延ばされた形となると考えられている．図 9.12 に太陽圏の構造を模式的に示した．星間ガスの一部は弧状衝撃波の中へ入り込み，終端衝撃波を越えてきた太陽風と太陽圏界面で混ざり合う，相互作用領域を形成する．太陽圏の詳細な形状は，内側からの太陽風大規模構造，外側からの星間空間のプラズマ圧・磁場強度とその傾きなどによって決まり，星間磁場が絡みついた非対称な構造をしていると考えられている．

2004 年 12 月，ボイジャー探査機 1 号が 27 年もの航行の後，太陽から 94 天文単位の距離で，終端衝撃波到達を成功させた．それまで減少を続けていた磁場強度が増加し，太陽活動によって変動していた太陽宇宙線が弱まり，変動の少ない銀河宇宙線や低エネルギー粒子の増加などが観測されたことが証拠となった．一方，ボイジャー探査機 2 号は 2007 年 8 月に 84 天文単位の距離で終端衝撃波を横切ったと報じられた．このことから，太陽圏は少なくとも球ではなく，ひしゃげていることになる．

また，十から数十 MeV の低エネルギー領域ではヘリウム粒子数の方が陽子数

よりも多くなるという観測事実があり，通常の宇宙組成と異なることから「宇宙線異常成分」と呼ばれてきた．終端衝撃波における加速が，この宇宙線異常成分の起源と考えられてきたが，観測された宇宙線異常成分は衝撃波面通過後も増加を続けていることが明らかになった．これは宇宙線異常成分の起源は衝撃波よりも遠方に（もしくは衝撃波の別の地点に）あることを示唆している．

衝撃波以遠の太陽圏外縁部では太陽風はさらに減速を続け，速度がゼロになる「よどみ点」が113天文単位付近で観測された．その後，2012年ボイジャー探査機1号は太陽から121.6天文単位の距離でついに太陽圏の端である圏界面付近に到達した．圏界面では，宇宙線異常成分が激減するとともに，同時に銀河宇宙線が急増する様子が確認された．これは太陽圏を抜け出たことで銀河宇宙線が太陽風擾乱の影響を受けずに観測されるようになったためと解釈されている．このことが，ボイジャー探査機1号が太陽圏を脱出して星間空間に突入した証拠となった．ボイジャー探査機2号が続いて太陽圏界面に近づいており，その観測結果で圏界面付近をより詳しく観測することができると期待できる．星間空間に突入したボイジャー探査機1号は，人類史上初となる星間ガス・銀河宇宙線の「その場」観測を運用期限の2020年まで続ける．これら直接観測は，我々の太陽と周辺星間ガスとの相互作用の理解に重要な進展をもたらすものと期待される．

9.4.2 太陽圏周辺のガスの動き

太陽周辺の星間ガスは，星間空間の物質を直接探査できる唯一の現場であり，我々はそこから，太陽や惑星を形成する銀河起源成分の基本的な性質について知ることができる．太陽圏周辺の星間ガスの様子を調べる方法のひとつとして，太陽圏内に侵入してきた中性の星間水素やヘリウムからの共鳴散乱光を観測する方法がある．星間空間の中性水素，ヘリウムガスは電荷を持たないため，衝撃波面・太陽圏界面に妨げられることなく，太陽圏内部に侵入する．その後，水素ガスは太陽からのライマン・アルファー線（波長121.6 nm）の照射を受けて共鳴散乱を起こす．さらに太陽に近づくと，太陽の強い紫外線や太陽風との電荷交換反応によって電離されてしまい，共鳴散乱を起こさなくなる．その結果，水素ガスは太陽を中心に半径5–10天文単位の大きさの電離圏を形成し，水素ガスの密度は上流方向が大きく，下流方向が小さい分布になる．散乱光を人工衛星で観測

しその散乱方向を解析すれば，星間水素ガスの侵入方向が分かる．

　同様に星間ヘリウムガスも波長 58.4 nm の紫外線を共鳴散乱する．ヘリウムガスは質量が水素の 4 倍あるため放射圧の影響は少なく，さらに太陽光や太陽風による電離が弱いため，重力に引かれて太陽の背後へ収束する．共鳴散乱光の観測から，ヘリウムガスの侵入方向や侵入速度が推測できる．

第10章

宇宙天気
太陽の長期変動と気候

　太陽活動はフレアやコロナ質量放出（CME）など，8分程度から数日の時間をおいて地球および周辺の宇宙空間に影響をおよぼし，時として社会インフラや人間活動にさまざまなダメージを与えることが分かってきている．このような宇宙環境の擾乱を宇宙天気または宇宙天気現象と呼び，本章前半で紹介する．これと対比して宇宙気候とでも呼ぶべき，数年から数千年におよぶ長期の太陽の変動にはまだ分からないことが多いが，地球環境への影響の観点からは，宇宙天気に劣らず重要といえる．本章後半では太陽活動と地球の気候の関係について述べる．

10.1　太陽面現象と地球への伝搬

10.1.1　宇宙天気とは

　ここでは，太陽活動に起因する宇宙環境現象のうち，人間やその社会インフラに悪影響をおよぼすものをとりだして，宇宙天気現象と呼ぶことにする．宇宙天気の詳細なメカニズムの理解には，個々の現象とその物理の理解に加え，太陽から地球までをひとつのシステムとして扱い理解することが必要である．さらに，宇宙天気現象が人間活動や個々の社会システムに影響を与えたり障害を発生させるメカニズムの理解と，さらには影響を回避する対策や具体的なツールの開発などが必要であるが，まだ研究が緒に就いたばかりの部分も多く，今後に残された

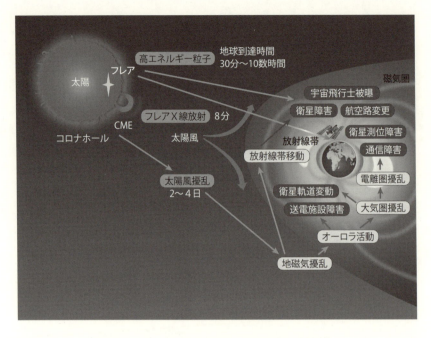

図 10.1　宇宙天気現象と障害（情報通信研究機構）．

研究課題であるといえる．本節では，宇宙天気現象について，その相互のつながりに注目して概観し，通信・放送システムや宇宙システムを中心に社会インフラへの具体的な影響を説明する．これらの影響を低減または回避するための具体的な方策についてその例を示すとともに，宇宙環境監視の現状や宇宙天気予報についても簡単に説明する（図 10.1）．

宇宙天気現象の原因となるおもな太陽面現象には，「太陽フレア」，「CME」，および高速太陽風の源としての「コロナホール」などがあげられる．これらの現象の基礎過程についてはすでに 7 章と 5.4.5 節で述べられている．本節では，これらのうち宇宙天気の観点から注目すべき現象とその伝播のプロセスを概観する．

10.1.2　太陽 X 線，紫外線放射

太陽フレアが発生すると，さまざまな波長で放射が急増するが，宇宙環境への影響という観点からは X 線と極端紫外線の放射が重要である．太陽フレアによ

る急激な X 線強度の増大は，電離圏（電離層とも呼ぶ）の異常電離を引き起こし，通常であれば反射される短波帯の電波が電離圏下部で吸収されることにより，電波が伝わりにくくなる現象が発生する．また，電離圏全体が異常電離することにより，GPS などの測位衛星の電波伝播にも影響を与え，測位誤差の一因となる．太陽活動に伴う紫外線強度の変動は，衛星軌道における大気密度を増大させ，衛星の姿勢・軌道に悪影響をおよぼすこともある．また太陽活動の 11 年周期変動に伴う X 線や極端紫外線の放射の増減は，電離圏・熱圏等の超高層環境のみならず，いわゆる気候変動との関係も議論され始めている．

10.1.3 CME 現象

CME は宇宙天気を考える上でもっとも重要な現象の一つである．伝搬速度は速いものでは $2000\,\mathrm{km\,s^{-1}}$ を超えるものもあり，噴出方向が地球に向いている場合は通常 2–4 日程度で地球に到達する．磁気音速を超えると前面に衝撃波が形成されることが多く，また一部の CME は磁気ロープ（または磁気雲）と呼ばれる，低温で磁場強度が大きく，磁場の方向がゆっくり変化する構造が観測されることがある．CME に伴う衝撃波は粒子加速に大きな役割をはたしていると考えられており，後述するプロトン現象の発生のメカニズムを考える上で重要である．また，CME に代表される惑星間空間磁場の擾乱は，銀河宇宙線を散乱して内部太陽圏への侵入を妨げると考えられている．CME に伴って強い磁場がある場合は，この構造がバリアとなるため地球近傍の銀河宇宙線強度が減少することが知られており，フォーブッシュ減少（Forbush decrease）と呼ばれている．

CME が地球磁気圏に到達すると，宇宙環境や地磁気，電離圏に擾乱を起こすことが多く，特に太陽風磁場の南向き成分は擾乱の程度に影響するため，磁気ロープを伴う CME の場合は大きな地磁気嵐になることが多い．地磁気嵐が発生すると，バンアレン帯[*1]のイオンや電子の分布が大きく変動する．また，地磁気変動に伴って誘導電流が地上の送電線やパイプラインに流れ，システムに障害が発生する場合がある．

[*1] 地球磁気圏において，プロトン（陽子）を含むイオンや電子が地球磁場にとらえられ，密度が高くなっている領域．

10.1.4 プロトン現象

太陽フレアに伴って，高エネルギー（数 10 KeV–1 GeV 程度）に加速されたイオンが観測されることがあり，プロトン現象と呼ぶ．太陽フレア粒子，高エネルギー粒子現象，SEP（solar energetic particles）などと呼ばれることがあるが，基本的に同じものである．

プロトン現象の発生メカニズムは十分に解明されていない．太陽フレア時の太陽大気（コロナ）中の加速については 7.4 節に詳しく述べられている．このほか，磁気音速を超えた CME が生成されると，強い衝撃波が形成される．伝播する衝撃波中において粒子加速のメカニズムが働くことが知られており，SEP の加速源となりうる．経験的に，大きな太陽フレア粒子現象は CME を伴うことや，II 型や IV 型の電波バースト（7.1.6 節参照）を伴うことが知られている．

大規模なプロトン現象は，衛星などの宇宙機の誤動作，故障を引き起こしたり，地球の極域に進入して電離圏を異常電離させることにより短波帯の電波が吸収されてしまう現象（極冠異常吸収）を発生させることがある．最近では，有人宇宙飛行の際の放射線被曝の問題も注目されている．

コロナホールとセクター境界

太陽面の開いた磁場に沿って高速太陽風が吹き出ており，開いた磁場のもとにはコロナホールと呼ばれるコロナの暗い領域がある．太陽表面の磁場構造により太陽風は約 300–$800\,\mathrm{km\,s^{-1}}$ の太陽風が吹くが，太陽が地球から見ておよそ 27 日で自転しているため，太陽風はスプリンクラーのようなスパイラル構造になる．低速度の太陽風の後ろから高速度の太陽風が流れると，高速太陽風が低速太陽風に追いつき，共回転相互作用領域（CIR）と呼ばれる磁場やプラズマが圧縮される領域ができる．この構造が地球に到達すると，地磁気擾乱を引き起こすことが知られている．コロナホールは太陽の自転周期に対して変動が小さく，太陽の自転とともに CIR も同様の周期で存続することが多くあるため，これによる地磁気擾乱が繰り返し発生し，回帰性地磁気擾乱ともいわれる．

10.2 太陽面現象のさまざまな影響

本節では，太陽活動に起因する宇宙天気現象が社会システムに与える影響のおもなものについて概要を示す．

10.2.1 宇宙機

プロトン現象や銀河宇宙線，バンアレン帯の捕捉粒子などの宇宙放射線は，半導体素子をはじめとする宇宙機の部品にさまざまな悪影響をもたらすことが知られており，耐放射線設計は宇宙機設計にとってもっとも重要な設計要素のひとつである．放射線による電子部品の障害には，シングルイベント効果とトータルドーズ効果の2種類が重要である．

トータルドーズ効果

長期間放射線環境下にさらされることにより部品の特性が徐々に変化し，性能や信頼性の劣化をもたらす影響を，トータルドーズ効果と呼ぶ．電子部品においては，部材の抵抗値が変化することによる特性変化や電流の増大が機能不全をもたらす可能性があるため，放射線による特性変化のデータを参照して部品選定が行われる．レンズ等の光学部品は，放射線の照射により，透過率の低下や屈折率の変化などが発生することが知られており，ガラス材の選定には注意が必要である．また，放射線で太陽電池パドルが劣化し，発生電力が低下すると，衛星の設計・運用上の寿命に影響がある．このため，設計段階でフレアやプロトン現象による性能劣化を充分に見込むとともに，運用段階においても注意深くモニターされている．

トータルドーズによる劣化は，素子が浴びた放射線（電離粒子）の累積総量で決まる．地球近傍の宇宙機の場合，バンアレン帯粒子の寄与がもっとも大きく，AE-8（電子）や AP-8（陽子）等の標準的な工学モデル（10.3.1節参照）を用いて，衛星の軌道と寿命から，予想される総放射線量を求めることができる．これを参考にして，地上試験や過去の使用実績から十分な耐性を持つと判断される部品を用いることにより，衛星が要求寿命を全うできるよう設計を行う必要がある．

シングルイベント現象

シングルイベント現象は，1個の粒子が素子に入射することにより機能障害を起こすものの総称である．シングルイベントアップセットは，半導体メモリに荷電粒子が入射し電荷を放出することにより，ビット反転する現象である．これは一時的な現象であり，装置の再起動やリセットなどにより復旧させることができるが，発生部位によっては正常運用が長期間阻害されることがある．シングルイ

ベントラッチアップは，荷電粒子の入射により電極間に導通が発生し，大電流が流れてしまう誤動作である．長時間放置して運用すると，素子の焼損による永久故障の原因となる．このため，ラッチアップを起こす可能性のきわめて小さな素子を用いるとともに，過電流保護回路等の対策が講じられることが多い．このほか，荷電粒子の入射により，パワー素子に異状電流が流れ焼損・破壊されるバーンアウトやゲートラプチャと呼ばれる現象等がある．

センサー類への影響

人工衛星に搭載されているセンサー類には，放射線の影響を受けるものも多い．太陽観測衛星をはじめとする科学衛星の撮像デバイスや姿勢系のセンサーの検出器として広く用いられるCCDも放射線の影響が大きい．大型の太陽フレア発生時には，荷電粒子が撮像面に入射して電荷を放出するため，本来の信号に強いノイズが加わり，データの質が大きく損なわれる．図10.2は，SOHO衛星に搭載されたコロナグラフによるCMEのデータである．CMEに伴って放出された太陽プロトンがセンサーのCCDに降り注ぎ，一面に白い斑点を生じさせている様子が分かる．また，姿勢制御系などのセンサーにノイズが加わり誤作動を起こす危険があると，衛星全体の機能を停止させる必要に迫られるなど，科学観測を目的とする衛星のみならず，通信などの実用衛星においてもセンサー系の誤作動は影響が深刻なものとなる場合がある．地球観測衛星や通信衛星など科学衛星以外の実用衛星においても，このような放射線による障害は多く報告されている．

また，トータルドーズによる素子の特性変化による電荷転送効率の変化は，宇宙空間でのCCDの動作寿命に大きな影響を与える．これらの影響を軽減するための放射線シールド等の方法があるが，放射線の影響を回避するための充分な対策の実施は困難であることも多く，データ処理や運用において，放射線によるデータの劣化や障害発生を充分に想定しておく必要がある．

衛星の軌道への影響

太陽活動によるCMEの発生は，磁気嵐を引き起こし，磁気圏電流が電離圏に流入する．これにより，ジュール加熱で超高層大気が加熱・膨張するため，超高層における大気密度分布は太陽活動度に大きく影響される．大気による衛星に対する抵抗は，衛星の軌道に影響を与える．また，低軌道衛星の多くは最後は地球

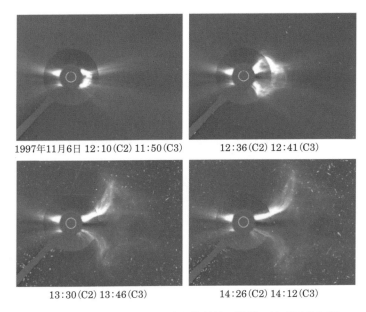

図 10.2 CME による強い太陽放射線の影響の例（SOHO 衛星搭載の LASCO コロナグラフによる）.

大気に突入して消滅するが，太陽活動が大気圏突入の時期を左右することもある．X 線天文衛星「あすか」は 2000 年 7 月に起こった大きな地磁気嵐発生時に姿勢が不安定になり，翌年大気に落下したが，地磁気嵐に伴って大気が膨張し，大気と「あすか」の抵抗が想定以上になったためと考えられており，このように姿勢制御系の性能を超える擾乱が加わり，予定されていた観測の継続が困難となった例もある．

10.2.2　有人宇宙活動

　有人宇宙飛行においては，機器の放射線耐性に加えて，搭乗する宇宙飛行士の放射線被曝管理が問題となる．低軌道（スペースシャトルや国際宇宙ステーション（ISS）が飛行する高度数百キロ程度の周回軌道）では，1 日あたりの被曝線量（実効線量）はせいぜい 1 ミリシーベルト程度であるため，2 週間程度のスペースシャトル乗務では大きな問題にはならない．しかしながら，数か月にわたっての滞在となる ISS においては，放射線被曝の注意深い管理と対処策の検

討が必要である．日本においても，日本人宇宙飛行士の ISS 搭乗に臨み，宇宙航空研究開発機構（JAXA）や関連研究機関によって，対処策の整備や必要な研究が進められている．

　ISS への宇宙飛行士の滞在は数か月程度と見込まれているため，1 回の滞在で被曝する実効線量は，背景の銀河宇宙線などの寄与を中心とした平均的なモデルを用いた評価では 100–200 ミリシーベルトくらいであると見込まれる．JAXA の外部諮問委員会の報告書『有人サポート委員会宇宙放射線被曝管理分科会報告書』（2001 年）によると，初めて宇宙飛行を行った年齢が 27–29 歳の場合，600 ミリシーベルトを生涯実効線量の制限値として見積もっているが，これに対して 100–200 ミリシーベルトという値は，決して無視してよい数字ではないと考えられる．ISS 滞在中に大型の SEP に遭遇した場合や，特に船外活動中に遭遇する可能性については十分な注意が必要であり，太陽活動や宇宙環境データの注意深い監視が必要であるとされている．

　現在米国や日本の宇宙機関において，火星や月への有人探査計画や恒久的な施設の建設の可能性が議論されているが，月も火星も地球の磁気圏の外である．ISS の場合，いわゆる低軌道であり，地磁気によるいわばシールドの中で活動しているため，銀河宇宙線や太陽プロトンによる影響は相当軽減された環境であるといえる．長期にわたる磁気圏外に進出する有人ミッションの場合，太陽フレアや銀河宇宙線による放射線被曝管理の問題は，重要な課題のひとつになると考えられる．

10.2.3　通信と測位

　太陽は電離圏の組成を決める主要な条件の一つであり，太陽活動に伴う X 線や極端紫外線強度の変動や，フレア，CME および CIR に伴う地磁気嵐やプロトン現象などが，さまざまな形で電波伝搬に影響を与えることが知られている．地球の超高層大気は，太陽からの極端紫外線や X 線の吸収などにより一部が電離された状態になっており，電離圏と呼ばれている．電離圏は高度約 60 km から 1000 km 以上にわたって形成され，その高度分布の特徴から D 領域，E 領域，F 領域といった領域に分けられる（図 10.3）．短波は地上と電離圏との間を反射するため，これを利用した長距離通信が可能であり，古くから通信手段として用い

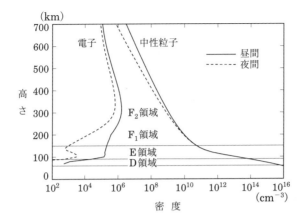

図 **10.3** 超高層大気の密度構造（情報通信研究機構宇宙天気予報センター, http://swc.nict.go.jp/knowledge/ionosphere.html）.

られている．短波帯の電波は主に F 領域で反射され，中継する衛星や光ファイバーなどの伝送路を整備する必要がないため，航空機や船舶における長距離通信，海外向けラジオ放送など，現代でも重要な通信インフラとして利用されている．

太陽フレアに伴う X 線強度の急増は D 領域の異常電離をもたらし，通常は透過される短波帯の電波を吸収してしまう．太陽活動極大期には，太陽フレアの発生に伴い突然通信品質が劣化したり，通信不能となる障害が頻繁に発生することが知られており，SWF（short wave fade-out）やデリンジャー現象などと呼ばれている．SWF は太陽フレアが終了して，X 線強度が衰退するとともに終了し，通信も回復する．

大規模な太陽フレアや CME に伴うプロトン現象（10.1.4 節参照）の際には，極域から高エネルギー粒子が容易に進入する．これにより，極域上空の超高層大気の電離が急速に進み，極域上空の電離圏の反射を利用した通信回線が使用不能になったり回線品質が劣化したりすることがあり，PCA（polar cap absorption）と呼ばれている．PCA は極域に降り注ぐプロトン強度が十分小さくなるまで続くため，これによる通信への影響は数日におよぶこともある．航空機の運用でも通信に短波帯の電波を使用することから，電離圏擾乱の影響を受ける．特に極近くを通る航路においては，静止軌道にある通信衛星が利用できないため，PCA による影響を大きく受けることが考えられる．

カーナビ等の民生分野で GPS（global positioning system）で知られている人工衛星を使った測位システムは，複数の衛星からの電波を受信して位置を決定するものであり，衛星との間の電離圏の状態の変化が測位誤差をもたらす．日本の位置する中緯度また低緯度の電離圏では，プラズマバブルと呼ばれる周囲よりプラズマ密度の低い不規則な構造が，地磁気の赤道を中心に発生することが知られており，大きな測位誤差の要因になりえる．航空機の運航では衛星測位を活用した航空機の離着陸システムの開発が進められているが，電離圏の擾乱による測位誤差を小さくするためには，電離圏の状態変化の予測および補正が必要であり，研究課題となっている．

10.2.4　その他の影響

CME に伴う大規模な地磁気嵐は，地上インフラに大きな障害をもたらすことがある．1989 年 3 月にカナダのケベック州全体で一昼夜にわたる大停電が発生し，これに伴う米国も含めた広い範囲で，電力供給が不安定になるという事例が発生した．CME に伴う大型の地磁気嵐が原因であるといわれている．地磁気嵐により磁場が大きく急激に変化することにより，送電線に大きな誘導電流が流れ送電設備が破損し，それが原因となって送電が停止されたのである．日本は地磁気緯度がカナダや米国に比べて低いことなどから，大きな障害が発生する可能性は低いと思われるが，電力会社では地磁気嵐の発生にもつねに注意を払って万一に備えている．同様のメカニズムにより誘導電流が流れると腐食が促進され，パイプラインの寿命に影響を与えるといわれている．

最近の欧州や米国では，航空機乗員に対する宇宙線被曝の懸念が指摘されている．航空機は高度約 10 km を飛行するため，地上に比べて銀河宇宙線による二次放射線の影響を受けやすい．また極域ではプロトン現象による高エネルギー粒子の影響で被曝量が増えることがある．日本では職業として日常的に搭乗する乗務員に対して年間 5 ミリシーベルトというガイドラインが作成されている．また太陽フレアなどの現象による付加的な線量増加に関しては，宇宙天気予報等の情報を利用することで，乗務員の勤務・航空機の運用の調整による乗務員の被曝線量を抑える必要性が指摘されている．10.2.3 節の通信，測位とともに，被曝も航空運用に影響を及ぼすことから，国際民間航空機関（ICAO）において第 3 付属

書（航空機の運行責任者等に提供しなければならない気象情報を規定）で，宇宙天気情報を含めるよう改定が進められており，2020年代には宇宙天気情報が航空機運用に不可欠な情報として使用される見込みになっている．

10.3 宇宙天気現象による影響の回避と予報

10.3.1 宇宙機設計のための宇宙環境モデル

宇宙環境下で動作する人工衛星等の設計には，宇宙環境の影響を充分考慮して行う必要があり，そのための各種モデルやツールが開発されている．宇宙機の設計や有人宇宙飛行の実施においては，これらのモデルやツールを用いて，宇宙放射線による機器の障害発生や人体の放射線被曝のリスクを詳細に検討・検証する．放射線帯の粒子分布を記述する標準的なモデルとしては，NASAによって開発されたAE-8，AP-8が広く利用されている．太陽フレア粒子のモデルとしては，JPL-1991がよく知られている．トータルドーズ（吸収線量）の評価には，SHIELDOSEもしくはこれに準拠したツールの利用が一般的である．太陽プロトンや銀河宇宙線によるシングルイベントアップセットの発生確率の評価には，米国海軍により開発されたCREMEや，その改訂版であるCREME96が用いられることが多い．

これらのモデルは，ある期間の観測データを用いて，統計的な手法も含め，平均的な状態を記述するものとして作成されている．このため，一時的な変動や非等方性も含めた，局所的な特徴等については記述されていない．大型の太陽フレアやCME等が発生したときには，たとえばイオンの密度が数桁以上にもおよぶ一時的な変動を見せることも珍しくはない．したがって実際の運用においては，後述する宇宙天気予報も含めた，リアルタイムの宇宙環境情報やデータに充分注意を払うことが必要である．

10.3.2 国際協力による宇宙環境監視

太陽活動とそれに伴う宇宙環境擾乱の監視と予報は，古くから短波通信の安定運用のために必須の情報であり，最近では宇宙機や通信・放送システムの運用のための支援情報として，広く活用されてきた．国際的にはISES（International Space Environment Service）が，各国を代表する宇宙環境監視・予報機関（予

報センター: Regional Warning Center) によって構成されている．ISES は国際的な連携や情報交換，予報項目の調整や統一コードの制定などを行っており，その事務局は米国コロラド州ボルダーにある (Space Weather Prediction Center). 国内では，総務省傘下の国立研究開発法人情報通信研究機構 (NICT) が日本の予報センターとして ISES に加盟し，日本国内における予報と各種情報の配信を業務として行っている．

警報や情報サービスの内容は，各国の予報センターが，それぞれの国や地域におけるユーザーのニーズを踏まえて，さまざまな取り組みを行っているが，ISES が制定した GEOALERT に定義されている太陽フレア，地磁気嵐および太陽プロトンの現状と直近推移に関する警報が中心である．最近は，インターネットの発達によりリアルタイムデータの収集と発信が容易になっており，予報機関以外の大学や研究機関からも，宇宙環境を知るために有益な情報発信が活発に行われている．

10.3.3　宇宙天気予報のニーズとユーザー

宇宙天気予報は短波通信の利用者の他に，近年社会インフラを安全に運用するためにさまざまなユーザーによって利用されている．先に述べた宇宙飛行士等の被曝，人工衛星機器の障害や大気膨張による衛星の姿勢制御への影響，衛星測位の誤差，地上の誘導電流発生による送電施設の障害など，宇宙天気予報のニーズは一般社会においても増えつつある．米国では，宇宙天気は地震や津波などと同等の位置づけで，2015 年に「国家宇宙天気戦略」と「宇宙天気行動計画」が策定された．日本においても宇宙天気予報の本格運用に向けて，宇宙天気業務を総務省の所管と位置づける検討が行われている．

10.3.4　宇宙天気予報の研究

これまで宇宙天気予報のレベルは，観測データに基づく現況把握とそれに基づく即時的な警報を定常的に行い，予測については過去の経験に基づく大まかな推移予測にとどまっていた．定量的に予測する場合，予測のためのモデルが必要になるが，そのアプローチとして統計的な手法とシミュレーションにより物理過程を解いて現象を再現する手法に大別される．さらに第 3 の手法として近年特に

ビッグデータの解析技術の進捗が著しい AI 技術が太陽フレア予報にも活用されている．たとえば NICT の研究チームは太陽の観測画像 30 万枚を用いて機械学習の手法を太陽観測データに適用し，人では扱えない大量の観測データによって統計的な予測を行う技術を開発した．これにより従来 5 割程度だった予測精度が 8 割を超える予測精度まで向上した．AI 技術を用いた予測モデルの開発は現在多数の研究機関で行われており，今後も進展が期待されている．

シミュレーション科学の発達および計算資源の増大に伴って，太陽コロナから太陽風，磁気圏，電離圏・大気圏にわたる 3 次元のグローバルシミュレーションモデルの開発が進められている．宇宙天気予報を目的としたシミュレーションモデルでは，現象の再現性と予測のためのリードタイムが重要になるため，磁気流体力学（MHD）や流体力学といった基礎方程式系の範疇外である微視的な物理過程などはモデル化して簡略化するなどの手法を用いることが多い．一方で東日本大震災以降は「極端現象」と呼ばれる 1000 年に一度程度しか起こらない現象も再現可能にすべきとの流れがあり，より精緻化したシミュレーションモデルが求められるようになっている．NICT ではコロナホールからの高速太陽風の到来，太陽風中の CME の伝搬，地球磁気圏擾乱，全球大気圏・電離圏モデルおよび局所的な高解像度プラズマバブルモデルによる電離圏擾乱の予測モデルを開発しており，2018 年以降試行運用の段階へ移って行く．将来的には各領域を統合し，太陽から電離圏までを予測する方向へ進むことが期待される．

最後にユーザーのニーズにより即した研究として，10.2.4 節に述べた航空機被曝のための予測モデルが各国で開発されている．日本では WASAVIES (WArning System for AVIation Exposure to Solar energetic particles) と呼ばれる，米国の気象衛星である GOES 衛星のプロトンフラックスデータと中性子モニターに基づいて放射線量を求めるモデルがあり，実用段階に入ろうとしている．これにより地上から 100 km までの任意の飛行高度の放射線量を評価することができる．宇宙天気予報が一般社会へ普及するためには，予報の情報をユーザーのニーズへ近づけていくことが今後重要になる．

10.4 太陽の長期変動と気候

10.4.1 太陽の輝度変動

　大気圏外の地球軌道上で単位面積が受ける太陽放射エネルギーを太陽定数といい，約 $1365\,\mathrm{W\,m^{-2}}$ であることが知られている．これが本当に「定数」であるかどうかは地上の全生態系にとって重大事であるため，古くから測定が行われてきた．よく知られているのはアメリカ・スミソニアン天文台のアボット（C.G. Abbot）が，高い山の上の観測点数か所で 20 世紀初頭に長期間にわたって系統的に行った測定である．しかし地上からの測定では，雲などによる大気透明度の変化が大きく，有意な変動は検出されなかった．

　1970 年代後半から，人工衛星に搭載された太陽総放射計によるデータが得られ始め，測定精度は飛躍的に向上した．太陽総放射計は，黒体の壁で囲まれた空洞に太陽光を入射させたときの温度上昇を，太陽光を遮りヒーターで加熱して再現し，電気的発熱に必要だったエネルギーをもって太陽光エネルギーとするものである（図 10.4）．

　図 10.5 は現在までの結果をまとめたもので，上半分が個々の人工衛星の測定結果である．人工衛星の寿命には限りがあるため，測定はバトンリレー方式で現

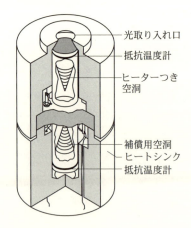

図 **10.4**　太陽総放射計のしくみ．この装置は SMM 衛星に搭載されたものである（Frölich *et al.* 1991, *The Sun in Time*, p.11）．

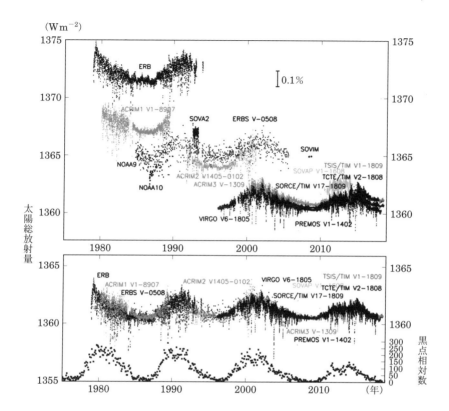

図 10.5 太陽総放射量（太陽定数）の変化．上段はさまざまな人工衛星搭載の装置による結果を示し，下段の上はこれらをスケールを再調整してつなぎあわせたもの，下段の下は黒点相対数である（G.Kopp, http://spot.colorado.edu/~koppg/TSI/による）．

在まで続いている．また，縦軸のスケールが人工衛星ごとに少しずつ異なるのは，光の取り入れ口の大きさや，検出器の光の吸収率が絶対値として完全には合わせられないためである．しかし各装置の相対的な変化の様子はよく一致しているので，縦軸のスケールを合わせてつなぎあわせたものが図 10.5 下半分の図である．太陽放射エネルギーは約 $2\,\mathrm{W\,m^{-2}}$ 程度，すなわち約 0.2% の変動を示している．

太陽表面のもっとも目立つ明暗の模様は黒点である．黒点は周囲の 2 割程度の光しか出しておらず，大きいものでは暗部の面積が見かけの太陽表面積の 0.3% におよぶものもあるから，黒点の出現により太陽が 0.2% 暗くなるのは予想

通りである．図 10.5 で下に向かってグラフがひげのようにのびている部分は，大黒点の出現に対応している．

一方，太陽が（時間でならして見て）総体的に明るい時期は，1980 年前後，1990 年前後，2000 年前後であることも分かる．これらの年は太陽活動の極大期にあたり，黒点が多かった時期である．黒点の暗さを示す，下向きのひげがこの時期にたくさん見えている．黒点の多いときのほうが太陽は総体として明るい，ということは 1990 年頃には確実になったが，これは研究者の予想しなかった結果で，驚きをもって受け取られた．

5.6.4 節で，黒点が暗い理由は，黒点の磁場が対流運動を抑え，内部から流れてくる熱量が減るため，と説明した．しかし太陽中心で核融合反応により発したエネルギーは，表面近くまでは黒点の存在を知らずに流れてくるので，黒点のところから出ることができなかった熱はどうなるのであろうか．もし黒点の周りの磁場の弱い部分に瞬時に回り込んで放射されるならば，黒点が現れても太陽の明るさは変わらないはずである．もし熱が黒点の下に一時的に蓄えられ，黒点が 1–2 か月して消滅した後に出てくるのであれば，数か月の時間で均してみれば太陽の明るさは変わらないはずである．しかしこれまでの研究によると，この二つとも正しくなく，黒点によって遮られた熱流は，広く対流層全体に散って蓄えられる．これは対流層の熱伝導の効率がきわめて高いためである．また対流層の熱容量が非常に大きいため，余分な熱が付け加わっても対流層の温度はゆっくりとしか上昇しない．黒点の影響で対流層全体が加熱し，太陽がもとの明るさに復するには 10 万年もかかると計算されている．もちろん黒点はそのようには持続しないので，黒点が現れれば太陽は暗くなる．

では，黒点の多い活動極大期のほうが，太陽が総体に明るいのはなぜか．5.6.4 節で，小さい磁場の管である白斑は周りより明るいと述べた．黒点が周りと比べて圧倒的に暗いのに対し，白斑は周りよりわずかに明るいだけで，大きさも小さい．しかし白斑は黒点が消滅した後の活動領域にもたくさん見られるほか，静穏領域の網状構造にも点在するなど，「塵も積もれば山となる」という効果で，結局黒点の暗さに打ち勝っている，というのが現在の解釈である．白斑は効率的に放射エネルギーを逃がす通り道となっているが，白斑から逃げるエネルギーは対流層全体の熱容量と比べてわずかなので，白斑が多いほど太陽は明るくなる．

このような，黒点と白斑のバランスはすべての星について同一ではなく，巨大な恒星黒点を持つような星では，黒点が多い（大きい）ときに星の光度も減少する．

10.4.2 太陽活動と気候

すでに 6.1 節で，17 世紀中ごろの 70 年間（1645–1715 年），黒点がほとんど観測されない，モーンダー極小期と呼ばれている異常な時期があったことを述べた．1795–1830 年にも黒点数の異常があり，ドルトン（Dalton）極小期と呼ばれている．

16 世紀以前には太陽黒点の観測データがないが，木の年輪の ^{14}C（炭素の放射性同位体）の含有量から，過去の太陽活動の強度が推定できる．^{14}C は，太陽系の外からやってくる宇宙線（銀河宇宙線）が地球大気に入射して二次的にできる中性子が，窒素原子 ^{14}N と衝突した結果生成される．半減期は 5730 年で，窒素原子 ^{14}N に β 崩壊する．太陽から放出される，磁場を伴ったプラズマの雲（CME）は銀河宇宙線が太陽系に進入するのを妨げるはたらきがある．CME は活動極大期により多く発生するので，活動極大期には銀河宇宙線が少なく，^{14}C の生成量も少ないと考えられる．この手法により，黒点観測の開始前にも，太陽の周期活動はほぼ 11 年周期で存在したこと，活動の異常な停滞もあったこと，が分かってきた．活動の停滞期はシュペーラー（Spörer）極小期（1420–1530 年），ウォルフ（Wolf）極小期（1280–1340 年），オールト（Oort）極小期（1010–1050 年）と呼ばれている．このような太陽活動の一時的停滞は，不規則だが数百年くらいの間隔で起こっている．

10.4.1 節で，太陽は黒点があれば暗く，白斑があれば明るくなると述べたが，通常の極小期では黒点は見えないが白斑は存在している．つまり極小期といえども磁場がすべて消滅するわけではなく，磁束の量は活動極大期の 1/3–1/4 に減るだけである．もしモーンダー極小期が磁気活動の異常な停滞によるもので，磁束もほとんどなくなり，白斑もないような状況であれば，太陽は通常の極小期よりもさらに暗くなり，地球にもたらされるエネルギーも減ると予想される．たしかにモーンダー極小期にはヨーロッパは異常に寒冷だった記録があるのだが，太陽輝度の減少量は白斑をまったくなくしても 0.4%程度とされ，これだけで地球

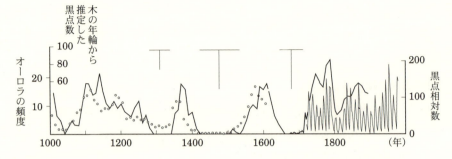

図 10.6 木の年輪の ^{14}C のデータから再構築された太陽の活動度（太い実線）．右端の細い実線は黒点相対数．白丸は北極域でのオーロラの観測数（Eddy 1988, *Secular Solar and Geomagnetic Variations in the Last 10.000 Years*, p.118）．

が寒冷になるという説明はできない．

太陽の周期活動に伴う電磁波放射の変化は，可視光から赤外線域がもっとも小さく，長波長の電波や，短波長の紫外線，X線ではずっと大きい．紫外線では数%–数10%の変動が見られ，X線は100倍程度も変化する．したがって，太陽から来る放射の総エネルギーよりは，紫外線など地球上層大気の組成や電離度を左右する短波長の電磁波が重要と考える研究者もいる．

また，銀河宇宙線が地球の上層大気と作用し，雲や雨粒のもととなるエアロゾルを作ったり，雷を誘発する効果に注目する研究者もいる．活動極大期には銀河宇宙線が少なく，雲も少ないと予想される．しかしこれらの推論は，太陽物理学者，気象学者の間で確立したものではない．

第 II 章

星としての太陽

　太陽も恒星の一つではあるが，太陽の観測データは詳細，多様，高精度で，質・量ともに抜きんでている．したがって，太陽で得られた知見を恒星に応用して，恒星物理学の理解を進めるということはつねに行われてきた．一方，星にはいろいろな質量，大きさ，温度，自転速度のものがあり，太陽だけを見ていたのでは理解が至らない側面が恒星の研究から見えてくる．本章では，太陽研究と恒星研究が相互に刺激し合って進んでいる，太陽恒星物理学について見てゆく．

11.1　HR 図・星の型と恒星の磁気活動の特徴

11.1.1　恒星の活動とは

　恒星の中心核において熱核融合反応により発生したエネルギーは，恒星の光球表面からおもに放射により星間空間へと散逸していく．したがって恒星表層大気のエネルギー収支を考える際には，放射平衡の仮定が重要である．実際，放射平衡を仮定した恒星大気のモデルは，観測される恒星のエネルギースペクトルをよく説明することができる．しかし恒星大気にはまた，熱放射以外の形態をとるエネルギー輸送過程が存在する．それが放射輸送に比べて無視できない恒星大気の領域では，そのエネルギーの熱化により，放射平衡から期待される温度とは違う，より高温の大気や，あるいは光球に対して運動をする大気を作り出すことに

なる．これを恒星の活動性といい，そのエネルギー源が恒星の磁場に起因する場合を，恒星の磁気活動と名付けている．

このような恒星の（磁気）活動性は，近年，次に示すような観測により明らかになってきた：

(1) 高温（10^6–10^8 K）コロナプラズマからのX線放射，
(2) 高温（10^6–10^8 K）コロナプラズマからのマイクロ波放射，
(3) 遷移層・彩層（10^4–10^5 K）からの紫外線放射．

また恒星表面に磁場があることは，

(4) 恒星の磁場観測

が可能となって裏付けを得ることができた．

11.1.2 恒星のコロナ

1960年代からのX線天文衛星観測により，HR図[*1]上のさまざまな場所に位置する多くの恒星が，X線を放射していることが分かった（図11.1，スペクトル型は図の上部の目盛に示されている）．とくに，アインシュタイン衛星の探査観測により，A型の主系列星と晩期型の輝巨星・超巨星を除く，ほとんどすべての恒星がX線の発生源であることが明らかになってきた．

まずO型・B型といった表面対流層を持たない早期型星から，強いX線放射（$L_X/L_{\rm bol} \simeq 10^{-7}$，$L_X = 10^{31}$–$10^{34}\,{\rm erg\,s^{-1}}$）が観測されたことは意外なことであった[*2]．ちなみに太陽のX線放射の総量は$L_X = 10^{26.6}\,{\rm erg\,s^{-1}}$程度である．現在，これらの早期型星からのX線は，高温の光球からの放射圧によって吹く恒星風が，恒星風空間で衝撃波を形成して加熱したプラズマからの放射と考えられ，したがって晩期型星に特徴的な磁気活動とはまったく異なるメカニズムといえる．

晩期型星でX線コロナ（$> 10^6$ K）が観測されるもっとも早期型の恒星はアルタイル（α Aql, A7IV-V [*3]）であり，F型星以降には著しいX線強度の増大

[*1] 横軸に星の色指数（$B-V$や$V-R$），縦軸に絶対実視等級をプロットした図．
[*2] $L_{\rm bol}$は放射光度といい，恒星の全放射エネルギーのこと．
[*3] 恒星の2次元スペクトル分類．光度階級IVは準巨星．

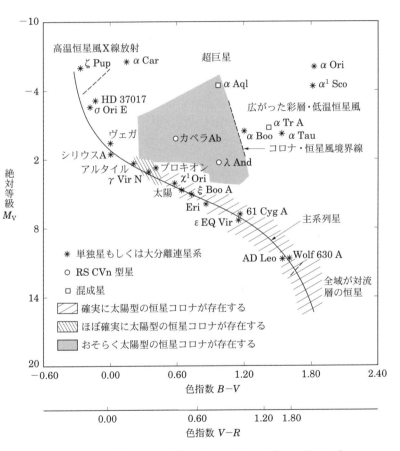

図 11.1 HR 図上コロナ活動を有する恒星の分布．上部には光度階級に対応するスペクトル型の横軸位置を示している（Linsky 1985, *Solar Phys.*, 100, 333）．

が見られることが明らかになった．その光度は，$L_\mathrm{X} = 10^{26}$–$10^{31}\,\mathrm{erg\,s^{-1}}$ の範囲にわたり，太陽はどちらかというとその強度の弱い方の極限に属する．このことは晩期型星におけるX線コロナが，表面対流層の形成と密接に関わっていることを示している．また，晩期型星のX線強度が恒星の自転速度（観測的には $v\sin i$ [*4]）と相関することと合わせて，晩期型星には太陽と同様な磁場を作り出すダイナモ機構が関与していることが示唆される．

自転速度とX線強度が相関することが判明して，自転と公転が同期しているような晩期型の近接連星系（りょうけん座RS（RS CVn）型星，アルゴル系など）についての研究が一気に進展した．晩期型単独星の自転速度は，表面対流層の発達，磁力線の生成により，恒星風によるブレーキがかかり，恒星の年齢とともに減少するのが通例であるが，これらの近接連星系は，年齢に比して高速の自転速度を持っているからである．

晩期型の主系列星の中でもっとも低温なM型矮星からもX線コロナが観測され，その強度の大きさは，$L_\mathrm{X}/L_\mathrm{bol} \simeq 10^{-3}$ にも達する．

恒星内部構造論に基づく理論モデルによれば，M5V型星（図11.1では主系列星のM0とM8の間）より晩期型の主系列星では，対流層が恒星の全領域を占めるようになる．表面対流層の発達とともに，全放射強度に対するX線強度が増大してくるのに対し，M5型以降の低温主系列星では，その傾向が停滞し，逆転するように見える．これは太陽において，表面対流層と放射中心核との境界がダイナモ作用に中心的役割を果たすという仮説とも呼応し，興味深い．

晩期型星の巨星・超巨星は，主系列星とはまた異なるX線コロナの振る舞いを示す．HR図上に「コロナ・恒星風境界線」（図11.1）があり，それより右上の領域に属する巨星・超巨星からは，X線放射が検出されないことが知られている．この境界線の付近には，次に示すようないくつかの特徴を分離する境界線が存在する：

(1) カルシウム（Ca II）H, K線の輝線核の強度比 $2_\mathrm{V}/2_\mathrm{R}$ [*5]が，1より小さい値から，1より大きい値に転ずる．

(2) マグネシウム（Mg II）h, k線の $2_\mathrm{V}/2_\mathrm{R}$ 比が，1より小さい値から，1

[*4] 恒星の自転速度の視線方向成分のこと．i は自転軸の視線方向との傾斜角．

[*5] 2は輝線核を示し，Vはその短波長側，Rは長波長側を示す．図5.18も参照．

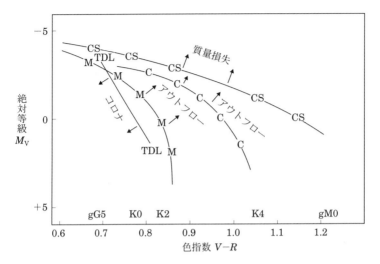

図 11.2 コロナ・恒星風境界線（TDL）．C と M で結んだ線はカルシウム H, K 線，マグネシウム h, k 線の V/R 輝線比が変化する境界である．CS（星周線）の軌跡より右上の領域では，恒星からの質量損失が顕著である（Stencel & Mullan 1980, *ApJ*, 238, 221）．

より大きい値に転ずる．

(3) 遷移層線（C IV, N V など）の輝線が消失する．
(4) コロナからの X 線が消失する．

これらの境界線は図 11.2 のように系統的に並んでおり，晩期型の太陽類似恒星の活動性と，巨星・超巨星の大気構造の変化によって生じていると考えられる．

一方，HR 図上この境界線（TDL）より右上の領域に属する恒星では，彩層温度（$T \simeq 10^4$ K）程度の冷たいガスが大量（10^{-6}–10^{-10} $M_\odot$/yr）に恒星風として噴出していると考えられている——ちなみに高温希薄なコロナ・プラズマを惑星間に噴出している太陽風による質量損失は，10^{-14} $M_\odot$/yr 程度である——したがって，この境界線は「コロナ・恒星風」境界線と呼ばれている．

この境界線を跨いで，HR 図上右上の領域で X 線コロナの放射源となっている一群の恒星がある．これらは「混成星（hybdrid stars）」と呼ばれている（図 11.1 参照）．混成星に，どのように X 線コロナと大規模な恒星風が共存してい

るのかについての最終結論は得られてはいないが,これらの恒星の多くが輝巨星（光度階級 II）であることから,この領域に多く存在する他の巨星（光度階級 III）とは違う恒星進化の道程を経てきているものと考えられている.

11.1.3　晩期型星の彩層・遷移層

　恒星中心部の熱核融合反応で発生したエネルギーは,さまざまな形態のエネルギーを経て,恒星の表面を通り,星間空間へと輸送されていく.放射,対流,熱伝導,重力のエネルギー流束,および波動などによる機械的なエネルギー流束の大きさを比較すると,恒星の大気,特に恒星光球においては,放射流速が圧倒的に大きく,放射平衡が十分な精度で成立していると考えられる.晩期型星の場合には,光球直下まで対流層が拡がっているため,光球下においては,対流のエネルギー流束も無視できない.

　大気が放射平衡であれば,放射を大気の上方に輸送するため,プラズマの温度は上層に向かって低くなっていくことになる.しかし,太陽を含む実際の恒星は,光球上空に,有効温度の 7–8 割に相当する温度最低層（$T_{\min} \simeq 3/4 \times T_{\rm eff}$）があり,そこより上層で逆に温度の上昇が見られる.このうち,温度が 10^4 K 前後で,比較的その勾配が緩やかな大気層を彩層と呼び,10^6 K 以上のコロナに向かって,急激に温度が上昇する領域を,彩層コロナ遷移層,あるいは短く単に遷移層と呼ぶ.

　多くの晩期型星において,恒星光球のガスは中性である.もっとも豊富に存在する水素およびヘリウムを電離させて,大気をプラズマ状態にするには,電子温度として 10000 度以上の環境が必要となるからである.彩層では,放射流速に比べて機械的なエネルギーの散逸が無視できなくなる.この余剰なエネルギーを可視光・紫外線の領域に現れる輝線として放射することにより,彩層は,このエネルギーの散逸をはかることになる.エネルギー注入により,彩層の電子温度が上がるが,一方この温度上昇に伴い水素の電離が進むので,ガス密度に比べて,電子密度の減少は少ない.輝線の放射効率は,関与する原子・イオンと電子との衝突係数に比例するので,彩層内の上層へ向かっての温度上昇は,水素が完全に電離するまで,比較的緩やかとなっている.

　電子温度がほぼ 10^4 K に達すると水素が電離し,さらに $2\text{–}3 \times 10^4$ K でヘリ

ウムが電離する．これをもって彩層の終焉ということができる．すなわち，さらに余剰の機械的エネルギーが恒星大気内に注入されても，大気は彩層温度では効率のよい放射損失を行うことができず，大気は一気に加熱され，熱伝導が主たるエネルギー輸送・散逸を担うコロナ温度（> 10^6 K）に達することとなる．熱伝導によるエネルギー輸送は，下部大気になる彩層にも逆流する．その熱伝導エネルギー流速は $F = \kappa_0 T^{5/2} \, dT/dr$（ここで κ_0 は熱伝導係数）と書き表せ，高い温度依存性を持っているので，コロナと彩層とを繋ぐ遷移層の温度勾配は非常に急となる．静穏領域における遷移層（$10^5 \leqq T \leqq 10^6$ K の温度範囲）の輝線強度を調べてみると，5.3 節で見た太陽の遷移層同様，これらの輝線が，コロナからの熱伝導エネルギー流束により発光していることが知られる．

11.1.4　恒星の磁場観測

　太陽の黒点には 2–3 キロガウスの強度の磁場が観測されているが，太陽の一般磁場はそれより 3 桁以上弱い磁場でしかない．黒点の面積は太陽全面に比して小さく，また黒点を伴うような活動領域の磁場は，非常に複雑な形状をしている．

　太陽光球表面の磁場を測定するには，ゼーマン効果（4.1.3 節参照）を用いる偏光観測を行うのが標準となっている．このような太陽黒点観測と同様な方法は，A 型磁変星（Am 型星）のような比較的単純な磁場構造を持っていると考えられる恒星の磁場観測には有効であったが，太陽のような複雑な磁場構造を持つ晩期型星の観測では，なかなか成果が得られなかった．しかし近年，Fe I λ8486 Å（ランデ因子 $g = 2.5$）の吸収線を用いて，磁場強度の強い K–M 主系列星，りょうけん座 RS 型星などについて，2–3 キロガウスの磁場が恒星表面の 50–70% を覆っているという結果が得られている．

　一方，スペクトル線のゼーマン分離を利用したバブコック法に代わる画期的な方法がロビンソン（R.D. Robinson, Jr.）により考案され，うしかい座 ξ 星 A（G8V）については，2250 ± 390 ガウスの強度の磁場が恒星表面の 20–45% を覆っているという観測結果を導くことに成功した．このロビンソンの方法では偏光観測は行わず，ランデ因子が大きな吸収線と，ほぼ同じ深さで形成されていてランデ因子の大きさが異なる吸収線の線輪郭を，高い波長分解能と S/N 比で観測することにより，表面磁場の絶対値とそのフィリング・ファクター（面積占有

割合）を同時に求めるのである．G–K 型主系列星 29 星のうち 19 星が 600–3000 ガウスの磁場を表面の 20–90% にわたって保有していること，また G–K 型の巨星については，磁場が検出できなかったことなどが報告されている．

11.1.5 恒星の自転と活動度との関係

晩期型恒星の自転速度と，彩層・遷移層・コロナといった外層大気の輝線強度との間には，非常に緊密な相関がある．X 線観測衛星によるデータを使って，恒星の自転速度とそのコロナ X 線強度との関係が調べられている．

まずおもに K 型星からなるりょうけん座 RS 型星であるが，ほぼ線形の関係：

$$\frac{L_{\rm X}}{L_{\rm bol}} \propto \Omega^{1.17 \pm 0.12} \tag{11.1}$$

が成立する．ここで Ω は恒星の自転角速度である．この線形な関係は，りょうけん座 RS 型星に限らず，活動的な K 型主系列星，おうし座 T（T Tau）型星，弱輝線の前主系列星にも共通するものとなる．G 型主系列星になると，この関係の傾きはベキ指数が 2.5 と急になり，データの分散が多くなるものの，自転速度の速い恒星については線形の関係がなりたつ．また接触連星であるおおくま座 W（W UMa）型の恒星では，$L_{\rm X}/L_{\rm bol} \propto \Omega^3$ の関係が示されている．

恒星の磁気活動を対象としているので，自転速度の代わりに，平均磁場ダイナモ理論に登場する無次元パラメータである，ダイナモ数（6.2.6 節，式 (6.21)）

$$N_{\rm D} = \frac{\alpha \Omega' d^4}{\eta^2} \tag{11.2}$$

を使う方が望ましいという議論がある．この式で，α が Ωd に比例すること，Ω' が Ω/d で近似できることを仮定すると，$\eta \simeq d^2/\tau_{\rm c}$（6.2.6 節，式 (6.15)）であるので，$N_{\rm D} \simeq (\Omega \tau_{\rm c})^2 \simeq R_{\rm o}^{-2}$ となる．ここで $R_{\rm o}$ は，ロスビー（Rossby）数と呼ばれ，自転周期と対流の反転時間の比であり，一般的に回転系における慣性作用と回転作用の比を表す無次元数となっている．これを用いて，恒星活動の彩層輝線指標のカルシウム H,K 線強度（$R'_{\rm HK}$）との相関をとったものが図 11.3 であり，広い恒星グループに対して，強い相関を示している．

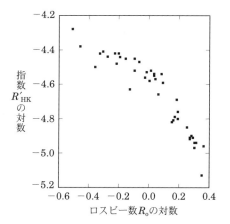

図 11.3 カルシウム H,K 線で測った彩層放射損失指数（R'_{HK}）とロスビー数（R_o）との相関の様子（Noyes et al. 1984, ApJ, 279, 763）.

11.2 恒星黒点

太陽以外の晩期型恒星にも，その活動性を示す外層大気が存在することが観測的に明らかになってきた．一方，太陽外層大気の活動性は，黒点やその周辺の活動領域に見られる磁気活動に原因があることが分かっているので，太陽からの類推により，晩期型恒星の表面にも太陽と類似の黒点が存在していても不思議ではない．ここでは，このような恒星表面上の黒点について，観測的にどのようなことが分かっているかを見ておくことにする．

11.2.1 観測手法

太陽においても大きな黒点が出現すれば，太陽の全光度が 0.1％ 程度減少する．したがって恒星においても，精度の高い測光観測を行えば，同様な方法により，恒星黒点の出現を確認することが可能である．そのため，光度曲線の時間変化を詳細に解析する方法が開発されてきている．この方法では，恒星の幾何学的パラメータ（各星の楕円体長半径，短半径など），測光的なパラメータ（各星の有効温度，各測光帯の周辺減光係数など），公転軌道のパラメータ（軌道傾斜角，離心率など）や恒星黒点のパラメータ（黒点の温度，面積，差動自転の指標など）

といった，数多くのパラメータを持つ光度曲線の時間変化を模擬するモデルを作り，このモデルから得られる光度曲線を，実際の長期間にわたる測光データにあてはめて，これらのパラメータを決定しようというものである．しかし，そのパラメータの数は膨大なものになり，なかなか，恒星黒点の分布，形状を精度高く決めることが難しい．食連星の場合には，食する恒星が黒点を有する恒星表面を走査することを利用して，黒点の2次元分布に関する情報がより得やすくなる．

活動的な恒星黒点に関しては，ドップラー撮像の手法が広範に用いられるようになってきている．この方法は，自転速度が比較的速い恒星において有効で，自転による吸収線輪郭の広がりの中から，黒点部に相当する輝度変化を分離してみようという手法である．ドップラー撮像法の弱点は，もちろん自転を極方向近くから観測している恒星には適応しにくいことであり，また大気のパラメータの仮定にも依存するので，結果に対する信頼性には注意が払われなくてはならない．2002年半ばの段階で240星のドップラー撮像が行われ，そのうちの約60星については，20年にも及ぶデータが溜まりつつある．さらに最近では，ゼーマン効果とドップラー撮像法を組み合わせることで，恒星表面上の温度や元素存在比の分布を知ろうという試みもなされている．黒点は静穏領域・活動領域に比して低温であるので，恒星の黒点領域にのみ存在するような分子の帯スペクトル（たとえばTiO分子）線強度を利用することによっても，恒星表面の黒点分布を知ることができる．

11.2.2 恒星表面上の特徴

11.2.1節に述べたような観測により，これまでに分かってきている恒星黒点の特徴について述べる．

図11.4に恒星光球の温度と恒星黒点との温度差を示す．図の右上のG0型星における温度差2000 Kが左下のM4型星では200 K程度に減り，この傾向は活動的な主系列星と巨星でもあまり差はない．唯一の例外はりゅう座EK星であるが，この星についての分子線モデルのあてはめの結果は非常に良好であるので，観測の誤差に押しつけることはできないようである．

恒星黒点の表面積に対する占有割合は，活動的な星で50%近くにまで達するといわれている．晩期型星の磁場強度，面積占有割合に関する現在までの知識を

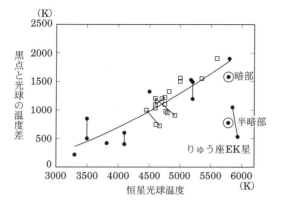

図 **11.4** 光球温度に対する恒星黒点の温度差: 巨星（□），主系列星（●）．同一星は細線で結んでいる．りゅう座 EK 星を除いたデータに 2 次関数をあてはめた結果を実線で示す．⊙ は太陽黒点のデータ（Berdyugina 2005, *Living Rev. Solar Phys.*, 2, 8）．

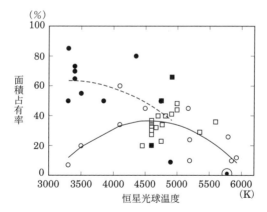

図 **11.5** 光球温度に対する黒点面積（白抜き印）と磁場強度（黒印）の面積占有割合．主系列は○，巨星は□で示している．実線は黒点の面積占有割合，破線は磁場強度に対する面積占有割合のあてはめ曲線を示している．⊙ は太陽の黒点暗部（面積占有率 $\simeq 1\%$）（Berdyugina 2005, *Living Rev. Solar Phys.*, 2, 8）．

図 11.5（341 ページ）にまとめる．これらはおもには前述のロビンソンの方法による，磁場に感度を持つ吸収線の広がりに関する解析から得られている．この図から明らかなことは，G–M 型星においては，表面温度が低くなるほど磁場強度が大きく，磁場強度が大きい星ほど，その表面積に対する磁場の面積占有割合も大きくなっていることである．面白いことは，光度曲線から導く恒星黒点の面積占有割合（実線）と，吸収線の幅から導く磁場強度の面積占有割合（破線）とは一致しないということであり，太陽の黒点暗部・半暗部と白斑の関係と同様に，磁場強度と光度との間に 1 対 1 の関係が成り立っていないことを物語っている．

　光度曲線の連続観測から，恒星黒点の寿命についても推察をすることが可能である．数十個の活動的な恒星の連続観測から，比較的小さな恒星黒点の寿命はその大きさと正の相関がある．これは，太陽黒点にも共通する事実である．一方，光度曲線の極小を形成するような大きな恒星黒点は，恒星の差動自転にも耐え，何年にもわたって存在し続けることが知られており，いわゆる「活動経度」を形成しているものと考えられる．特に活動度の高いりょうけん座 RS 型星ではこの活動経度に大きな黒点が出現し続ける．

　恒星の差動自転は，対流層や恒星ダイナモとの関係で，非常に重要な情報を与える．太陽の場合は，

$$\Omega = \Omega_0 - \Delta\Omega \sin^2\psi \tag{11.3}$$

と書き表され，ここで ψ は太陽面緯度である．差動自転率 $\Delta\Omega/\Omega$ は，太陽の場合約 0.2 であるが，活動的な恒星についての解析結果によれば，それらの多くは太陽より大きな差動自転率を持つ傾向にある．

　ドップラー画像から，恒星黒点の緯度に関する情報を直接得ることができ，その時系列からいわゆる蝶形図を得ることができる．その初期的な成果として，数十個の観測星の約半数について，自転速度が大きい恒星では極域に黒点が現れやすく，自転が遅くなると赤道域にも黒点が現れだす傾向があるといわれている．ただし，この極域黒点の存在については，観測精度が十分ではなく，必ずしも確立した事実とはなっていない．

11.2.3　恒星の活動周期

　カルシウム K 線，H 線の長期モニター観測を中心に，恒星の周期活動に関するデータが蓄積されてきている．この観測はウィルソン山天文台でオリン・ウィ

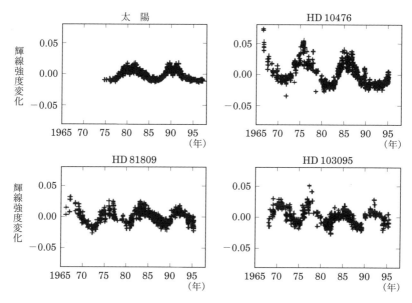

図 11.6 カルシウム H,K 線で測ったウィルソン山天文台の輝線強度変化 (S-index). 恒星の周期活動を表す (Radick 2000, *Adv. Space Res.*, 26, 1739).

ルソン (Olin C. Wilson) の観測を先鞭として, バリウナス (S.L. Baliunus) らに継続されている. G0–G5 型星およそ 100 個の恒星の観測から, これらの恒星進化のタイムスケールで, 自転速度や彩層活動に変化が見られることが判明している.

若い恒星は, 大きな活動性を示すが, 周期活動の様子が滑らかでなく, 突発的で激しい変動を示す. 太陽質量程度の恒星で, 誕生から 10–20 億年程度を経過した主系列星の活動度は中間的で, 間歇的に周期活動が滑らかになる. そして太陽のように年齢の進んだ恒星は, 自転速度が遅くなり, 活動度が低く, 周期活動は滑らかである (図 11.6 参照).

若い太陽型の主系列星 (8 星) と弱線おうし座 T 型星 (1 星) については黒点の周期的な活動性があることが知られている. 太陽とは異なり, これらの活動度の高い恒星に関しては, 黒点活動の活発な時期は光度曲線でも極小期に対応していることは注目に値する. 黒点の存在が確認できていない, 別のグループの若い

恒星においても，光度曲線とカルシウム H,K 線による彩層活動度の時系列データから，光度と彩層活動の間には逆相関があることが分かっている．つまり，カルシウム H,K 線を放射するプラージュ（5.2.4 節）があるとき，そこには黒点のような暗い構造があることになる．

これらの観測から，恒星ダイナモの進化について推測することが可能である．すなわち，第一義的には，主系列星の活動の程度は，恒星の年齢とともに減少する．これは恒星の角運動量が減少し，自転速度も遅くなることと関連している．次に活動性は，年を経るに従って，黒点的な活動から白斑的な活動に変化する．これは若い活動度の高い恒星の方が，黒点活動が盛んであるという観測的裏づけによっている．そして，若い星ほど顕著な非軸対称の磁場による活動が盛んで，太陽と同年齢の恒星ではこの成分が減衰し，軸対称磁場と共存するようになる．

11.3 恒星フレア

太陽と同様に，活発な磁気活動を示す恒星は，時間的にも急激で激しい変化を示すことが知られている．本節では恒星フレアを雛形として，磁気活動性コロナの短時間変化について，その基本的なことを見ておくことにする．

11.3.1 フレア活動を示す恒星

太陽がそうであるように，恒星のコロナ活動が恒星の磁気活動の象徴であるならば，コロナを持っている恒星は大なり小なりフレア活動をすると考えるのが自然である．フレアを引き起こす星は，可視光 U 帯の広帯域測光でも，その顕著な増光が認められるものが多い．

古典的なフレア星は，いわゆるくじら座 UV（UV Cet）型と呼ばれる K5Ve（添字 e は水素の輝線が見られることを示す）より晩期型の主系列星である．特徴としては，自転速度が大きいために，深い対流層が刺激され活発な恒星ダイナモ活動を引き起こしていることである．もうひとつのグループはりょうけん座 RS 型星であり，これは公転周期が短い分離型の近接連星系であるが，進化した恒星系であるにもかかわらず，自転が潮汐力により強制的に公転に同期させられて，速く保たれているため，活発な恒星ダイナモ活動につながっていると考えられる連星系である．

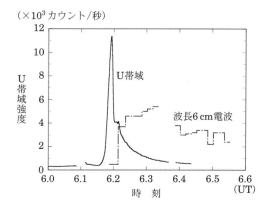

図 11.7 M 型主系列輝線星（dMe 型星）の典型的な強度曲線（U 帯域測光）．このフレアのマイクロ波（6 cm）の強度曲線も示している（Byrne 1995, *IAU Colloq.*, 151, 14）．

フレアはこれ以外の恒星にも見られ，自転周期との相関が重要である．かみのけ座 FK 型星は単独星であるが，巨星としては著しく速い自転速度が特徴である．その起源についてはなお不明である．若いおうし座 T 型星もフレア活動を示す．フレアの起源がその磁気活動にあることは同様であるが，降着円盤や質量放出といった，主系列星より複雑な磁場構造に起因している．また，近接連星系でもアルゴル型や激変星にもフレア活動が見られ，これらもりょうけん座 RS 型と同様，潮汐力を介した高速自転による恒星活動の活発化を引き起こしているものと考えられている．

11.3.2 恒星フレアの観測

恒星フレアの可視光，電波における典型的な光度曲線を図 11.7 に示す．M 型主系列輝線星（dMe 型星）フレアの増光時間は数秒のものから数時間におよぶものもある．光度曲線の複雑さも継続時間の長いものほど顕著である．

太陽と同様にフレア星の彩層・遷移層起源と考えられる紫外輝線も，フレアの発生とともにその強度は 10 倍程度の増光を示す．X 線の増光はさらに激しく，太陽コロナ中に発生する太陽フレアの高温プラズマよりさらに高温（数千万度）に加熱される．よりエネルギーの高い X 線ほど，より速い時間変化を示す．可視光連続光の増光は，軟 X 線よりも速い時間変化を示す．

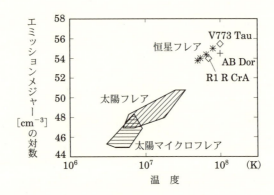

図 11.8 太陽フレアと恒星フレアの，温度とエミッションメジャーの関係（Shibata & Yokoyama 2002, *ApJ*, 577, 422）．

　太陽フレアと恒星フレアとの類似性は，単純な経験則によっても理解することができる．多くの太陽フレアと恒星フレアの熱的プラズマの，（最高）温度と全体積エミッションメジャーとの相関図をつくると図 11.8 のようになり，恒星フレアは太陽フレアの延長上にあることが見て取れる．

11.3.3 静穏時コロナとの関係

　フレアを発生する恒星の，静穏時のコロナの構造をいくつかの観測的な手法により知ることができる．特にりょうけん座 RS 型星のように連星系をなすものは，その複雑な磁場構造を連星系のパラメータと総合することにより，コロナに関するさまざまな情報を引き出すことができる．

　VLBI（超長基線干渉計）観測によると，りょうけん座 RS 型星やアルゴル型星の恒星コロナの構造は，サイズの小さい核と連星系全体に広がった成分（ハロー）の二重構造を示すことが多い．広がったハローは恒星の公転面に付随し，磁場の大規模な構造に即していると考えられる．

　連星系の食を用いることにより，さらに詳細な恒星コロナ構造を知ることが可能である．

　（1）X 線の食が浅い若しくは欠如することにより，りょうけん座 RS 型星やアルゴル型星の X 線の大部分は，恒星光球サイズに比べて広がった部分から発生して，しかも準巨星の方に付随している．

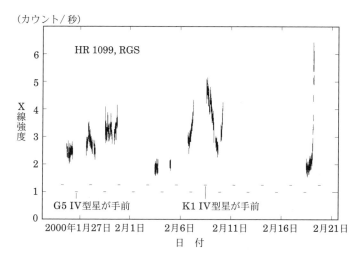

図 11.9 XMM-Newton 衛星搭載の回折格子分光器 RGS2 による，恒星 HR 1099 の X 線強度曲線（Audard *et al.* 2001, *A&Ap*, 365, L318）．

(2) 主系列星でも進化の進んだ恒星でも，太陽コロナループのように高密でサイズの小さい成分がある．この成分は，(1) の広がった成分に比べると低温の成分である．

(3) 活動領域と考えられるような X 線や電波で明るい部分は不均一で，両星の対向する半球に存在し，その面積占有率は 10–20% 程度である．

(4) 両星のコロナをつなぐ磁力線の存在が理論から予想され，アルゴル型星やおうし座 V471 星の電波食観測からも，その存在が強く示唆されている．

また，食の観測されない連星系の場合にも，自転による変調を見ることにより，コロナの構造を知ることも可能である．

Chandra 並びに XMM-Newton 衛星の飛翔により，恒星コロナ，フレアの高分散観測が可能になってきた．dMe 型のフレア星の Hγ 線（波長 4340 Å）と X 線強度の強い相関から，活動的な恒星のコロナの X 線放射には，フレア的な現象が関与しているのではないかと想像されている．また，XMM-Newton 衛星によるりょうけん座 RS 型星 HR 1099 の X 線光度曲線（図 11.9）を見ると，X 線強度はつねに変動しており，定常的とはいいがたく，その温度は静穏時において

表 11.1 恒星フレアのエネルギー分布のベキ指数 α.

恒星	観測波長域	α
M 型主系列星	0.05–2 keV	1.52 ± 0.08
M 型主系列星	0.05–2 keV	1.7 ± 0.1
りょうけん座 RS 型星	EUV	1.6
G 型主系列星（2 星）	EUV	2.0–2.2
F–M 主系列星	EUV	1.8–2.3
M 型主系列星（3 星）	EUV	2.2–2.7
しし座 AD 星	EUV, 0.1–10 keV	2.0–2.5
しし座 AD 星	EUV	2.3 ± 0.1

も1千万度を超える領域まで延びている．これらから，静穏時においても，頻繁に弱い強度のフレア的な活動（マイクロフレア仮説，8.3 節）により静穏時のコロナが維持されているのではないかと推測されている．HR 1099 のコロナの温度と体積エミッションメジャー（$EM = n_e^2 V$）について，4つの成分があるものと仮定して解析を行ったところでは，フレア発生時には，そのもっとも高温な成分の EM のみが増加し，他の低温3成分にはあまり変化がないという結果が得られている．したがって，太陽の場合と同様に，巨大なフレアの発生により，高温の活動領域プラズマの一部がさらに加熱されるという描像が成り立つ．

フレアによるエネルギー解放率の統計を考える（8.3 節）：

$$\frac{dN}{dE} = AE^{-\alpha}. \tag{11.4}$$

ここで，dN はそのエネルギーが E–$E + \delta E$ の間にあるフレアの数である．$\alpha \geq 2$ であれば，$E \to 0$ の積分を行うことにより，いかなるコロナのエネルギーをも賄うことが可能となる．表 11.1 におもな恒星に対する α の値をまとめる．太陽フレアの場合，同様な統計は $\alpha \leq 2$ を示すが，極端紫外域で観測される微小フレア的な活動性の統計では，$\alpha = 2.0$–2.6 という値も示されているので，両者に発生しているフレアが同質の物理現象であることを示しているものと思われる．

フレアやコロナ加熱が磁気エネルギーの解放によるものであれば，磁場の量（磁束）とX線強度との間に相関があるはずである．図 11.10 は，磁場の測られている恒星について磁束とX線強度との関係を示したもので，恒星のデータだけでなく，太陽の各領域（·, □, ◇）のデータも合わせて表示してある．実線

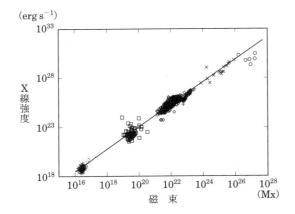

図 **11.10** 太陽,恒星の磁束と軟 X 線強度との相関.記号は,静穏太陽 (·),X 線輝点 (□),太陽活動領域 (◇),太陽表面平均 (+),G, K, M 型主系列星 (×),おうし座 T 型星 (○).回帰直線はベキ近似 $L_X \propto \Phi^{1.15}$ を示している (Pevtsov *et al.* 2003, *ApJ*, 598, 1387).

は $L_X \propto \Phi^{1.15}$ を表しており,観測される X 線の明るさが,12 桁以上にわたって磁束とほぼ比例関係にあるということを示している.太陽表面の異なった領域のみならず,コロナが存在すると推測される恒星においてもこの関係が成立していることは,太陽と本質的に同じ機構が恒星のコロナ加熱にも大きな寄与をしていることを示唆している.

11.3.4 太陽類似型星におけるスーパーフレア

2009 年に打ち上げられた探査機ケプラー (Kepler) は,米航空宇宙局 (NASA) の人工惑星である.地球に妨げられず,かつ地球からの迷光を避け,地球の後を追いかける太陽周回軌道に投入され,搭載の口径 95 cm のシュミット望遠鏡の焦点面に,一つが 225 万画素 (2200 × 1024 ピクセル) を持つ CCD 検出器を 42 個ならべて,はくちょう座の一角 105 平方度の領域にある約 16 万個の星の精密測光を 3 年半かけて行った.この観測の最大の目的は,地球型の太陽系外惑星の探査であったが,この膨大な観測データは,太陽と同じような G 型主系列星の磁気活動についても大きな成果をもたらしている.

探査機ケプラーが観測した天体の中から,太陽と同じスペクトル型である G

型主系列星（$5100 \leq T_\text{eff} \leq 6000$, $\log g \geq 4.0$）を選び出し，その光度曲線の特徴を解析して，これらの恒星の活動性が調べられた．太陽を点光源と見なし，その総放射量の時間変化（光度曲線）を測ると，太陽の場合は黒点の出現や白色光フレアの発生に伴って総放射量が変化するが，その割合はせいぜい 0.1% 程度以下であり，極めて小さい．ところが驚くべきことに，太陽に極めて類似していると思われる恒星の中には，図 11.11 に示すように，恒星の自転に同期して光度が準周期的に変化するものや，フレアとおぼしき光度の増減を示すものなどが，多くあることが判明した．実際，光度の準周期的な変化から恒星黒点面積が推定できたものは，観測された星のおよそ 15% に上る．

太陽に類似の G 型主系列星でもこれまで，最大級の太陽フレアの千倍を超えるような大きなエネルギーを放出するフレア（スーパーフレア）が発生することは知られていたが，そのような恒星は，ほとんどが近接連星系に属していたり，あるいは年齢が若かったりする恒星であった．太陽のような単独星で年齢がある程度進んで自転速度が遅くなっている恒星でも，このようなスーパーフレアが発生するのか，また発生するとすればそのメカニズムは太陽フレアからの類推で説明されるのか，は検証されなくてはならない問題である．

ケプラーで準周期的な変光が観測された恒星の分光観測が，すばる望遠鏡を用いて行われた．準周期的な変光を恒星表面に出現した黒点によるものと仮定すると，変光の周期が恒星の自転周期を，変光の振幅が黒点の面積の割合を表すことになる．これらの推定値は，分光観測から得られる自転速度や彩層の活動性の指標となる Ca II $\lambda 8542$ Å 吸収線深度のふるまいなどとも符合する．したがってこれら恒星の表面には，巨大な恒星黒点が長期間出現していると考えられる．

まず一般的な特徴として，スーパーフレアを発生する恒星の割合も，準周期的光度曲線の変化率も，自転周期とともに減少する．すなわち，恒星の自転周期が長くなると，同じ自転周期の恒星グループの中でスーパーフレアを起こす恒星の割合が減少し，また同じ黒点面積をもつ恒星でみても，自転周期の長い（20–40 日）ものは，スーパーフレアを起こす恒星の割合が極端に低くなっている．

恒星黒点の面積と寿命，黒点の温度と恒星の有効温度との間に 11.2.2 節に示したような簡単な関係式を仮定すると，恒星黒点のサイズ分布はベキ分布（ベキ指数：-2.3 ± 0.1）になり，大きな太陽黒点と，恒星黒点としては小さな部類の

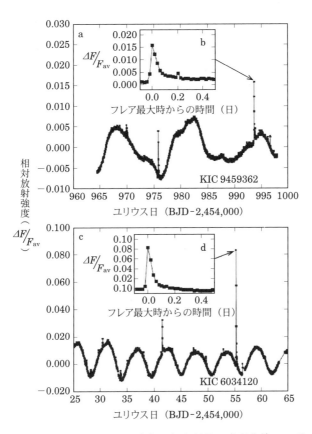

図 11.11 スーパーフレアを起こした恒星の光度曲線.a: G 型主系列星 KIC 9459362.観測期間中の放射量平均値からの差分値で示している.測光精度は約 0.02%.b: ユリウス日 BJD−2,454,993.63 に観測されたスーパーフレアの光度曲線の拡大図.増光量 ($\Delta F/F_{av}$) および継続時間は,それぞれ 1.4%,3.9 時間であり,最大光度は 1.33×10^{31} erg s^{-1},総放射エネルギーは 5.63×10^{34} erg であった.c: G 型主系列星 KIC 6034120 の光度曲線.d: BJD−2,455,055.22 に観測されたスーパーフレアの光度曲線の拡大図.増光量,継続時間,最大光度,総放射エネルギーは,それぞれ 8.4%,5.4 時間,6.83×10^{31} erg s^{-1},3.03×10^{34} erg であった(Maehara *et al.* 2012, *Nature*, 485, 478).

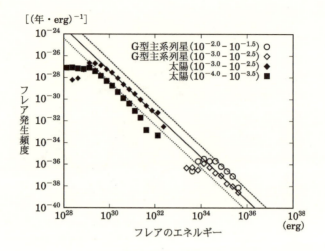

図 11.12 太陽と太陽類似型星におけるフレアとスーパーフレアの発生頻度分布．◯と◇はスーパーフレアを起こした太陽類似型星で，恒星黒点の面積がそれぞれ太陽半球面積の $(10^{-2.0}$–$10^{-1.5})$ 倍と $(10^{-3.0}$–$10^{-2.5})$ 倍のものを表し，◆と■とは太陽におけるフレアについて，対応する活動領域の黒点面積が太陽半球面積の $(10^{-3.0}$–$10^{-2.5})$ 倍と $(10^{-4.0}$–$10^{-3.5})$ 倍のものを表している．実線は太陽フレアの頻度分布をベキ分布で近似したもので，ベキ指数は -1.99 ± 0.05．破線は同じベキ指数で発生頻度を 10 倍，1/10 倍したもの (Maehara *et al.* 2017, *Publ. Astron. Soc. Japan*, 69, 41).

ものとの間で，頻度分布が折れ曲がりなくつながる．またさまざまな大きさの黒点から発生するフレアのエネルギーとその発生頻度分布（図 11.12）のふるまいから，太陽フレアと恒星スーパーフレアは同じ性質をもつと考えられる．これらの結果を総合すると，スーパーフレアを発生する G 型主系列星の磁気活動も太陽の磁気活動と同じ物理過程によるものであることが示唆される．

参考文献

全体

守山史生著『太陽・その謎と神秘』, 誠文堂新光社, 1980

平山淳編『太陽』現代天文学講座 5, 恒星社厚生閣, 1981

日江井榮二郎編『太陽・母なる恒星の素顔（Newton books）』, 教育社, 1984

柴田一成, 上出洋介著『総説　宇宙天気』, 京都大学学術出版会, 2011

柴田一成, 大山真満, 浅井歩, 磯部洋明著『最新画像で見る太陽』, ナノオプトニクスエナジー出版局, 2011

K. Shibata, T. Magara, *Solar Flares : Magnetohydrodynamic Processes*, Living Review in Solar Physics, 2011

E.N. Parker, *Cosmical Magnetic Fields——The Origin and Their Activity*, Clarendon Press, 1979

E.R. Priest, *Solar Magnetohydrodynamics*, D. Reidel Publishing Company, 1982

P.A. Sturrock, T.E. Holzer, D.M. Mihalas and R.K. Ulrich (eds.), *Physics of the Sun* I, II, III, D. Reidel Publishing Company, 1986

H. Zirin, *Astrophysics of the Sun*, Cambridge University Press, 1988

A.N. Cox, W.C. Livingston and M.S. Matthews (eds.), *Solar Interior and Atmosphere*, University of Arizona Press, 1991

T. Tajima and K. Shibata, *Plasma Astrophysics*, Addison-Wesley, 1997

M. Stix, *The Sun*, 2nd ed., Springer Verlag, 2002

P.V. Foukal, *Solar Astrophysics*, Wiley-VCH, 2004

第 4 章

4.1 節

F. Sánchez, M. Collados and M. Vázquez (eds.), *Solar Observations: Techniques and Interpretation*, Cambridge University Press, 1992

4.2 節

G.A. Dulk, *Annu. Rev. Astron. Astrophys.* 23, 169, 1985

第 5 章

5.3 節

J.T. Mariska, *Solar Transition Region*, Cambridge Astrophys. Ser., 23, 1993

5.4 節

L. Golub and J.M. Pasachoff, *The Solar Corona*, Cambridge University Press, 1997

M.J. Aschwanden, *Physics of the Solar Corona——An Introduction*, Springer Verlag, 2004

第 7 章

Z. Švestka, *Solar Flares*, D. Reidel Publishing Company, 1976

E. Tandberg-Hanssen and A.G. Emslie, *The Physics of Solar Flares*, Cambridge University Press, 1988

M.J. Aschwanden, *Particle Acceleration and Kinematics in Solar Flares*, Kluwer Adademic Publishers, 2002

7.2 節

M.R. Brown, R.C. Canfield and A.A. Pevtsov (eds.), *Magnetic Helicity in Space and Laboratory Plasmas, Geophysical Monograph* 111, American Geophysical Union, 1999

7.3 節

E.R. Priest and T. Forbes, *Magnetic Reconnection: MHD Theory and Applications*, Cambridge University Press, 2000

第 8 章

L. Golub and J.M. Pasachoff, *The Solar Corona*, Cambridge University Press, 1997

第 9 章

N. Meyer-Vernet, Basics of the Solar Wind, Cambridge University Press, 2007

國分征著『太陽地球系物理学——変動するジオスペース』, 名古屋大学出版会, 2010

C.T. Russell, J.G. Luhmann, and R.J. Strangeway, *Space Physics: An Introduction*, Cambrige University Press, 2016

第 10 章

恩藤忠典, 丸橋克英著『宇宙環境科学』, オーム社, 2000

石田蕙一著『宇宙と地球環境』, 成山堂書店, 2000

10.4 節

C.P. Sonett, M.S. Giampapa and M.S. Matthews (eds.), *The Sun in Time*, University of Arizona Press, 1991

第 11 章

C.J. Schrijver and C. Zwaan, *Solar and Stellar Magnetic Activity*, Cambridge University Press, 2000

索引

数字・アルファベット

I 型バースト	229
II 型バースト	76, 229
III 型バースト	76, 229
IV 型バースト	230
5 分振動	27
11 年周期	203
α 効果	212, 218
α 抑制	219
b–f 放射	81
CME	101, 254, 263, 315, 329
CME の 3 部構造	263
CNO サイクル	17
CSHKP モデル	247
δ 型黒点群	177
EIT 波	262
E コロナ	152
f–f 放射	71, 81
F コロナ	152
GLE	109
GOES 衛星	109, 226
GONG ネットワーク	30
GPS	322
^{3}He	18
Hα グレイン	140
Hα サージ	173
Hα 線	193, 225
ICME	101, 297
K$_2$ グレイン	139
k–ω 図	29
K コロナ	152
LDE フレア	226
MHD ダイナモ	207
Ω 効果	209
π 中間子	87
pp チェイン	16
RHESSI 衛星	229
RS CVn 型星	338
RTV スケーリング則	272
SOHO 衛星	30, 150, 157, 187, 232, 262
S 成分	74
TRACE 衛星	157, 232
UV Cet 型星	344
VAL モデル	130
X 線	81, 314
X 線アーケード構造	265
X 線観測	158
X 線輝点	88, 190, 279
X 線望遠鏡	88

あ

アーチ・フィラメント	171, 175, 195
厚い標的モデル	84, 256
アルベーン速度	243
アルベーン波	147, 274, 295
アルベーン・マッハ数	243
イオン・サイクロトロン共鳴	277
イオンテイル	288
異常電気抵抗	254
位相混合過程	276
一般磁場	206
移動磁気要素	181
色温度	116
インバージョン	39
インパルシブ相	84
ウィルソン効果	179
薄い標的モデル	85, 256
宇宙天気	313
宇宙天気予報	324
運動学的ダイナモ	207
運動学的ヘリシティ	213
エクスプローシブ・イベント	143
エタロン	64

エバーシェッド流	180	キャリントン–シュペーラーの法則	204
エバネセント波	36, 274	球面調和関数	31
エミッションメジャー	73, 84, 141	境界面ダイナモ	219
凹面回折格子	91	強度・偏波計	77
オーロラ	299	共鳴加速	260
オーバーシュート層	218	寄与関数	83, 141
オーロラ・サブストーム	303	極域プルーム	166, 276
音速分布	42	極冠異常吸収	316
温度最低層	81	局所星間雲	306
温度の反転	81, 128	局所相関追跡法	125
音波	147	局所的日震学	46
音波モード	33	局所熱力学平衡	120
		極端紫外線	81, 157
か		銀河宇宙線	315, 329
皆既日食	68, 126	キンクモード	169
回折限界	54	クーロン障壁	6, 16
回転角速度分布	216	クッペルス–ラードゥ・モデル	199
開放型望遠鏡	59	ゲルマニウム検出器	93
カウリングの反ダイナモ定理	208	原始太陽	4
化学組成	12	源泉関数	120
角運動量	4	硬 X 線	81, 84, 227, 254
核融合反応	5	紅炎	133, 193
カスプ構造	227	光学観測	53
活動型プロミネンス	194	光学的厚さ	73, 120, 130
活動極小期	203	光球	113
活動極大期	203	光球底部	130
活動経度	125, 220	後行黒点	174
活動領域	170, 268	光子の平均自由行程	193
カットオフ・エネルギー	257	恒星からの X 線放射	332
可変形鏡	56	恒星黒点	339
かみのけ座 FK 型星	345	恒星黒点の蝶形図	342
カルシウム HK 線	135, 342	恒星コロナ	346
カルシウム輝点	139	恒星彩層	336
ガンマ線	84, 85, 92, 228, 255	恒星磁場	337
北向きの惑星間磁場	305	恒星ダイナモ	344
キッペンハーン–シュリューター・モデル	199	恒星の差動自転	342
		恒星の磁気活動	332
輝度温度	72	恒星の周期活動	342
逆問題	39	恒星の進化	336, 343

恒星風	332
恒星フレア	344, 345
高速風	163, 288, 316
光電子増倍管	92
黄道光	152
国際宇宙ステーション	319
黒体放射	115
黒点	170, 192, 203, 327
黒点暗部	74, 174
黒点の構造	47
黒点半暗部	174
弧状衝撃波	309
ごま塩状態の磁場	283
固有振動	29
コロナ	21, 73, 81, 133, 267
コロナ加熱	146, 272
コロナ輝線	150
コロナグラフ	69
コロナ・恒星風境界線	333〜335
コロナ質量放出	101, 263
コロナ磁場	169
コロナ条件	82
コロナの周期変動	167
コロナホール	88, 150, 161, 268, 276, 292
コロナループ	88, 154, 156, 268
コロナループの振動	169
コロナ・レイン	195
混成星	335

さ

サージ	198
細管近似	221
サイクロトロン周波数	74
彩層	73, 81, 126
彩層網状構造	124, 130, 132, 133
彩層下部	131
彩層輝点	135
彩層蒸発	232

差動自転	209
シーイング	54
紫外線	81
紫外線観測	87
磁気雲	298
磁気エネルギー	233, 240
磁気共鳴放射	71, 74
磁気圏境界面	300
磁気圏尾部	301
磁気島	246
磁気シンクロトロン放射	71, 75
磁気浮力	176, 216
磁気ヘリシティ	234
磁気ミラー効果	228
磁気要素	54
磁気リコネクション	138, 173, 176, 200, 226, 232, 240, 302
磁気流体力学的波動	274
磁気ループ	157
磁気レイノルズ数	207
磁気ロープ	265, 298
シグモイド	234
子午面循環流	49, 217
磁束管	175
磁束のキャンセレーション	185, 282
磁束輸送ダイナモ	219
自転角速度分布	45
自転速度	164, 338
磁場測定	64
ジャイロシンクロトロン放射	230
斜入射型X線望遠鏡	88
周縁減光	118
終端衝撃波	307
自由落下の時間尺度	11
重力エネルギー	5
重力波モード	33
ジョイの法則	205
衝撃波	77, 138, 140, 229, 260, 274, 300
衝撃波加速	259

食連星	346	ダイナモ機構	45, 175, 187, 207, 334
磁力線	240	ダイナモ数	338
真空望遠鏡	55	ダイナモ方程式	212
シングルイベント現象	317	太陽エネルギー	12, 21
シンクロトロン放射	71	太陽圏	93
シンチレータ	92	太陽圏界面	307
彗星の尾	287	太陽光度	12
スーパーフレア	350	太陽総放射計	326
スカイラブ衛星	89, 130	太陽中性子望遠鏡	111
ストークス・パラメータ	67	太陽定数	117, 326
ストリーマー	165	太陽ニュートリノ問題	24, 43
スピキュール	125, 126, 131, 133, 138, 144, 195	太陽の進化	12, 17, 19
		太陽の年齢	5
スプレイ	197	太陽風	21, 93, 133, 268, 288, 298, 307
スローショック	244, 250	太陽フラックス単位	73
静穏型プロミネンス	194	対流	15
静穏領域	133, 268	対流運動の抑圧	192
静水圧平衡	11	対流層	19
制動放射	227	対流不安定	15
ゼーマン効果	64, 179, 183	対流崩壊	185
赤外線	130	タコクライン	46, 217
赤色巨星	7	ダストテイル	288
遷移層	82, 130, 140, 269, 337	炭素14	329
漸近近似	37	短命活動領域	186
先行黒点	174	地球磁気圏	299
閃光スペクトル	126	地磁気嵐	315
早期型星	332	中間粒状斑	125
双極黒点	174	中性子	255
双極子磁場	292, 299	中性子モニタ	109
相対ヘリシティ	236	蝶形図	168, 204
双方向流	298	超半暗部フィラメント	181
速度勾配層	46, 217, 218	超粒状斑	123, 137
速度分布関数	95	直入射型X線望遠鏡	90
その場計測	94, 252, 301	ツーリボン構造	232
		テアリング不安定性	246
た		低速風	288
ダーク・フィラメント	133, 194	テイラー状態	238
ダーク・モトル	132	テイラー–プラウドマンの定理	45
大規模対流	125	デュヴァルの法則	40

電波	70	晩期型星	332
電波干渉計	78	微細磁束管	183
電波シンチレーション	97	非熱的線幅	146
電波バースト	229	非熱的電子	71, 75, 84
電離圏	314, 320	ひので衛星	60, 89, 91, 226
電離層	314	ひのとり衛星	91
電離損失	106	微分エミッションメジャー	141
電流シート	165, 240	標準太陽モデル	22
統計平衡	82	表面対流層	334
動スペクトル計	77	開いた磁力線構造	163
トータルドーズ効果	317	昼側磁気圏境界	302
ドップラー効果	74	ファーストショック	250
ドップラー偏移	28, 122	ファキュラー・ポイント	184
トムソン散乱	152	ファブリ–ペロー・フィルター	64
トモグラフィー法	101	フィラメント	125, 194, 232, 298
ドライサー電場	258	フェルミ加速	259
トロイダル磁場	208	フォーブッシュ減少	315
トンネル効果	6	フォースフリー磁場	156, 234
		プラージュ	133
な		フラウンホーファー線	122, 152
内部構造	11, 39	プラズマシート	303
ナノフレア	273, 279	プラズマ振動	76
ナノフレア加熱	278	プラズモイド	227
軟 X 線	226	ブラッグ回折	91
日震学	19, 30, 217, 218	フラックスゲート磁力計	97
ニュートリノ	16, 23	フラッシュスペクトル	126
熱伝導エネルギー	141	ブラント–ヴァイサラ振動数	35
ネットワーク内磁場	188	ブリンカー	145
野辺山電波ヘリオグラフ	80, 231	フレア	73, 75, 81, 84, 223, 254, 260, 316
は		フレアの GOES X 線クラス	226
パーカー・スパイラル磁場	105	プロトン現象	316
白色光フレア	233	プロミネンス	133, 193, 232, 263
白色矮星	8	分光太陽単色像	135
白斑	170, 184, 192, 328	分散関係式	35
波動加熱	273	噴出型プロミネンス	195
波面の乱れ	56	平均場ダイナモ方程式	213
パワースペクトル	31	ヘール–ニコルソンの法則	187, 206
バンアレン帯	315	ベキ乗型スペクトル	85, 256

ベキ乗型分布	229, 280
ペチェックのモデル	244
ヘリウム	5
ヘリウム 1083 nm 吸収線	190
ヘリオポーズ	307
ヘルメットストリーマー	293
偏光	152
偏光観測	64, 183
ポア	171, 173
放射圧	15
放射温度勾配	15
放射強度	116
放射線被曝	319
放射層	19
放射輸送式	120
放射流束	116
放射冷却関数	269
放射冷却時間	201
補償光学	56
ポストフレアループ	198, 232
ポテンシャル磁場	155, 234
ポロイダル磁場	208

ま

マイクロ波	71, 230
マイクロフレア	273, 348
マイクロフレア加熱	278
マイクロレンズ・アレイ	56
マウント・ウィルソン分類	177
マックスウエル分布	95
南向きの惑星間磁場	305
無衝突プラズマ	301
メートル波	71
モートン波	260
モーンダー極小期	204, 329

や

有効温度	117
融合不安定性	247
誘導方程式	207
ユリシーズ探査機	94, 288
ようこう衛星	89, 91, 92, 150, 157, 225, 231

ら

ラーモア運動	71
ラーモア半径	105, 245
ラム振動数	35
ランデ因子	65
リオ・フィルター	61
リコネクション・アウトフロー	242
リコネクション・インフロー	242
リコネクション・ジェット	242, 248, 250
リコネクション率	243
リチウム問題	19
流源面モデル	155
粒子加速	104
粒状斑	19, 121
臨界点	291
ループ足元の硬 X 線源	228
ループ上空の硬 X 線源	228
ループ・プロミネンス	198
レイリー–ジーンズの式	72
ローブ領域	303
ローレンツ力	105
ロスビー数	338

わ

惑星間空間	93
惑星間空間磁場	104, 302
惑星間空間衝撃波	255
惑星間空間擾乱	101, 297
惑星間空間シンチレーション	98, 288

日本天文学会第2版化ワーキンググループ
茂山　俊和（代表）　岡村　定矩　熊谷紫麻見　桜井　隆　松尾　宏

日本天文学会創立100周年記念出版事業編集委員会
岡村　定矩（委員長）
家　　正則　　池内　　了　　井上　　一　　小山　勝二　　桜井　　隆
佐藤　勝彦　　祖父江義明　　野本　憲一　　長谷川哲夫　　福井　康雄
福島登志夫　　二間瀬敏史　　舞原　俊憲　　水本　好彦　　観山　正見
渡部　潤一

10巻編集者　　桜井　　隆　　国立天文台名誉教授（責任者）
　　　　　　　　　小島　正宜　　名古屋大学名誉教授
　　　　　　　　　小杉　健郎
　　　　　　　　　柴田　一成　　京都大学大学院理学研究科

執　筆　者　　秋岡　眞樹　　情報通信研究機構（10.1–10.3節）
　　　　　　　　　北井礼三郎　　佛教大学非常勤講師（5.6.1節）
　　　　　　　　　草野　完也　　名古屋大学宇宙地球環境研究所（7.2節）
　　　　　　　　　黒河　宏企　　京都大学名誉教授（5.1–5.2, 5.5節）
　　　　　　　　　小島　正宜　　名古屋大学名誉教授（4.4, 9.1, 9.2, 9.4節）
　　　　　　　　　桜井　　隆　　国立天文台名誉教授（5.6.4節, 6章, 10.4節）
　　　　　　　　　埆　　隆志　　東京大学宇宙線研究所（4.5節）
　　　　　　　　　柴崎　清登　　国立天文台名誉教授（4.2節）
　　　　　　　　　柴田　一成　　京都大学大学院理学研究科（1.1, 5.7, 7.3, 7.5節）
　　　　　　　　　柴橋　博資　　東京大学名誉教授（1.2–1.5節, 2章）
　　　　　　　　　清水　敏文　　宇宙科学研究所（8章）
　　　　　　　　　鈴木　　建　　東京大学大学院総合文化研究科（8章）
　　　　　　　　　関井　　隆　　国立天文台（3章）
　　　　　　　　　田　　光江　　情報通信研究機構（10.1–10.3節）
　　　　　　　　　徳丸　宗利　　名古屋大学宇宙地球環境研究所（4.4, 9.2節）
　　　　　　　　　中川　広務　　東北大学大学院理学研究科（9.4節）
　　　　　　　　　花岡庸一郎　　国立天文台（4.1節）

原　　弘久	国立天文台	（4.3.3, 5.4, 5.6.2–5.6.3 節）
藤本　正樹	宇宙科学研究所	（9.3 節）
堀田　英之	千葉大学大学院理学研究院	（6 章）
増田　　智	名古屋大学宇宙地球環境研究所	（7.1, 7.4 節）
横山　央明	東京大学大学院理学系研究科	（6 章）
渡邊　鉄哉	国立天文台名誉教授	（4.3.1–4.3.2, 5.3 節, 11 章）

太陽[第2版]
シリーズ現代の天文学　第10巻

| 発行日 | 2009年3月20日　第1版第1刷発行 |
| | 2018年12月15日　第2版第1刷発行 |

編　者　桜井 隆・小島正宜・小杉健郎・柴田一成
発行者　串崎 浩
発行所　株式会社 日本評論社
　　　　170-8474 東京都豊島区南大塚3-12-4
　　　　電話　03-3987-8621(販売)　03-3987-8599(編集)
印　刷　三美印刷株式会社
製　本　牧製本印刷株式会社
装　幀　妹尾浩也

〈(社)出版者著作権管理機構委託出版物〉
本書の無断複写は著作権法上での例外を除き禁じられています．複写される場合は，そのつど事前に，(社)出版者著作権管理機構(電話03-3513-6969，FAX03-3513-6979，e-mail: info@jcopy.or.jp)の許諾を得てください．また，本書を代行業者等の第三者に依頼してスキャニング等の行為によりデジタル化することは，個人の家庭内の利用であっても，一切認められておりません．

© Takashi Sakurai *et al.* 2009, 2018 Printed in Japan
ISBN978-4-535-60760-6

シリーズ 現代の天文学 全17巻 [第2版]

圧倒的な支持を得た旧版に、重力波の直接観測、太陽系外惑星など、この10年のトピックスを盛り込んだ[第2版]刊行開始！

＊表示本体価格

- **第1巻** 人類の住む宇宙 [第2版] 岡村定矩/他編 ◆第1回配本/2,700円＋税
- **第2巻** 宇宙論Ⅰ──宇宙のはじまり [第2版増補版] 佐藤勝彦＋二間瀬敏史/編 ◆続刊
- **第3巻** 宇宙論Ⅱ──宇宙の進化 [第2版] 二間瀬敏史/他編 ◆第7回配本（2019年4月予定）
- **第4巻** 銀河Ⅰ──銀河と宇宙の階層構造 [第2版] 谷口義明/他編 ◆第5回配本 2,800円＋税
- **第5巻** 銀河Ⅱ──銀河系 [第2版] 祖父江義明/他編 ◆第4回配本/2,800円＋税
- **第6巻** 星間物質と星形成 [第2版] 福井康雄/他編 ◆続刊
- **第7巻** 恒星 [第2版] 野本憲一/他編 ◆続刊
- **第8巻** ブラックホールと高エネルギー現象 [第2版] 小山勝二＋嶺重 慎/編 ◆続刊
- **第9巻** 太陽系と惑星 [第2版] 渡部潤一/他編 ◆続刊
- **第10巻** 太陽 [第2版] 桜井 隆/他編 ◆第6回配本/2,800円＋税
- **第11巻** 天体物理学の基礎Ⅰ [第2版] 観山正見/他編 ◆続刊
- **第12巻** 天体物理学の基礎Ⅱ [第2版] 観山正見/他編 ◆続刊
- **第13巻** 天体の位置と運動 [第2版] 福島登志夫/編 ◆第2回配本/2,500円＋税
- **第14巻** シミュレーション天文学 [第2版] 富阪幸治/他編 ◆続刊
- **第15巻** 宇宙の観測Ⅰ──光・赤外天文学 [第2版] 家 正則/他編 ◆第3回配本 2,700円＋税
- **第16巻** 宇宙の観測Ⅱ──電波天文学 [第2版] 中井直正/他編 ◆続刊
- **第17巻** 宇宙の観測Ⅲ──高エネルギー天文学 [第2版] 井上 一/他編 ◆続刊
- **別巻** 天文学辞典 岡村定矩/代表編者 ◆既刊/6,500円＋税

日本評論社